线性代数

（慕课版）

罗敏娜　王　娜　杨淑辉　主　编
冯　艳　富爱宁　张立红　副主编

清華大学出版社
北　京

内容简介

在教育部启动实施“六卓越一拔尖”计划2.0，提升中国高等教育质量的大背景下，依据普通高等学校非数学类专业线性代数课程的教学要求和教学大纲，本书将课程思政及MATLAB与教学深度融合，借鉴国内外优秀教材，并基于沈阳师范大学数学教学团队二十多年来的教学经验编写而成。全书共计6章，主要内容包括行列式，矩阵及其运算，向量与线性方程组，特征值、特征向量与矩阵的对角化，二次型，经济学中的线性代数模型。前5章中，每节配有同步习题，每章有总复习题，总复习题包括基础题、拓展题、考研真题三部分，难度递增。

本书可作为高等院校非数学类专业的线性代数课程教材，也可作为学生自学考试、报考硕士研究生的参考用书。

图书在版编目(CIP)数据

线性代数：慕课版 / 罗敏娜，王娜，杨淑辉主编. —北京：清华大学出版社，2021.8（2025.1重印）
ISBN 978-7-302-58457-5

Ⅰ. ①线…　Ⅱ. ①罗…　②王…　③杨…　Ⅲ. ①线性代数－高等学校－教材　Ⅳ. ①O151. 2

中国版本图书馆CIP数据核字（2021）第118451号

责任编辑：王　定
封面设计：周晓亮
版式设计：思创景点
责任校对：成凤进
责任印制：沈　露

出版发行：清华大学出版社
网　　址：https://www.tup.com.cn，https://www.wqxuetang.com
地　　址：北京清华大学学研大厦A座　　邮　　编：100084
社 总 机：010-83470000　　邮　　购：010-62786544
投稿与读者服务：010-62776969，c-service@tup. tsinghua. edu. cn
质 量 反 馈：010-62772015，zhiliang@tup. tsinghua. edu. cn
印 装 者：三河市铭诚印务有限公司
经　　销：全国新华书店
开　　本：185mm×260mm　　印　　张：12.5　　字　　数：296千字
版　　次：2021年8月第1版　　印　　次：2025年1月第5次印刷
定　　价：49.80元

产品编号：093481-01

前　言

2019年，教育部启动实施“六卓越一拔尖”计划2.0，全面推进新工科、新医科、新农科、新文科建设，深化高等教育教学改革，打赢全面振兴本科教育攻坚战，全面提高高校人才培养质量。全面实施一流专业建设“双万计划”、一流课程建设“双万计划”，为高等教育改革带来新的生机，为高等教育提出了更高的要求。如何将课程思政与教学深度结合，如何将信息技术与教学有效融合，这是教育工作者必须深度思考和研究的问题。本书基于教学团队二十多年的教学经验，在原有教材的基础上进行编写，具有以下特点。

1. 贯彻落实课程思政

设置课程思政微课视频，介绍中国古代或当代数学家的卓越成就，注重挖掘线性代数课程所蕴含的思想政治教育元素和所承载的育人功能，充分激发学生的爱国情怀和人文情怀，使思政育人元素有效地融入线性代数课程中。课程思政栏目专门制作了PPT，并录制了微课。

2. 教材植入微课视频

为重要知识点题型及难懂的题型录制了微课视频，将微课视频植入教材，使用者可通过扫描二维码随时随地观看，还可以登录辽宁省本科教学网观看资源共享课“线性代数”的视频，通过资源共享课进行每个知识点的课后练习及测试，实现教材与教学资源深度融合。

3. 引入MATLAB实例

将MATLAB引入线性代数课堂，解决了线性代数中的实际问题，使计算冗繁、概念抽象的问题更加直观化、具体化，培养学生运用数学软件解决实际问题的能力，是培养大学生数学思维能力和数值计算能力的关键。

4. 知识结构、脉络清晰

每节前都明确给出对学生的具体要求，使学生在学习时目标明确；每章前均描述了本章内容在《线性代数》教材中的地位和作用；每章都通过知识结构导图对重点知识进行归纳总结，在逻辑上找到知识的相关性，有助于学生对每章知识的理解和掌握。

5. 课后学习资源丰富

每节都有同步练习，每章都有总复习题，总复习题分为基础题、拓展题、考研真题，书末配有模拟试卷。课后练习资源丰富，可以满足不同层次学生的个性需求，为学生深入学习打下良好的基础。

6. 增强学生建模意识

本书介绍了行列式、矩阵、向量和线性方程组、特征值和特征向量、二次型和线性代数在经济学中的数学模型，有助于增强学生的建模意识。本书授课学时建议50学时左右，第6章可作为参考资料。书中标有“*”的内容为选学内容，供有需要的学生选择性学习。

本书由罗敏娜、王娜、杨淑辉、冯艳、富爱宁、张立红共同完成，罗敏娜对全书进行了统稿及认真、仔细的修改、校对。

在本书的编写过程中，参考了国内其他优秀教材，同时也听取了一些院校同行的建议，在此对各作者及同行表示感谢！同时感谢清华大学出版社的领导和编辑对本书的出版给予的热情支持与帮助。

由于编者水平有限，书中难免有不足之处，恳请读者不吝赐教。

本书提供教学大纲、教学课件、数字课程和习题参考答案，下载地址如下：

教学大纲　　教学课件　　数字课程　　习题参考答案

编　者

2021 年 4 月

目　录

第1章　行列式

本章要点：首先介绍预备知识；然后从低阶行列式入手，给出行列式的一般定义，讲解行列式的性质和计算方法；最后讨论任意阶线性方程组的行列式解法——克拉默法则.

线性代数是中学代数的继续和提高，而行列式是研究线性代数的基础工具，也是线性代数中的一个重要概念。行列式广泛应用于数学、工程技术及经济等众多领域.

本章知识结构导图

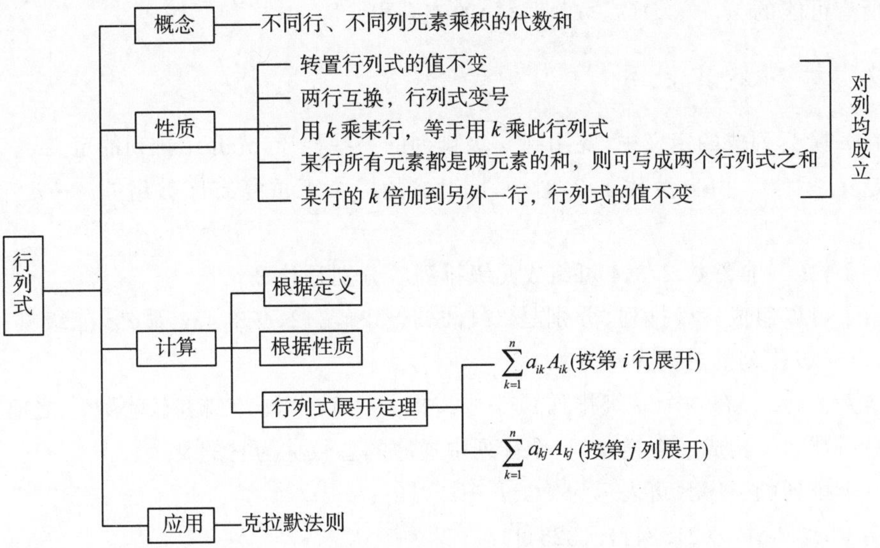

1.1　预备知识

本节要求：通过本节的学习，学生应了解和号、积号的表示形式及意义，会求排列的逆序数，能够判断排列的奇偶性.

1.1.1 和号和积号

1. 和号

符号$\sum_{i=1}^{n} a_i = a_1 + a_2 + \cdots + a_n$表示$a_1, a_2, \cdots, a_n$的连加和.其中$i$称为下标,下标是虚拟变量,可由任意字母替代,如$\sum_{i=1}^{n} a_i = \sum_{k=1}^{n} a_k = \sum_{t=0}^{n-1} a_{t+1}$.

在本课程中,我们还会用到双重和号,如

$$\sum_{i=1}^{m}\sum_{j=1}^{n} a_{ij} = a_{11} + a_{12} + \cdots + a_{1n} + a_{21} + a_{22} + \cdots + a_{2n} + \cdots + a_{m1} + a_{m2} + \cdots + a_{mn}$$

表示$m \cdot n$个数$a_{ij}(i=1,2,\cdots,m; j=1,2,\cdots,n)$的连加和.

2.积号

符号$\prod_{i=1}^{n} a_i = a_1 a_2 \cdots a_n$表示$a_1 a_2 \cdots a_n$的连乘积.再如

$$\prod_{1 \leqslant j \leqslant i \leqslant n} (x_i - x_j) = (x_2 - x_1)(x_3 - x_1)\cdots(x_n - x_1)(x_3 - x_2)\cdots(x_n - x_2)\cdots(x_n - x_{n-1})$$

表示所有可能的$(x_i - x_j)(n \geqslant i \geqslant j \geqslant 1)$的连乘积.

1.1.2 排列及其性质

在n阶行列式的定义中,要用到n级排列的一些性质,先介绍排列的定义.

定义 1.1.1 由自然数$1,2,3,\cdots,n$组成的一个无重复有序数组$i_1 i_2 \cdots i_n$称为一个n级排列.

例 1.1.1 自然数2,3,4可组成几级排列?分别是什么?

解 可以组成三级排列,分别是234,243,324,342,423,432.显然,三级排列共有$3!=6$个,所以n级排列的总数为$n!$个.

定义 1.1.2 在一个n级排列$i_1 i_2 \cdots i_n$中,如果较大数i_s排在较小数i_t之前,即$i_s > i_t$,则称这一对数$i_s i_t$构成一个逆序,一个排列中逆序的总数称为它的逆序数.

一个排列的逆序数可表示为$\tau(i_1 i_2 \cdots i_n)$.

例 1.1.2 求$\tau(21534)$,$\tau(32541)$.

解 在五级排列21534中,构成逆序的有21,53,54,因此$\tau(21534)=3$.

在五级排列32541中,构成逆序的有32,31,21,54,51,41,因此$\tau(32541)=6$.

定义 1.1.3 如果排列$i_1 i_2 \cdots i_n$的逆序数为偶数,则称它为偶排列;如果排列的逆序数为奇数,则称它为奇排列.

例 1.1.3 试求$\tau(123\cdots n)$,$\tau(n\cdots 321)$,并讨论其奇偶性.

解 易见在n阶排列$123\cdots n$中没有逆序,所以$\tau(123\cdots n)=0$,这是一个偶排列,它具有自然顺序,故又称为自然排列.

在n级排列$n\cdots 321$中,只有逆序,没有顺序,故有

$$\tau(n\cdots321)=(n-1)+(n-2)+\cdots+2+1=\frac{1}{2}n(n-1)$$

可以看出,n 阶排列 $n\cdots321$ 的奇偶性与 n 的取值有关,从而可以得出当 $n=4k$ 或 $n=4k+1$ 时,这个排列为偶排列,否则为奇排列.

定义 1.1.4　n 阶排列 $i_1i_2\cdots i_n$ 中,交换任意两数 i_s 与 i_t 的位置,称为一次交换,记为 (i_s,i_t).

例如 $21534\xrightarrow{(1,3)}23514$,一般,我们有以下结论.

定理 1.1.1　任意一个排列经过一次对换后,改变其奇偶性(证明略).

定理 1.1.2　在全部 n 级排列中($n\geqslant2$),奇偶排列各占一半(证明略).

1.1.3　同步习题

1. 求下列排列的逆序数,并说明它们的奇偶性:

(1) 41253;　(2) 3712456;　(3) 57681234;　(4) 796815432.

2. 确定 i 和 j 的值,使得 9 级排列满足以下条件:

(1) $1274i56j9$ 成偶排列;　(2) $3972i15j4$ 成奇排列.

1.2　行列式的定义

本节要求:通过本节的学习,学生应能够利用对角线法则求二阶、三阶行列式的值,掌握 n 阶行列式的概念,记住 4 种特殊行列式的值.

为了引出行列式的一般定义,我们先介绍低阶行列式.

1.2.1　二阶、三阶行列式

1. 二阶行列式

将 $a_{11},a_{12},a_{21},a_{22}$ 四个数排成两行两列的数表 $\begin{vmatrix}a_{11} & a_{12}\\ a_{21} & a_{22}\end{vmatrix}$,称此为二阶行列式.通常用 D 表示,并规定 $D=\begin{vmatrix}a_{11} & a_{12}\\ a_{21} & a_{22}\end{vmatrix}=a_{11}a_{22}-a_{12}a_{21}$.其中 a_{ij} 叫作二阶行列式的元素,元素 a_{ij} 的第一个下标 i 称为行标,第二个下标 j 称为列标.如 a_{12} 表示这个元素位于第一行、第二列.

上述二阶行列式可用对角线法则记忆,如图 1.2.1 所示.

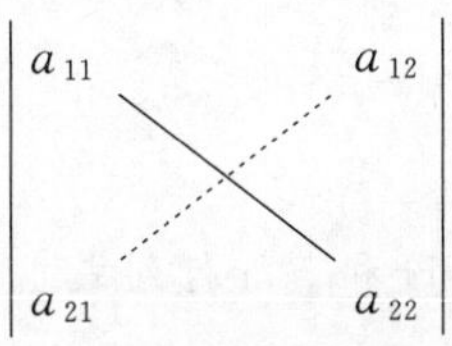

图 1.2.1　二阶行列式的对角线法则

把 a_{11} 到 a_{22} 的实线连接称为主对角线，a_{12} 到 a_{21} 的虚线连接称为次对角线或副对角线.二阶行列式的值可以叙述为主对角线元素的乘积减去次对角线元素的乘积.

可以看出，二阶行列式一共有 2^2 个元素，共 2！项.二阶行列式值中的每项均为选自不同行、不同列的两个元素的乘积.

例 1.2.1 计算二阶行列式 $\begin{vmatrix} 3 & -1 \\ 1 & 2 \end{vmatrix}$.

解 $\begin{vmatrix} 3 & -1 \\ 1 & 2 \end{vmatrix} = 3\times 2-(-1)\times 1=7$

例 1.2.2 设 $D=\begin{vmatrix} 1 & \lambda^2 \\ 2 & \lambda \end{vmatrix}$，问 λ 为何值时，$D\neq 0$.

解 $D=\begin{vmatrix} 1 & \lambda^2 \\ 2 & \lambda \end{vmatrix} = \lambda-2\lambda^2=\lambda(1-2\lambda)$

令 $D\neq 0$，则 $\lambda\neq 0$ 且 $\lambda\neq \frac{1}{2}$，故当 $\lambda\neq 0$ 且 $\lambda\neq\frac{1}{2}$时，$D\neq 0$.

2. 三阶行列式

类似地，可以定义三阶行列式.

设有 9 个数排成三行三列的数表 $\begin{vmatrix} a_{11} & a_{12} & a_{13} \\ a_{21} & a_{22} & a_{23} \\ a_{31} & a_{32} & a_{33} \end{vmatrix}$，并规定

$$\begin{vmatrix} a_{11} & a_{12} & a_{13} \\ a_{21} & a_{22} & a_{23} \\ a_{31} & a_{32} & a_{33} \end{vmatrix} = a_{11}a_{22}a_{33}+a_{12}a_{23}a_{31}+a_{13}a_{21}a_{32} - a_{11}a_{23}a_{32}-a_{12}a_{21}a_{33}-a_{13}a_{22}a_{31} \quad (1.2.1)$$

由式(1.2.1)可见，三阶行列式共有 3！=6 项，每项均为取自不同行、不同列的 3 个元素的乘积再冠以正负号，三阶行列式可用对角线法则记忆，其规律如图 1.2.2 所示.

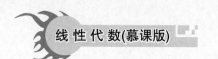

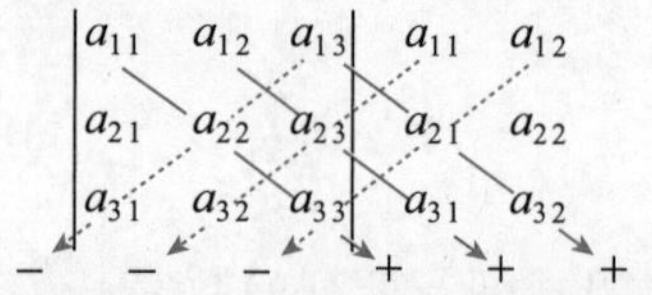

图 1.2.2 三阶行列式的对角线法则

例 1.2.3 计算三阶行列式 $D=\begin{vmatrix} 1 & 3 & 2 \\ -1 & 0 & 3 \\ 2 & 1 & 5 \end{vmatrix}$.

解
$$\begin{aligned} D &= 1\times 0\times 5+3\times 3\times 2+2\times(-1)\times 1-2\times 0\times 2-3\times(-1)\times 5-1\times 3\times 1 \\ &= 0+18-2-0+15-3=28 \end{aligned}$$

注意

对角线法则仅适用于二阶和三阶行列式.

下面介绍 n 阶行列式的定义及其计算方法.

1.2.2　*n* 阶行列式

由二阶、三阶行列式值的规律和特点不难得出：

(1)n^2 个数排成 n 行 n 列，两边加竖线就是一个 n 阶行列式，共有 $n!$ 项，每项都来自不同行、不同列的几个元素的连乘积 $a_{1j_1}a_{2j_2}\cdots a_{nj_n}$，其中 $j_1j_2\cdots j_n$ 为列标的一个 n 阶排列.

(2)每项符号的确定：当列标 $j_1j_2\cdots j_n$ 为偶排列时，该项取正号；当列标 $j_1j_2\cdots j_n$ 为奇排列时，该项取负号.即符号可写成$(-1)^{\tau(j_1j_2\cdots j_n)}$.

由此得出行列式的一般定义：

定义 1.2.1　由 n^2 个数排成 n 行 n 列，写成

$$D=\begin{vmatrix} a_{11} & \cdots & a_{1n} \\ \vdots & & \vdots \\ a_{n1} & \cdots & a_{nn} \end{vmatrix} \tag{1.2.2}$$

称为 n 阶行列式，其中 a_{ij} 为第 i 行、第 j 列的元素；其值为 $n!$ 项，每一项取自不同行、不同列的 n 个元素的连乘积，即 $a_{1j_1}a_{2j_2}\cdots a_{nj_n}$ 的代数和.其中 $j_1j_2\cdots j_n$ 构成一个 n 级排列.

若用 D 表示行列式，则

$$D=\sum_{j_1j_2\cdots j_n}(-1)^{\tau(j_1j_2\cdots j_n)}a_{1j_1}a_{2j_2}\cdots a_{nj_n} \tag{1.2.3}$$

$\sum\limits_{j_1j_2\cdots j_n}(-1)^{\tau(j_1j_2\cdots j_n)}a_{1j_1}a_{2j_2}\cdots a_{nj_n}$ 表示当行标为标准排列时，对列标的每一种排列所确定的项求和.式(1.2.3)是式(1.2.2)的展开式，由上面的分析及定义可得到 n 阶行列式的另一种定义形式：

定义 1.2.2　$D=\sum\limits_{i_1i_2\cdots i_n}(-1)^{\tau(i_1i_2\cdots i_n)}a_{i_11}a_{i_22}\cdots a_{i_nn}$，即把列标写成标准排列 $i_1i_2\cdots i_n$ 为行标的一个 n 阶排列.由此，得到行列式更一般的定义形式.

定义 1.2.3　$D=\sum(-1)^{\tau(i_1i_2\cdots i_n)+\tau(j_1j_2\cdots j_n)}a_{i_1j_1}a_{i_2j_2}\cdots a_{i_nj_n}$，其中 $i_1i_2\cdots i_n$ 为行标的一个 n 阶排列，$j_1j_2\cdots j_n$ 为列标的一个 n 阶排列.

例 1.2.4　四阶行列式 $D=\begin{vmatrix} a_{11} & a_{12} & a_{13} & a_{14} \\ a_{21} & a_{22} & a_{23} & a_{24} \\ a_{31} & a_{32} & a_{33} & a_{34} \\ a_{41} & a_{42} & a_{43} & a_{44} \end{vmatrix}$共有多少项？乘积 $a_{12}a_{24}a_{32}a_{41}$ 是 D 中的项吗？

解　D 共有 $4!=24$ 项. 乘积 $a_{12}a_{24}a_{32}a_{41}$ 不是 D 中的一项，因为其中有两个元素 a_{12}，a_{32} 均取自第二列.

例 1.2.5　已知 $D=\begin{vmatrix} x & 1 & 1 & 2 \\ 1 & x & 1 & -1 \\ 3 & 2 & x & 1 \\ 1 & 1 & 2x & 1 \end{vmatrix}$，求 x^3 的系数.

微课：例 1.2.5

解　由行列式的定义可得，展开式的一般项为$(-1)^{\tau(j_1j_2j_3j_4)}a_{1j_1}a_{2j_2}a_{3j_3}a_{4j_4}$，要出现$x^3$的项，则$a_{ij_i}$需三项取到$x$.显然行列式中含$x^3$的项仅有两项，它们是$(-1)^{\tau(1234)}a_{11}a_{22}a_{33}a_{44}$及$(-1)^{\tau(1243)}a_{11}a_{22}a_{34}a_{43}$，即$x\cdot x\cdot x\cdot 1=x^3$及$(-1)\cdot x\cdot x\cdot 1\cdot 2x=-2x^3$.

故x^3的系数为$1+(-2)=-1$.

1.2.3　特殊行列式

下面利用行列式的定义来计算几种特殊的n阶行列式.

1.对角行列式

称$D=\begin{vmatrix} a_{11} & 0 & \cdots & 0 \\ 0 & a_{22} & \cdots & 0 \\ \vdots & \vdots & \ddots & \vdots \\ 0 & 0 & \cdots & a_{nn} \end{vmatrix}$为对角行列式.

根据行列式的定义得

$$D=\begin{vmatrix} a_{11} & 0 & \cdots & 0 \\ 0 & a_{22} & \cdots & 0 \\ \vdots & \vdots & \ddots & \vdots \\ 0 & 0 & \cdots & a_{nn} \end{vmatrix}=a_{11}a_{22}\cdots a_{nn}$$

2. 上三角形行列式

称$D=\begin{vmatrix} a_{11} & a_{12} & \cdots & a_{1n} \\ 0 & a_{22} & \cdots & a_{2n} \\ \vdots & \vdots & \ddots & \vdots \\ 0 & 0 & \cdots & a_{nn} \end{vmatrix}$为上三角形行列式.

根据行列式的定义得

$$D=\begin{vmatrix} a_{11} & a_{12} & \cdots & a_{1n} \\ 0 & a_{22} & \cdots & a_{2n} \\ \vdots & \vdots & \ddots & \vdots \\ 0 & 0 & \cdots & a_{nn} \end{vmatrix}=a_{11}a_{22}\cdots a_{nn}$$

3. 下三角形行列式

称$D=\begin{vmatrix} a_{11} & 0 & \cdots & 0 \\ a_{21} & a_{22} & \cdots & 0 \\ \vdots & \vdots & \ddots & \vdots \\ a_{n1} & a_{n2} & \cdots & a_{nn} \end{vmatrix}$为下三角形行列式.

同理可得

$$D=\begin{vmatrix} a_{11} & 0 & \cdots & 0 \\ a_{21} & a_{22} & \cdots & 0 \\ \vdots & \vdots & \ddots & \vdots \\ a_{n1} & a_{n2} & a_{n3} & a_{nn} \end{vmatrix}=a_{11}a_{22}\cdots a_{nn}$$

4. 副对角行列式

称 $D=\begin{vmatrix} 0 & \cdots & 0 & a_{1n} \\ 0 & \cdots & a_{2,n-1} & 0 \\ \vdots & & \vdots & \vdots \\ a_{n1} & \cdots & 0 & 0 \end{vmatrix}$ 为副对角行列式.

根据行列式的定义得

$$D=\begin{vmatrix} 0 & \cdots & 0 & a_{1n} \\ 0 & \cdots & a_{2,n-1} & 0 \\ \vdots & & \vdots & \vdots \\ a_{n1} & \cdots & 0 & 0 \end{vmatrix}=(-1)^{\frac{n(n-1)}{2}}a_{1n}a_{2,n-1}\cdots a_{n-1,2}a_{n1}$$

1.2.4 同步习题

1. 计算下列行列式：

(1) $\begin{vmatrix} -3 & 4 \\ -1 & 2 \end{vmatrix}$； (2) $\begin{vmatrix} a-1 & 1 \\ a^2 & a^2+a+1 \end{vmatrix}$； (3) $\begin{vmatrix} \cos x & -\sin x \\ \sin x & \cos x \end{vmatrix}$；

(4) $\begin{vmatrix} a^2 & a^3 \\ b^2 & ab^2 \end{vmatrix}$； (5) $\begin{vmatrix} 1 & \log_a^b \\ \log_b^a & 3 \end{vmatrix}$； (6) $\begin{vmatrix} 0 & x & y \\ -x & 0 & z \\ -y & -z & 0 \end{vmatrix}$.

2. 当 x 取何值时，三阶行列式 $\begin{vmatrix} 3 & 1 & x \\ 4 & x & 0 \\ 1 & 0 & x \end{vmatrix}\neq 0$？

3. 下列各项是五阶行列式 $|a_{ij}|$ 中的一项吗？若是，确定该项的符号.

(1) $a_{12}a_{25}a_{33}a_{41}a_{54}$； (2) $a_{31}a_{12}a_{43}a_{52}a_{24}$； (3) $a_{42}a_{21}a_{35}a_{13}a_{54}$.

4. 写出四阶行列式 $\begin{vmatrix} a_{11} & a_{12} & a_{13} & a_{14} \\ a_{21} & a_{22} & a_{23} & a_{24} \\ a_{31} & a_{32} & a_{33} & a_{34} \\ a_{41} & a_{42} & a_{43} & a_{44} \end{vmatrix}$ 中同时含 a_{12} 和 a_{21} 的项，并确定它们的正负号.

5. 根据行列式定义计算下列行列式.

(1) $\begin{vmatrix} a_{11} & a_{12} & a_{13} & a_{14} & a_{15} \\ a_{21} & a_{22} & a_{23} & a_{24} & a_{25} \\ a_{31} & a_{32} & 0 & 0 & 0 \\ a_{41} & a_{42} & 0 & 0 & 0 \\ a_{51} & a_{52} & 0 & 0 & 0 \end{vmatrix}$；(2) $\begin{vmatrix} 0 & 0 & 2 & 0 \\ 0 & 2 & 0 & 0 \\ 0 & 0 & 0 & 2 \\ 2 & 0 & 0 & 0 \end{vmatrix}$；(3) $\begin{vmatrix} 0 & 1 & 0 & \cdots & 0 \\ 0 & 0 & 2 & \cdots & 0 \\ \vdots & \vdots & \vdots & \ddots & \vdots \\ 0 & 0 & 0 & \cdots & n-1 \\ n & 0 & 0 & \cdots & 0 \end{vmatrix}$.

1.3 行列式的性质及应用

本节要求：通过本节的学习，学生应掌握行列式的性质，能够利用行列式的性质计算行列式的值.

当行列式的阶数较高时，利用定义计算行列式的值非常麻烦，为了简化行列式的计算，需要研究行列式的一些性质.

1.3.1 行列式的性质

性质 1.3.1 将行列式的行、列互换，行列式的值不变.

如果 $D=\begin{vmatrix} a_{11} & \cdots & a_{1n} \\ \vdots & & \vdots \\ a_{n1} & \cdots & a_{nn} \end{vmatrix}$，$D^{\mathrm{T}}=\begin{vmatrix} a_{11} & \cdots & a_{n1} \\ \vdots & & \vdots \\ a_{1n} & \cdots & a_{nn} \end{vmatrix}$，则 $D^{\mathrm{T}}=D$.

其中行列式 D^{T} 称为 D 的转置行列式.

注意 这一性质表明行列式中行与列的地位是对称的，即凡是行列式对行成立的性质，对列也是成立的.

性质 1.3.2 互换行列式的两行(列)，行列式的值仅改变符号，即

$$\begin{vmatrix} a_{11} & a_{12} & \cdots & a_{1n} \\ \vdots & \vdots & & \vdots \\ a_{i1} & a_{i2} & \cdots & a_{in} \\ \vdots & \vdots & & \vdots \\ a_{s1} & a_{s2} & \cdots & a_{sn} \\ \vdots & \vdots & & \vdots \\ a_{n1} & a_{n2} & \cdots & a_{nn} \end{vmatrix} = -\begin{vmatrix} a_{11} & a_{12} & \cdots & a_{1n} \\ \vdots & \vdots & & \vdots \\ a_{s1} & a_{s2} & \cdots & a_{sn} \\ \vdots & \vdots & & \vdots \\ a_{i1} & a_{i2} & \cdots & a_{in} \\ \vdots & \vdots & & \vdots \\ a_{n1} & a_{n2} & \cdots & a_{nn} \end{vmatrix}$$

推论 如果行列式有两行(列)完全相同，则此行列式等于零.

性质 1.3.3 以数 k 乘行列式的某一行(列)中的所有元素，就等于用 k 去乘以此行列式，即

$$\begin{vmatrix} a_{11} & a_{12} & \cdots & a_{1n} \\ \vdots & \vdots & & \vdots \\ ka_{i1} & ka_{i2} & \cdots & ka_{in} \\ \vdots & \vdots & & \vdots \\ a_{n1} & a_{n2} & \cdots & a_{nn} \end{vmatrix} = k\begin{vmatrix} a_{11} & a_{12} & \cdots & a_{1n} \\ \vdots & \vdots & & \vdots \\ a_{i1} & a_{i2} & \cdots & a_{in} \\ \vdots & \vdots & & \vdots \\ a_{n1} & a_{n2} & \cdots & a_{nn} \end{vmatrix}$$

由性质 1.3.3 可得下面的推论：

推论 1 行列式一行(列)的所有元素的公因子可以提取到行列式的外面.

推论 2 如果行列式中有一行(列)的元素全为零，则此行列式的值为零.

推论 3 如果行列式中有两行(列)的对应元素成比例，则此行列式的值为零.

性质 1.3.4 如果行列式的某一行(列)的所有元素都是两个数的和,则此行列式等于两个行列式之和. 如果

$$D=\begin{vmatrix} a_{11} & a_{12} & \cdots & a_{1n} \\ \vdots & \vdots & & \vdots \\ a_{i1}+a_{j1} & a_{i2}+a_{j2} & \cdots & a_{in}+a_{jn} \\ \vdots & \vdots & & \vdots \\ a_{n1} & a_{n2} & \cdots & a_{nn} \end{vmatrix}$$

$$D_1=\begin{vmatrix} a_{11} & a_{12} & \cdots & a_{1n} \\ \vdots & \vdots & & \vdots \\ a_{i1} & a_{i2} & \cdots & a_{in} \\ \vdots & \vdots & & \vdots \\ a_{n1} & a_{n2} & \cdots & a_{nn} \end{vmatrix},\ D_2=\begin{vmatrix} a_{11} & a_{12} & \cdots & a_{1n} \\ \vdots & \vdots & & \vdots \\ a_{j1} & a_{j2} & \cdots & a_{jn} \\ \vdots & \vdots & & \vdots \\ a_{n1} & a_{n2} & \cdots & a_{nn} \end{vmatrix}$$

则 $D=D_1+D_2$.

推论 4 如果行列式的某一行(列)的所有元素都是 n 个数的和,则此行列式等于 n 个行列式之和,即

$$\begin{vmatrix} a_{11} & a_{12} & \cdots & a_{1n} \\ \vdots & \vdots & & \vdots \\ a_{i1}+0+\cdots+0 & 0+a_{i2}+\cdots+0 & \cdots & 0+0+\cdots+a_{in} \\ \vdots & \vdots & & \vdots \\ a_{n1} & a_{n2} & \cdots & a_{nn} \end{vmatrix}$$

$$=\begin{vmatrix} a_{11} & a_{12} & \cdots & a_{1n} \\ \vdots & \vdots & & \vdots \\ a_{i1} & 0 & \cdots & 0 \\ \vdots & \vdots & & \vdots \\ a_{n1} & a_{n2} & \cdots & a_{nn} \end{vmatrix}+\begin{vmatrix} a_{11} & a_{12} & \cdots & a_{1n} \\ \vdots & \vdots & & \vdots \\ 0 & a_{i2} & \cdots & 0 \\ \vdots & \vdots & & \vdots \\ a_{n1} & a_{n2} & \cdots & a_{nn} \end{vmatrix}+\cdots+\begin{vmatrix} a_{11} & a_{12} & \cdots & a_{1n} \\ \vdots & \vdots & & \vdots \\ 0 & 0 & \cdots & a_{in} \\ \vdots & \vdots & & \vdots \\ a_{n1} & a_{n2} & \cdots & a_{nn} \end{vmatrix}$$

性质 1.3.5 把行列式的某一行(列)的各元素乘以同一数后加到另一行(列)对应的元素上去,行列式的值不变.

例如,以数 k 乘第 i 行加到第 j 行上,当 $i\neq j$ 时,有

$$\begin{vmatrix} a_{11} & a_{12} & \cdots & a_{1n} \\ \vdots & \vdots & & \vdots \\ a_{i1} & a_{i2} & \cdots & a_{in} \\ \vdots & \vdots & & \vdots \\ a_{j1} & a_{j2} & \cdots & a_{jn} \\ \vdots & \vdots & & \vdots \\ a_{n1} & a_{n2} & \cdots & a_{nn} \end{vmatrix}=\begin{vmatrix} a_{11} & a_{12} & \cdots & a_{1n} \\ \vdots & \vdots & & \vdots \\ a_{i1} & a_{i2} & \cdots & a_{in} \\ \vdots & \vdots & & \vdots \\ a_{j1}+ka_{i1} & a_{j2}+ka_{i2} & \cdots & a_{jn}+ka_{in} \\ \vdots & \vdots & & \vdots \\ a_{n1} & a_{n2} & \cdots & a_{nn} \end{vmatrix}$$

通常用 r_i+kr_j 表示第 j 行的 k 倍加到第 i 行后取代原来的第 i 行,用 c_i+kc_j 表示第 j 列的 k 倍加到第 i 列后取代原来的第 i 列.

1.3.2 利用行列式性质计算行列式

例 1.3.1 计算行列式 $D=\begin{vmatrix} a & 1 & a-2 \\ b & 1 & b-2 \\ c & 1 & c-2 \end{vmatrix}$ 的值.

解 $D=\begin{vmatrix} a & 1 & a-2 \\ b & 1 & b-2 \\ c & 1 & c-2 \end{vmatrix} \xlongequal{c_3-c_1} \begin{vmatrix} a & 1 & -2 \\ b & 1 & -2 \\ c & 1 & -2 \end{vmatrix}=0$

例 1.3.2 计算行列式 $D=\begin{vmatrix} 3 & 1 & 1 & 1 \\ 1 & 3 & 1 & 1 \\ 1 & 1 & 3 & 1 \\ 1 & 1 & 1 & 3 \end{vmatrix}$ 的值.

解 $D=\begin{vmatrix} 3 & 1 & 1 & 1 \\ 1 & 3 & 1 & 1 \\ 1 & 1 & 3 & 1 \\ 1 & 1 & 1 & 3 \end{vmatrix} \xlongequal{c_4+c_3+c_2+c_1} \begin{vmatrix} 3 & 1 & 1 & 6 \\ 1 & 3 & 1 & 6 \\ 1 & 1 & 3 & 6 \\ 1 & 1 & 1 & 6 \end{vmatrix}$

$=6\begin{vmatrix} 3 & 1 & 1 & 1 \\ 1 & 3 & 1 & 1 \\ 1 & 1 & 3 & 1 \\ 1 & 1 & 1 & 1 \end{vmatrix} \xlongequal[r_2-r_4]{r_1-r_4}_{r_3-r_4} 6\begin{vmatrix} 2 & 0 & 0 & 0 \\ 0 & 2 & 0 & 0 \\ 0 & 0 & 2 & 0 \\ 1 & 1 & 1 & 1 \end{vmatrix}=6\times 2^3=48$

例 1.3.3 计算行列式 $D=\begin{vmatrix} 1 & 3 & -2 & -1 \\ 0 & 2 & 1 & 3 \\ 2 & 7 & -5 & -2 \\ -1 & 1 & 2 & 1 \end{vmatrix}$ 的值.

解 $D=\begin{vmatrix} 1 & 3 & -2 & -1 \\ 0 & 2 & 1 & 3 \\ 2 & 7 & -5 & -2 \\ -1 & 1 & 2 & 1 \end{vmatrix} \xlongequal[r_4+r_1]{r_3-2r_1} \begin{vmatrix} 1 & 3 & -2 & -1 \\ 0 & 2 & 1 & 3 \\ 0 & 1 & -1 & 0 \\ 0 & 4 & 0 & 0 \end{vmatrix} \xlongequal{c_2\leftrightarrow c_4} -\begin{vmatrix} 1 & -1 & -2 & 3 \\ 0 & 3 & 1 & 2 \\ 0 & 0 & -1 & 1 \\ 0 & 0 & 0 & 4 \end{vmatrix}$

$=-[1\times 3\times(-1)\times 4]=12$

例 1.3.4 解方程 $\begin{vmatrix} 1 & 4 & 3 & 2 \\ 2 & x+4 & 6 & 4 \\ 3 & -2 & x & 1 \\ -3 & 2 & 5 & -1 \end{vmatrix}=0.$

解 由于 $\begin{vmatrix} 1 & 4 & 3 & 2 \\ 2 & x+4 & 6 & 4 \\ 3 & -2 & x & 1 \\ -3 & 2 & 5 & -1 \end{vmatrix} \xlongequal[r_3+r_4]{r_2-2r_1} \begin{vmatrix} 1 & 4 & 3 & 2 \\ 0 & x-4 & 0 & 0 \\ 0 & 0 & x+5 & 0 \\ -3 & 2 & 5 & -1 \end{vmatrix}$

$$\xlongequal[c_3+5c_4]{c_1-3c_4 \atop c_2+2c_4}\begin{vmatrix} -5 & 8 & 13 & 2 \\ 0 & x-4 & 0 & 0 \\ 0 & 0 & x+5 & 0 \\ 0 & 0 & 0 & -1 \end{vmatrix}=5(x-4)(x+5)$$

所以 $5(x-4)(x+5)=0$,解得 $x_1=4, x_2=-5$.

微课:例 1.3.5

例 1.3.5　计算 n 阶行列式 $D_n=\begin{vmatrix} a & b & \cdots & b & b \\ b & a & \cdots & b & b \\ \vdots & \vdots & \ddots & \vdots & \vdots \\ b & b & \cdots & a & b \\ b & b & \cdots & b & a \end{vmatrix}$ 的值.

解　把行列式的所有列乘 1 都加到第 1 列上得

$$D_n=\begin{vmatrix} a+(n-1)b & b & \cdots & b & b \\ a+(n-1)b & a & \cdots & b & b \\ \vdots & \vdots & \ddots & \vdots & \vdots \\ a+(n-1)b & b & b & a & b \\ a+(n-1)b & b & \cdots & b & a \end{vmatrix}=[a+(n-1)b]\begin{vmatrix} 1 & b & \cdots & b & b \\ 1 & a & \cdots & b & b \\ \vdots & \vdots & \ddots & \vdots & \vdots \\ 1 & b & \cdots & a & b \\ 1 & b & \cdots & b & a \end{vmatrix}$$

$$\xlongequal[r_n-r_1]{r_2-r_1 \atop {r_3-r_1 \atop \cdots}}[a+(n-1)b]\begin{vmatrix} 1 & b & \cdots & b & b \\ 0 & a-b & \cdots & 0 & 0 \\ \vdots & \vdots & \ddots & \vdots & \vdots \\ 0 & 0 & \cdots & a-b & 0 \\ 0 & 0 & \cdots & 0 & a-b \end{vmatrix}$$

$$=[a+(n-1)b](a-b)^{n-1}$$

例 1.3.6　计算 $n+1$ 阶行列式 $D_{n+1}=\begin{vmatrix} a_0 & 1 & 1 & \cdots & 1 \\ 1 & a_1 & 0 & \cdots & 0 \\ 1 & 0 & a_2 & \cdots & 0 \\ \vdots & \vdots & \vdots & \ddots & \vdots \\ 1 & 0 & 0 & \cdots & a_n \end{vmatrix}$ $(a_i\neq 0; i=0,1,\cdots,n)$的值.

解　这是一个箭头形行列式,为了将其变成上三角形行列式,通常可以把行列式的第二列 $\times\left(-\dfrac{1}{a_1}\right)$,第三列 $\times\left(-\dfrac{1}{a_2}\right)$,…,第 $n+1$ 列 $\times\left(-\dfrac{1}{a_n}\right)$ 都加到第一列上,得

$$D_{n+1}=\begin{vmatrix} a_0-\sum\limits_{i=1}^{n}\dfrac{1}{a_i} & 1 & 1 & \cdots & 1 \\ 0 & a_1 & 0 & \cdots & 0 \\ 0 & 0 & a_2 & \cdots & 0 \\ \vdots & \vdots & \vdots & \ddots & \vdots \\ 0 & 0 & 0 & \cdots & a_n \end{vmatrix}=a_1a_2\cdots a_n\left(a_0-\sum_{i=1}^{n}\frac{1}{a_i}\right)$$

1.3.3 同步习题

利用行列式性质计算下列行列式：

(1) $\begin{vmatrix} 1 & 1 & 1 \\ 3 & 1 & 4 \\ 8 & 9 & 5 \end{vmatrix}$；　(2) $\begin{vmatrix} 1 & 2 & 3 & 4 \\ 2 & 3 & 4 & 1 \\ 3 & 4 & 1 & 2 \\ 4 & 1 & 2 & 3 \end{vmatrix}$；　(3) $\begin{vmatrix} 1 & 1 & 1 & 1 \\ 1 & -1 & 1 & 1 \\ 1 & 1 & -1 & 1 \\ 1 & 1 & 1 & -1 \end{vmatrix}$.

1.4 行列式展开定理

本节要求：通过本节的学习，学生应会求余子式和代数余子式，能够利用行列式的性质计算行列式的值，掌握行列式展开定理及其推论，能够将行列式按行(列)展开，能够利用范德蒙德行列式计算行列式的值.

低阶行列式的计算比高阶行列式的计算要简便，那么高阶行列式能否利用低阶行列式来表达并计算呢？本节将探讨这个问题.为此，先引进余子式与代数余子式的概念.

1.4.1 余子式与代数余子式

定义 1.4.1 在 n 阶行列式 $D=\begin{vmatrix} a_{11} & \cdots & a_{1n} \\ \vdots & & \vdots \\ a_{n1} & \cdots & a_{nn} \end{vmatrix}$ 中，将元素 a_{ij} 所在的行与列上的元素去掉，其余元素按照原来的相应位置构成的 $n-1$ 阶行列式，称为元素 a_{ij} 的余子式，记作 M_{ij}.

令 $A_{ij}=(-1)^{i+j}M_{ij}$，称 A_{ij} 是 a_{ij} 的代数余子式.

例 1.4.1 求行列式 $D=\begin{vmatrix} 1 & 0 & -1 & 3 \\ 0 & 1 & 2 & 4 \\ -3 & 5 & 0 & 0 \\ 2 & 0 & 0 & 1 \end{vmatrix}$ 中的元素 a_{12}, a_{34}, a_{44} 的余子式和代数余子式.

解 $M_{12}=\begin{vmatrix} 0 & 2 & 4 \\ -3 & 0 & 0 \\ 2 & 0 & 1 \end{vmatrix}=6, A_{12}=(-1)^{1+2}\cdot M_{12}=-6$

$M_{34}=\begin{vmatrix} 1 & 0 & -1 \\ 0 & 1 & 2 \\ 2 & 0 & 0 \end{vmatrix}=2, A_{34}=(-1)^{3+4}\cdot M_{34}=-2$

$M_{44}=\begin{vmatrix} 1 & 0 & -1 \\ 0 & 1 & 2 \\ -3 & 5 & 0 \end{vmatrix}=-13, A_{44}=(-1)^{4+4}\cdot M_{44}=-13$

引理 在 n 阶行列式 D 中，如果第 i 行的元素仅 $a_{ij}\neq 0$，其余元素均为零，则 $D=a_{ij}A_{ij}$.

1.4.2 行列式展开定理及应用

定理 1.4.1 n 阶行列式 $D=\begin{vmatrix} a_{11} & \cdots & a_{1n} \\ \vdots & & \vdots \\ a_{n1} & \cdots & a_{nn} \end{vmatrix}$ 等于它的任意一行(列)的各个元素与其对应的代数余子式的乘积之和,即

$$D=a_{i1}A_{i1}+a_{i2}A_{i2}+\cdots+a_{in}A_{in}=\sum_{k=1}^{n}a_{ik}A_{ik}(i=1,2,\cdots,n)$$

或

$$D=a_{1j}A_{1j}+a_{2j}A_{2j}+\cdots+a_{nj}A_{nj}=\sum_{k=1}^{n}a_{kj}A_{kj}(j=1,2,\cdots,n)$$

证明

$$D=\begin{vmatrix} a_{11} & a_{12} & \cdots & a_{1n} \\ \vdots & \vdots & & \vdots \\ a_{i1} & a_{i2} & \cdots & a_{in} \\ \vdots & \vdots & & \vdots \\ a_{n1} & a_{n2} & \cdots & a_{nn} \end{vmatrix}$$

$$=\begin{vmatrix} a_{11} & a_{12} & \cdots & a_{1n} \\ \vdots & \vdots & & \vdots \\ a_{i1}+0+\cdots+0 & 0+a_{i2}+\cdots+0 & \cdots & 0+0+\cdots+a_{in} \\ \vdots & \vdots & & \vdots \\ a_{n1} & a_{n2} & \cdots & a_{nn} \end{vmatrix}$$

$$=\begin{vmatrix} a_{11} & a_{12} & \cdots & a_{1n} \\ \vdots & \vdots & & \vdots \\ a_{i1} & 0 & \cdots & 0 \\ \vdots & \vdots & & \vdots \\ a_{n1} & a_{n2} & \cdots & a_{nn} \end{vmatrix}+\begin{vmatrix} a_{11} & a_{12} & \cdots & a_{1n} \\ \vdots & \vdots & & \vdots \\ 0 & a_{i2} & \cdots & 0 \\ \vdots & \vdots & & \vdots \\ a_{n1} & a_{n2} & \cdots & a_{nn} \end{vmatrix}+\cdots+$$

$$\begin{vmatrix} a_{11} & a_{12} & \cdots & a_{1n} \\ \vdots & \vdots & & \vdots \\ 0 & 0 & \cdots & a_{in} \\ \vdots & & & \vdots \\ a_{n1} & a_{n2} & \cdots & a_{nn} \end{vmatrix}$$

$$=a_{i1}A_{i1}+a_{i2}A_{i2}+\cdots+a_{in}A_{in}$$

$$=\sum_{k=1}^{n}a_{ik}A_{ik}\quad(i=1,2,\cdots,n)$$

类似地,可证明 $D=a_{1j}A_{1j}+a_{2j}A_{2j}+\cdots+a_{nj}A_{nj}=\sum_{k=1}^{n}a_{kj}A_{kj}(j=1,2,\cdots,n)$.

定理 1.4.1 叫作行列式按行(列)展开定理,简称行列式展开定理,也称行列式的降阶展开式.

推论 n 阶行列式 D 的任意一行(列)的元素与另一行(列)的对应元素的代数余子式乘积之和等于零,即 $a_{i1}A_{s1}+a_{i2}A_{s2}+\cdots+a_{in}A_{sn}=0$.

微课:例 1.4.2

例 1.4.2 已知 $D=\begin{vmatrix}1&2&3&4\\2&4&3&1\\4&1&3&2\\1&4&3&2\end{vmatrix}$,求 $A_{11}+A_{21}+A_{31}+A_{41}$.

解法 1 因为 $D_1=\begin{vmatrix}1&2&3&4\\1&4&3&1\\1&1&3&2\\1&4&3&2\end{vmatrix}\xlongequal[\text{对应项成比例}]{\text{第一,三列}}0$,$D_1$ 与 D 的第一列元素的代数余子式相同,所以将 D_1 按第一列展开可得 $A_{11}+A_{21}+A_{31}+A_{41}=0$.

解法 2 因为 D 的第三列元素与 D 的第一列元素的代数余子式乘积之和为 0,即 $3A_{11}+3A_{21}+3A_{31}+3A_{41}=0$,所以 $A_{11}+A_{21}+A_{31}+A_{41}=0$.

例 1.4.3 已知 $D=\begin{vmatrix}1&2&3&4\\3&3&4&4\\1&5&6&7\\1&1&2&2\end{vmatrix}$,求 $A_{41}+A_{42}$,$A_{43}+A_{44}$.

解 由题设把此行列式按第四行展开,并用第二行元素乘以对应第四行元素的代数余子式,得

$$\begin{cases}A_{41}+A_{42}+2(A_{43}+A_{44})=-6\\3(A_{41}+A_{42})+4(A_{43}+A_{44})=0\end{cases}$$

由此解得

$$A_{41}+A_{42}=12,A_{43}+A_{44}=-9$$

注意 在计算行列式时,通常不急于展开计算,而是根据行列式的性质尽量把它其中一行(列)中的更多元素变成零,然后对这一行(列)展开再加以计算.

例 1.4.4 计算行列式 $D=\begin{vmatrix}1&-5&3&-3\\2&0&1&-1\\3&1&-1&2\\4&1&3&-1\end{vmatrix}$ 的值.

解 $D=\begin{vmatrix}1&-5&3&-3\\2&0&1&-1\\3&1&-1&2\\4&1&3&-1\end{vmatrix}\xlongequal[r_4-r_3]{r_1+5r_3}\begin{vmatrix}16&0&-2&7\\2&0&1&-1\\3&1&-1&2\\1&0&4&-3\end{vmatrix}$

$$\xlongequal{\text{按第二列展开}}1\times(-1)^{3+2}\begin{vmatrix}16&-2&7\\2&1&-1\\1&4&-3\end{vmatrix}\xlongequal[r_3-4r_2]{r_1+2r_3}(-1)\begin{vmatrix}20&0&5\\2&1&-1\\-7&0&1\end{vmatrix}$$

$$\xlongequal{\text{按第二列展开}}(-1)\times(-1)^{2+2}\begin{vmatrix}20 & 5\\ -7 & 1\end{vmatrix}=-55$$

例 1.4.5 计算行列式 $D=\begin{vmatrix}3 & 1 & -1 & 2\\ -5 & 1 & 3 & -4\\ 2 & 0 & 1 & -1\\ 1 & -5 & 3 & -3\end{vmatrix}$ 的值.

解 $$D=\begin{vmatrix}3 & 1 & -1 & 2\\ -5 & 1 & 3 & -4\\ 2 & 0 & 1 & -1\\ 1 & -5 & 3 & -3\end{vmatrix}\xlongequal[c_4+c_3]{c_1-2c_3}\begin{vmatrix}5 & 1 & -1 & 1\\ -11 & 1 & 3 & -1\\ 0 & 0 & 1 & 0\\ -5 & -5 & 3 & 0\end{vmatrix}$$

$$\xlongequal{\text{按第三行展开}}(-1)^{3+3}\begin{vmatrix}5 & 1 & 1\\ -11 & 1 & -1\\ -5 & -5 & 0\end{vmatrix}\xlongequal{c_2-c_1}\begin{vmatrix}5 & -4 & 1\\ -11 & 12 & -1\\ -5 & 0 & 0\end{vmatrix}$$

$$\xlongequal{\text{按第三行展开}}(-5)\times(-1)^{1+3}\begin{vmatrix}-4 & 1\\ 12 & -1\end{vmatrix}=(-5)\times(4-12)=40$$

例 1.4.6 计算行列式 $D=\begin{vmatrix}1 & -1 & 1 & a-1\\ 1 & -2 & a+2 & -1\\ 3 & a-3 & 1 & -1\\ a+4 & -1 & 1 & -4\end{vmatrix}$ 的值.

解 $$D=\begin{vmatrix}1 & -1 & 1 & a-1\\ 1 & -2 & a+2 & -1\\ 3 & a-3 & 1 & -1\\ a+4 & -1 & 1 & -4\end{vmatrix}\xlongequal{c_1+c_4+c_3+c_2}\begin{vmatrix}a & -1 & 1 & a-1\\ a & -2 & a+2 & -1\\ a & a-3 & 1 & -1\\ a & -1 & 1 & -4\end{vmatrix}$$

$$\xlongequal[\substack{r_2-r_4\\ r_3-r_4}]{r_3-r_4}\begin{vmatrix}0 & 0 & 0 & a+3\\ 0 & -1 & a+1 & 3\\ 0 & a-2 & 0 & 3\\ a & -1 & 1 & -4\end{vmatrix}\xlongequal{\text{按第一列展开}}a\times(-1)^5\begin{vmatrix}0 & 0 & a+3\\ -1 & a+1 & 3\\ a-2 & 0 & 3\end{vmatrix}$$

$$\xlongequal{\text{按第一行展开}}(-a)(a+3)(-1)^4\begin{vmatrix}-1 & a+1\\ a-2 & 0\end{vmatrix}=a(a+3)(a+1)(a-2)$$

例 1.4.7 计算 n 阶行列式 $D=\begin{vmatrix}x & -1 & 0 & \cdots & 0 & 0\\ 0 & x & -1 & \cdots & 0 & 0\\ \vdots & \vdots & \ddots & \ddots & \vdots & \vdots\\ 0 & 0 & 0 & x & -1 & 0\\ 0 & 0 & 0 & \cdots & x & -1\\ a_n & a_{n-1} & a_{n-2} & \cdots & a_2 & a_1\end{vmatrix}$ 的值.

解 按照第一列展开得

$$D_n=xD_{n-1}+(-1)^{n+1}a_n\begin{vmatrix}-1&0&\cdots&0&0\\x&-1&\cdots&0&0\\\vdots&x&\ddots&\vdots&\vdots\\0&0&\ddots&-1&0\\0&0&\cdots&x&-1\end{vmatrix}=xD_{n-1}+a_n$$

由此递推得
$$\begin{aligned}D_n&=a_n+xD_{n-1}=a_n+x(a_{n-1}+xD_{n-2})\\&=a_n+xa_{n-1}+x^2(a_{n-2}+xD_{n-3})\\&=\cdots=a_n+xa_{n-1}+x^2a_{n-2}+\cdots+x^{n-1}D_1\\&=a_n+xa_{n-1}+x^2a_{n-2}+\cdots+x^{n-1}a_1\end{aligned}$$
这种方法为递推法。

例 1.4.8 设 $D=\begin{vmatrix}a_{11}&\cdots&a_{1m}&0&\cdots&0\\\vdots&&\vdots&\vdots&&\vdots\\a_{m1}&\cdots&a_{mm}&0&\cdots&0\\c_{11}&\cdots&c_{1m}&b_{11}&\cdots&b_{1n}\\\vdots&&\vdots&\vdots&&\vdots\\c_{n1}&\cdots&c_{nm}&b_{n1}&\cdots&b_{nn}\end{vmatrix}$，$D_1=\begin{vmatrix}a_{11}&\cdots&a_{1m}\\\vdots&&\vdots\\a_{m1}&\cdots&a_{mm}\end{vmatrix}$，

$D_2=\begin{vmatrix}b_{11}&\cdots&b_{1n}\\\vdots&&\vdots\\b_{n1}&\cdots&b_{nn}\end{vmatrix}$，试证：$D=D_1D_2$。

证明 对 D_1 做 r_i+kr_j 运算可把 D_1 化为下三角形行列式，即设 $a_{mm}\neq0$，做 $-\frac{a_{im}}{a_{mm}}r_m+r_i(i=1,\cdots,m)$ 运算，将 D 中第 m 列前 $m-1$ 个元素全部转化为零，如此继续下去就可以将其转化为下三角形行列式

$$D_1=\begin{vmatrix}p_{11}&0&\cdots&0\\p_{21}&p_{22}&\cdots&0\\\vdots&\vdots&\ddots&\vdots\\p_{m1}&p_{m2}&\cdots&p_{mm}\end{vmatrix}=p_{11}p_{22}\cdots p_{mm}$$

对 D_2 做 c_j+kc_i 运算可把 D_2 化为下三角形行列式，设为

$$D_2=\begin{vmatrix}q_{11}&0&\cdots&0\\q_{21}&q_{22}&\cdots&0\\\vdots&\vdots&\ddots&\vdots\\q_{n1}&q_{n2}&\cdots&q\end{vmatrix}=q_{11}q_{22}\cdots q_{nn}$$

于是，对 D 的前 m 行做 r_i+kr_j 运算，对 D 的前 n 行做 c_j+kc_i 运算，把 D 化成下三角形行列式

$$D=\begin{vmatrix} p_{11} & \cdots & p_{1m} & 0 & \cdots & 0 \\ \vdots & & \vdots & \vdots & & \vdots \\ p_{m1} & \cdots & p_{mm} & 0 & \cdots & 0 \\ c_{11} & \cdots & c_{1m} & q_{11} & \cdots & q_{1n} \\ \vdots & & \vdots & \vdots & & \vdots \\ c_{n1} & \cdots & c_{nm} & q_{n1} & \cdots & q_{nn} \end{vmatrix}$$

故 $D=p_{11}p_{22}\cdots p_{nn}=D_1D_2$.

由此得出下面的结论：

$$D=\begin{vmatrix} D_1 & \mathbf{0} \\ * & D_2 \end{vmatrix}=\begin{vmatrix} D_1 & * \\ \mathbf{0} & D_2 \end{vmatrix}=D_1D_2$$

$$D=\begin{vmatrix} * & D_1 \\ D_2 & \mathbf{0} \end{vmatrix}=\begin{vmatrix} \mathbf{0} & D_1 \\ D_2 & * \end{vmatrix}=(-1)^{mn}D_1D_2$$

其中 D_1 是由 m^2 个元素 a_{ij} 排成的 m 行 m 列的行列式；D_2 是由 n^2 个元素 b_{ij} 排成的 n 行 n 列的行列式.此结论可以作为公式使用.

例 1.4.9 证明范德蒙德(Vandermonde)行列式

$$D(x_1,x_2,\cdots,x_n)=\begin{vmatrix} 1 & 1 & \cdots & 1 \\ x_1 & x_2 & \cdots & x_n \\ x_1^2 & x_2^2 & \cdots & x_n^2 \\ \vdots & \vdots & & \vdots \\ x_1^{n-1} & x_2^{n-1} & \cdots & x_n^{n-1} \end{vmatrix}=\prod_{1\leqslant j<i\leqslant n}(x_i-x_j) \quad (n\geqslant 2)$$

其中 $\prod\limits_{1\leqslant j<i\leqslant n}(x_i-x_j)$ 表示所有因子 $(x_i-x_j)(j<i)$ 的连乘积，详见 1.1 节.

证明 用数学归纳法，当 $n=2$ 时，有 $D_2=\begin{vmatrix} 1 & 1 \\ x_1 & x_2 \end{vmatrix}=x_2-x_1=\prod\limits_{1\leqslant j<i\leqslant 2}(x_i-x_j)$，即当 $n=2$ 时结论成立.

假设对于 $n-1$ 阶范德蒙德行列式时成立，即 $D_{n-1}=\prod\limits_{1\leqslant j<i\leqslant n-1}(x_i-x_j)$，要证对 n 阶范德蒙德行列式，结论也成立.

为此，设法把 D_n 降阶，从第 n 行开始，后行减去前行的 x_1 倍，有

$$D_n=\begin{vmatrix} 1 & 1 & 1 & \cdots & 1 \\ 0 & x_2-x_1 & x_3-x_1 & \cdots & x_n-x_1 \\ 0 & x_2(x_2-x_1) & x_3(x_3-x_1) & \cdots & x_n(x_n-x_1) \\ \vdots & \vdots & \vdots & & \vdots \\ 0 & x_2^{n-2}(x_2-x_1) & x_3^{n-2}(x_3-x_1) & \cdots & x_n^{n-2}(x_n-x_1) \end{vmatrix}$$

$$\xlongequal{\text{按第一列展开}}(x_2-x_1)(x_3-x_1)\cdots(x_n-x_1)\begin{vmatrix} 1 & 1 & \cdots & 1 \\ x_2 & x_3 & \cdots & x_n \\ \vdots & \vdots & & \vdots \\ x_2^{n-2} & x_3^{n-2} & \cdots & x_n^{n-2} \end{vmatrix}$$

$$\xlongequal{\text{由假设}}(x_2-x_1)(x_3-x_1)\cdots(x_n-x_1)\prod_{1\leqslant j<i\leqslant n}(x_i-x_j)$$

$$=\prod_{1\leqslant j<i\leqslant n}(x_i-x_j)$$

计算 n 阶行列式有时要用到数学归纳法，但是归纳法的主要步骤是不能省略的.

例 1.4.10　计算行列式 $D=\begin{vmatrix}1 & 1 & 1 & 1\\ 1 & -1 & 1 & -1\\ 1 & 3 & 9 & 27\\ 1 & -2 & 4 & -8\end{vmatrix}$ 的值.

解　将该行列式转置 $D^{\mathrm{T}}=\begin{vmatrix}1 & 1 & 1 & 1\\ 1 & -1 & 3 & -2\\ 1 & 1 & 9 & 4\\ 1 & -1 & 27 & -8\end{vmatrix}$，则该行列式为四阶范德蒙德行列式，

$$D^{\mathrm{T}}=D(1,-1,3,-2)=(-1-1)(3-1)(-2-1)(3+1)(-2+1)(-2-3)=240$$

1.4.3　同步习题

1. 设行列式 $D=\begin{vmatrix}-3 & 0 & 4\\ 5 & 0 & 3\\ 2 & -2 & 1\end{vmatrix}$，求含有元素 2 的代数余子式的和.

2. 设行列式 $D=\begin{vmatrix}3 & 0 & 4 & 0\\ 2 & 2 & 2 & 2\\ 0 & -7 & 0 & 0\\ 5 & 3 & -2 & 2\end{vmatrix}$，求第四行各元素余子式之和的值.

3. 已知 $D=\begin{vmatrix}1 & 0 & 1 & 2\\ -1 & 1 & 0 & 3\\ 1 & 1 & 1 & 0\\ -1 & 2 & 5 & 4\end{vmatrix}$，试求：

(1) $A_{12}-A_{22}+A_{32}-A_{42}$；(2) $A_{41}+A_{42}+A_{43}+A_{44}$.

4. 用行列式展开定理计算下列行列式.

(1) $\begin{vmatrix}4 & 1 & 2 & 4\\ 1 & 2 & 0 & 2\\ 10 & 5 & 2 & 0\\ 0 & 1 & 1 & 7\end{vmatrix}$；　　(2) $\begin{vmatrix}2 & 1 & 4 & 1\\ 3 & -1 & 2 & 1\\ 1 & 2 & 3 & 2\\ 5 & 0 & 6 & 2\end{vmatrix}$；

(3) $\begin{vmatrix}-ab & ac & ae\\ bd & -cd & de\\ bf & cf & -ef\end{vmatrix}$；　　(4) $\begin{vmatrix}0 & a & b & a\\ a & 0 & a & b\\ b & a & 0 & a\\ a & b & a & 0\end{vmatrix}$.

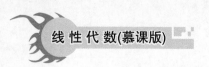

5. 证明下列等式.

(1) $\begin{vmatrix} a_{11} & a_{12} & 0 & 0 \\ a_{21} & a_{22} & 0 & 0 \\ c_{11} & c_{12} & b_{11} & b_{12} \\ c_{21} & c_{22} & b_{21} & b_{22} \end{vmatrix} = \begin{vmatrix} a_{11} & a_{12} \\ a_{21} & a_{22} \end{vmatrix} \begin{vmatrix} b_{11} & b_{12} \\ b_{21} & b_{22} \end{vmatrix}$;

(2) $\begin{vmatrix} ax+by & ay+bz & az+bx \\ ay+bz & az+bx & ax+by \\ az+bx & ax+by & ay+bz \end{vmatrix} = (a^3+b^3) \begin{vmatrix} x & y & z \\ y & z & x \\ z & x & y \end{vmatrix}$;

(3) $\begin{vmatrix} 1 & 1 & 1 & 1 \\ a & b & c & d \\ a^2 & b^2 & c^2 & d^2 \\ a^4 & b^4 & c^4 & d^4 \end{vmatrix} = (a-b)(a-c)(a-d)(b-c)(b-d)\cdot(c-d)(a+b+c+d)$.

6. 计算下列行列式.

(1) $\begin{vmatrix} 3 & 2 & -1 & 4 \\ 2 & -3 & 5 & 1 \\ 1 & 0 & -2 & 3 \\ 5 & 4 & 1 & 3 \end{vmatrix}$;　　(2) $\begin{vmatrix} 1+a & 1 & 1 & 1 \\ 1 & 1-a & 1 & 1 \\ 1 & 1 & 1+b & 1 \\ 1 & 1 & 1 & 1-b \end{vmatrix}$;

(3) $\begin{vmatrix} 2 & a & a & a & a \\ a & 2 & a & a & a \\ a & a & 2 & a & a \\ a & a & a & 2 & a \\ a & a & a & a & 2 \end{vmatrix}$;　　(4) $\begin{vmatrix} 1 & 2 & 2 & \cdots & 2 \\ 2 & 2 & 2 & \cdots & 2 \\ 2 & 2 & 3 & \cdots & 2 \\ \vdots & \vdots & \vdots & & \vdots \\ 2 & 2 & 2 & \cdots & n \end{vmatrix}$;

(5) $D_{n+1} = \begin{vmatrix} x & a_1 & a_2 & \cdots & a_{n-1} & 1 \\ a_1 & x & a_2 & \cdots & a_{n-1} & 1 \\ a_1 & a_2 & x & \cdots & a_{n-1} & 1 \\ \vdots & \vdots & \vdots & \ddots & \vdots & \vdots \\ a_1 & a_2 & a_3 & \cdots & x & 1 \\ a_1 & a_2 & a_3 & \cdots & a_n & 1 \end{vmatrix}$;

(6) $\begin{vmatrix} 1 & 1 & 1 & 1 & 1 \\ 1 & x_1 & 0 & 0 & 0 \\ 1 & 1 & x_2 & 0 & 0 \\ 1 & 0 & 1 & x_3 & 0 \\ 1 & 0 & 0 & 1 & x_4 \end{vmatrix}$ $(x_i \neq 0; i=1,2,3,4)$.

7. 求下列方程的根.

(1) $\begin{vmatrix} x-6 & 5 & 3 \\ -3 & x+2 & 2 \\ -2 & 2 & x \end{vmatrix} = 0$;　　(2) $\begin{vmatrix} 1 & 1 & 2 & 3 \\ 1 & 2-x^2 & 2 & 3 \\ 2 & 3 & 1 & 5 \\ 2 & 3 & 1 & 9-x^2 \end{vmatrix} = 0$.

1.5　线性方程组与克拉默法则

本节要点：通过本节的学习，学生应了解线性方程组的基本概念，能够利用克拉默法则解线性方程组.

在中学代数中，我们学习过二元和三元线性方程组求解的问题，本节我们来学习一种求解 n 元线性方程组的方法.首先介绍线性方程组的基本概念.

1.5.1　线性方程组

由实际问题导出的线性方程组通常含有多个未知量和多个方程，它的一般形式为

$$\begin{cases} a_{11}x_1+a_{12}x_2+\cdots+a_{1n}x_n=b_1 \\ a_{21}x_1+a_{22}x_2+\cdots+a_{2n}x_n=b_2 \\ \qquad\vdots \\ a_{m1}x_1+a_{m2}x_2+\cdots+a_{mn}x_n=b_m \end{cases} \tag{1.5.1}$$

其中 $x_1,x_2,\cdots,x_n$ 是未知量，$a_{ij}(i=1,2,\cdots,m;j=1,2,\cdots,n)$ 是未知量的系数，$b_1,b_2,\cdots,b_m$ 叫作常数项或方程的右端，这里 m 与 n 未必相等.

线性方程组(1.5.1)的解是指这样的一组数 $k_1,k_2,\cdots,k_n$，当用它们依次替换方程组(1.5.1)中的未知量 $x_1,x_2,\cdots,x_n$ 时，方程组中的每个方程都成立.

如果 $b_1=b_2=\cdots=b_m=0$，则方程组(1.5.1)变成

$$\begin{cases} a_{11}x_1+a_{12}x_2+\cdots+a_{1n}x_n=0 \\ a_{21}x_1+a_{22}x_2+\cdots+a_{2n}x_n=0 \\ \qquad\vdots \\ a_{m1}x_1+a_{m2}x_2+\cdots+a_{mn}x_n=0 \end{cases} \tag{1.5.2}$$

方程组(1.5.1) 称为非齐次线性方程组，方程组(1.5.2)叫作方程组(1.5.1)的对应齐次线性方程组.

显然，$x_1=0,x_2=0,\cdots,x_n=0$ 是齐次线性方程组(1.5.2)的解，并称为齐次线性方程组(1.5.2)的零解.

当 $m=n$ 时，方程组(1.5.1)变成
$$\begin{cases} a_{11}x_1+a_{12}x_2+\cdots a_{1n}x_n=b_1 \\ a_{21}x_1+a_{22}x_2+\cdots a_{2n}x_2=b_2 \\ \qquad\vdots \\ a_{n1}x_1+a_{n2}x_2+\cdots a_{nn}x_n=b_n \end{cases} \tag{1.5.3}$$

叫作 n 阶线性方程组.

在 n 阶线性方程组(1.5.3)中，它的系数 $a_{ij}(i,j=1,2,\cdots,n)$ 组成的 $D=\begin{vmatrix} a_{11} & \cdots & a_{1n} \\ \vdots & & \vdots \\ a_{n1} & \cdots & a_{nn} \end{vmatrix}$

称为方程组(1.5.3)的系数行列式.

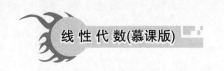

下面介绍一种求解 n 阶线性方程组的方法——克拉默(Cramer)法则.

1.5.2 克拉默法则

定理 1.5.1(克拉默法则) 如果线性方程组(1.5.3)的系数行列式 $D\neq 0$,即 $D=\begin{vmatrix} a_{11} & \cdots & a_{1n} \\ \vdots & & \vdots \\ a_{n1} & \cdots & a_{nn} \end{vmatrix}\neq 0$,则方程组(1.5.3)有唯一解 $x_1=\dfrac{D_1}{D},x_2=\dfrac{D_2}{D},\cdots,x_n=\dfrac{D_n}{D}$,其中 $D_j\,(j=1,2,\cdots,n)$是把系数行列式 D 中的第 j 列元素对应换为常数项 $b_1,b_2,\cdots,b_n$,即

$$D_j=\begin{vmatrix} a_{11} & \cdots & a_{1,j-1} & b_1 & a_{1,j+1} & \cdots & a_{1n} \\ a_{21} & \cdots & a_{2,j-1} & b_2 & a_{2,j+1} & \cdots & a_{2n} \\ \vdots & & \vdots & \vdots & \vdots & & \vdots \\ a_{n1} & \cdots & a_{n,j-1} & b_n & a_{n,j+1} & \cdots & a_{nn} \end{vmatrix}$$

例 1.5.1 求解线性方程组$\begin{cases} x_1 - x_2 + x_3 - 2x_4 = 2 \\ 2x_1 - x_3 + 4x_4 = 4 \\ 3x_1 + 2x_2 + x_3 = -1 \\ -x_1 + 2x_2 - x_3 + 2x_4 = -4 \end{cases}$.

解 系数行列式

$$D=\begin{vmatrix} 1 & -1 & 1 & -2 \\ 2 & 0 & -1 & 4 \\ 3 & 2 & 1 & 0 \\ -1 & 2 & -1 & 2 \end{vmatrix} \xlongequal{c_1-3c_3} \begin{vmatrix} -2 & -1 & 1 & -2 \\ 5 & 0 & -1 & 4 \\ 0 & 2 & 1 & 0 \\ 2 & 2 & -1 & 2 \end{vmatrix}$$

$$\xlongequal{c_2-2c_3} \begin{vmatrix} -2 & -3 & 1 & -2 \\ 5 & 2 & -1 & 4 \\ 0 & 0 & 1 & 0 \\ 2 & 4 & -1 & 2 \end{vmatrix} \xlongequal{\text{按第三行展开}} 1\times(-1)^{3+3}\begin{vmatrix} -2 & -3 & -2 \\ 5 & 2 & 4 \\ 2 & 4 & 2 \end{vmatrix}$$

$$\xlongequal{r_1+r_3} \begin{vmatrix} 0 & 1 & 0 \\ 5 & 2 & 4 \\ 2 & 4 & 2 \end{vmatrix} \xlongequal{\text{按第一行展开}} 1\times(-1)^{1+2}\begin{vmatrix} 5 & 4 \\ 2 & 2 \end{vmatrix} = -2\neq 0$$

所以方程组有唯一解,而

$$D_1=\begin{vmatrix} 2 & -1 & 1 & -2 \\ 4 & 0 & -1 & 4 \\ -1 & 2 & 1 & 0 \\ -4 & 2 & -1 & 2 \end{vmatrix}=-2,D_2=\begin{vmatrix} 1 & 2 & 1 & -2 \\ 2 & 4 & -1 & 4 \\ 3 & -1 & 1 & 0 \\ -1 & -4 & -1 & 2 \end{vmatrix}=4$$

$$D_3=\begin{vmatrix} 1 & -1 & 2 & 2 \\ 2 & 0 & 4 & 4 \\ 3 & 2 & -1 & 0 \\ -1 & 2 & -4 & 2 \end{vmatrix}=0,D_4=\begin{vmatrix} 1 & -1 & 1 & 2 \\ 2 & 0 & -1 & 4 \\ 3 & 2 & -1 & -1 \\ -1 & 2 & -1 & -4 \end{vmatrix}=-1$$

由克拉默法则得 $x_1=\frac{D_1}{D}=1$，$x_2=\frac{D_2}{D}=-2$，$x_3=\frac{D_3}{D}=0$，$x_4=\frac{D_4}{D}=\frac{1}{2}$.

当线性方程组(1.5.3)的行列式为零的时候，会出现两种情况：一是无解；二是有无穷多解. 对于这种情况将在第 3 章进行详细讨论.

对于 n 阶齐次线性方程组 $\begin{cases} a_{11}x_1+a_{12}x_2+\cdots+a_{1n}x_n=0 \\ a_{21}x_1+a_{22}x_2+\cdots+a_{2n}x_n=0 \\ \quad\vdots \\ a_{n1}x_1+a_{n2}x_2+\cdots+a_{nn}x_n=0 \end{cases}$ 而言，有下面两个推论.

推论 1 若齐次线性方程组 $\begin{cases} a_{11}x_1+a_{12}x_2+\cdots+a_{1n}x_n=0 \\ a_{21}x_1+a_{22}x_2+\cdots+a_{2n}x_n=0 \\ \quad\vdots \\ a_{n1}x_1+a_{n2}x_2+\cdots+a_{nn}x_n=0 \end{cases}$ 的系数行列式 $D\neq0$，则方程组只有零解.

推论 2 若齐次线性方程组 $\begin{cases} a_{11}x_1+a_{12}x_2+\cdots+a_{1n}x_n=0 \\ a_{21}x_1+a_{22}x_2+\cdots+a_{2n}x_n=0 \\ \quad\vdots \\ a_{n1}x_1+a_{n2}x_2+\cdots+a_{nn}x_n=0 \end{cases}$ 有非零解，则系数行列式 $D=0$.

例 1.5.3 判断方程组 $\begin{cases} 2x_1+x_2-5x_3+x_4=0 \\ x_1-3x_2-6x_4=0 \\ 2x_2-x_3=0 \\ x_1+4x_2-7x_3+6x_4=0 \end{cases}$ 是有零解还是有非零解？

解 由于系数行列式

$$D=\begin{vmatrix} 2 & 1 & -5 & 1 \\ 1 & -3 & 0 & -6 \\ 0 & 2 & -1 & 0 \\ 1 & 4 & -7 & 6 \end{vmatrix} \xlongequal{c_2+2c_3} \begin{vmatrix} 2 & -9 & -5 & 1 \\ 1 & -3 & 0 & -6 \\ 0 & 0 & -1 & 0 \\ 1 & -10 & -7 & 6 \end{vmatrix}$$

$$\xlongequal{\text{按第三行展开}}(-1)\times(-1)^{3+3}\begin{vmatrix} 2 & -9 & 1 \\ 1 & -3 & -6 \\ 1 & -10 & 6 \end{vmatrix} \xlongequal[r_2-r_3]{r_1-2r_3} -\begin{vmatrix} 0 & 11 & -11 \\ 0 & 7 & -12 \\ 1 & -10 & 6 \end{vmatrix}$$

$$\xlongequal{\text{按第一列展开}}(-1)\times(-1)^{2+2}\begin{vmatrix} 11 & -11 \\ 7 & -12 \end{vmatrix}=55\neq0$$

由推论 1 知，方程组只有零解.

例 1.5.3 已知 $\begin{cases} kx_1+x_2+x_3=0 \\ x_1+kx_2+x_3=0 \\ x_1+x_2+kx_3=0 \end{cases}$ 有非零解，求 k.

微课：例 1.5.3

解 方程组的系数行列式为

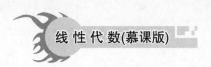

$$D=\begin{vmatrix}k&1&1\\1&k&1\\1&1&k\end{vmatrix}\xlongequal{r_1+r_2+r_3}\begin{vmatrix}k+2&k+2&k+2\\1&k&1\\1&1&k\end{vmatrix}=(k+2)\begin{vmatrix}1&1&1\\1&k&1\\1&1&k\end{vmatrix}$$

$$\xlongequal[r_3-r_1]{r_2-2r_1}(k+2)\begin{vmatrix}1&1&1\\0&k-1&0\\0&0&k-1\end{vmatrix}=(k+2)(k-1)^2$$

由推论 2 知，它的系数行列式 $D=0$，即 $(k+2)(k-1)^2=0$，故 $k=1$ 或 $k=-2$.

注意　克拉默法则只能应用于 n 个未知数、n 个方程并且系数行列式不等于零的线性方程组.又由于需要计算 $n+1$ 个 n 阶行列式，计算量较大，在求解未知量较多的方程组时，克拉默法则不太具有实用价值.从这一意义上来说，克拉默法则仅具有理论上的意义.

1.5.3　同步习题

1. 用克拉默法则解下列方程组：

(1) $\begin{cases}x_1-x_2-x_3-2x_4=-1\\x_1+x_2-2x_3+x_4=1\\x_1+x_2+x_4=2\\x_2+x_3-x_4=1\end{cases}$；　(2) $\begin{cases}x_1-x_2+x_3-2x_4=2\\2x_1-x_3+4x_4=4\\3x_1+2x_2+x_3=-1\\-x_1+2x_2-x_3+2x_4=-4\end{cases}$.

2. 问：λ 取何值时，下列齐次线性方程组有非零解？

(1) $\begin{cases}(1-\lambda)x_1-2x_2+4x_3=0\\2x_1+(3-\lambda)x_2+x_3=0\\x_1+x_2+(1-\lambda)x_3=0\end{cases}$；　(2) $\begin{cases}\lambda x_1+x_4=0\\x_1+2x_2-x_4=0\\(\lambda+2)x_1-x_2+4x_4=0\\2x_1+x_2++3x_3+\lambda x_4=0\end{cases}$.

3. k 取什么值时，齐次线性方程组 $\begin{cases}kx+y-z=0\\x+ky-z=0\\2x-y+z=0\end{cases}$ 仅有零解？

1.6　MATLAB 简单介绍

1.6.1　MATLAB 发展史

MATLAB 取自矩阵(matrix)和实验室(laboratory)两个英文单词的前 3 个字母，意即“矩阵实验室”.MATLAB 与 Mathematica、Maple 并称为三大数学软件。MATLAB 以矩阵作为基本数据单元，提供了数据分析、算法实现与应用开发的交互式开发环境.

MATLAB 诞生于 20 世纪 70 年代中期。当时，美国新墨西哥大学计算机系主任 Clevel

Moler 博士及其同事，在其开发的 LINPACK 和 EISPACK 的 Fortran 软件包的基础上，编写了相应的接口程序，并将其命名为 MATLAB.1984 年，Moler 和 Jack Little 等一起合作创办了 Math Works 公司，并着力将软件推向市场，之后 Math Works 一直致力于版本更新和软件功能的增强.历经多年发展，目前，MATLAB 已成为国际控制界的标准计算软件.

MATLAB 分为总包和若干工具箱，其独具特色的、以矩阵作为基本数据单元的数值单元的数值计算不仅可以方便地实现数值分析、优化分析、数据处理、自动控制、信号处理等领域的数学计算(包括符号计算)，还可以快捷地实现关于可视化计算、图形绘制场景创建和渲染、图像处理、虚拟现实和地图制作等分析、处理工作.MATLAB 现已逐步发展成为支持各种学科、多种工作平台的大型软件.在欧美许多高校，MATLAB 已成为线性代数、自动控制理论、概率论及数理统计、数字信号处理、时间序列分析、动态系统仿真等课程的基本教学工具，也是本科生、研究生必须掌握的基本软件.在国内，这一软件的相关课程也正逐步成为一些大学理工科专业学生的重要选修课.

1.6.2 MATLAB 的特点

1. 计算功能强大

MATLAB 具有强大的矩阵数值计算功能，可以方便地处理许多特殊矩阵，利用符号和函数可以对矩阵进行线性代数运算(加、减、乘、除、转置和求逆等)，适用于大型数值算法的编程实现.工具箱中有许多高性能的数值计算方法，可以解决实际应用中的许多数学问题，尤其是与矩阵计算有关的问题.

2. 绘图非常方便

MATLAB 具有强大的绘图功能，它有很多绘图函数命令，可以绘制一般的二维或三维图形(如线形图、条形图、饼图、散点图、直方图等)，也可以绘制工程特性较强的特殊图形(如玫瑰花图、极坐标图)，还可以利用可视化功能绘制一些用于数据分析的图形(如矢量图、等值线图、曲面图、切片图等)，甚至可以生成快照并进行动画制作.使用 MATLAB 句柄图形对象并结合绘图函数可以绘制出自己满意的图形，使用时只需调用不同的绘图函数，使得作图简单易行.

3. 扩充能力强大

MATLAB 通常包含系统本身定义的大量库函数，用户也可以定义自己的函数，以组成自己的工具箱，这样不仅可以在数学运算时直接调用，而且使库函数名称与用户文件保持形式一致，用户可以根据需要方便地建立或扩充库函数，方便地解决本领域内的计算问题.MATLAB 提供了与 Fortran、C、C ++ 语言及一些应用程序(如 Excel)的接口，利用 MATLAB 编译器和运行服务器还可以生成独立的可执行程序，用户可以混合编程，也可以隐藏算法并避免依赖 MATLAB 平台环境.

4. 帮助功能完善

MATLAB 采用基于 HTML 的自述文件，自述文件中不仅介绍了 MATLAB 语言，还对各种算法的理论基础与算法实现进行了比较详细的说明，并给出了相应的常规实例，其帮助功能比较完善，用户使用较为方便.

1.6.3　用 MATLAB 计算行列式

在 MATLAB 中，利用 det(A)函数命令可以非常简单地计算矩阵的行列式，其中 HX 可以是数值矩阵，也可以是符号矩阵.

例 1.6.1　计算行列式 $\begin{vmatrix} 0 & 2 & -2 & 2 \\ 1 & 3 & 0 & 4 \\ -2 & -11 & 3 & -16 \\ 0 & -7 & 3 & 1 \end{vmatrix}$ 的值.

解

```
> > A= [0,2,-2,2;1,3,0,4;-2,-11,3,-16;0,-7,3,1]
  A=
      0     2   -2     2
      1     3    0     4
     -2   -11    3   -16
      0    -7    3     1
> > det(A)
ans=
  56.0000
```

例 1.6.2　计算行列式 $\begin{vmatrix} m & n & n & n \\ m & m & n & n \\ m & n & m & n \\ n & n & n & m \end{vmatrix}$ 的值.

解

```
> > syms  m  n
  > > A= [m,n,n,n;m,m,n,n;m,n,m,n;n,n,n,m]
  A=
      [m,n,n,n]
      [m,m,n,n]
      [m,n,m,n]
      [n,n,n,m]
  > > det(A)
  ans=
    -(m-n)* (-m^3+ m^2* n+ m* n^2-n^3)
```

课程思政

华罗庚　数学家，中国科学院院士，美国国家科学院外籍院士，第三世界科学院院士，联邦德国巴伐利亚科学院院士，中国科学院数学研究所研究员、原所长，是中国解析数论、典型群、矩阵几何学、自守函数论与多复变函数论等很多研究领域的创始人与开拓者.

总复习题

第一部分:基础题

一、填空题

1. 行列式 $\begin{vmatrix} 1 & 2 & 3 & 4 \\ 5 & 4 & 3 & 2 \\ 3 & 2 & 1 & 2 \\ 2 & 4 & 1 & 8 \end{vmatrix}$ 的 a_{12} 的代数余子式及其值是________.

2. 若 $\begin{vmatrix} \lambda_1 & 0 & 3 \\ -2 & 1 & \lambda_2 \\ 1 & 0 & 1 \end{vmatrix}=0$,则 $\lambda_1=$________,$\lambda_2=$________.

3. $\begin{cases} x_1+kx_2+x_3=0 \\ kx_1+x_2+(k+1)x_3=0 \\ x_1+kx_2=0 \end{cases}$ 有非零解,则________.

4. 在五阶行列式中,项 $a_{12}a_{31}a_{54}a_{43}a_{25}$ 的符号应取________.

5. 在函数 $f(x)=\begin{vmatrix} x & x & 1 & 0 \\ 1 & x & 2 & 3 \\ 2 & 3 & x & 2 \\ 1 & 1 & 2 & x \end{vmatrix}$ 中,x^3 的系数是________.

6. 设 $D=\begin{vmatrix} 1 & 5 & 7 & 8 \\ 1 & 1 & 1 & 1 \\ 2 & 0 & 3 & 6 \\ 1 & 2 & 3 & 4 \end{vmatrix}$,则 $A_{41}+A_{42}+A_{43}+A_{44}=$________.

7. 四阶行列式中,带负号且包含因子 a_{23} 和 a_{31} 的项为________.

8. $\begin{vmatrix} 2 & 1 & 0 & 0 \\ 1 & 2 & 1 & 0 \\ 0 & 1 & 2 & 3 \\ 0 & 0 & 1 & 2 \end{vmatrix}=$________.

9. 已知 $\begin{vmatrix} a_{11} & a_{12} & a_{13} \\ a_{21} & a_{22} & a_{23} \\ a_{31} & a_{32} & a_{33} \end{vmatrix}=n$,则 $\begin{vmatrix} a_{21} & a_{22} & a_{23} \\ 2a_{31}-a_{11} & 2a_{32}-a_{12} & 2a_{33}-a_{13} \\ 3a_{11}+2a_{21} & 3a_{12}+2a_{22} & 3a_{13}+2a_{23} \end{vmatrix}=$________.

10. $\begin{vmatrix} k & 2 & 1 \\ 2 & k & 0 \\ 1 & -1 & 1 \end{vmatrix}=0$ 的充分条件是 $k=$________.

二、单项选择题

1. 下列各项中,(　　)是四级奇排列.

A. 4321　　B. 4123　　C. 124　　D. 23415

2. $a_{12}a_{2i}a_{35}a_{4j}a_{5k}$ 是五阶行列式中前面冠以负号的项,那么 i,j,k 的值可以是(　　).

A. $i=1,j=4,k=3$　　B. $i=4,j=1,k=3$

C. $i=3,j=1,k=4$　　D. $i=4,j=3,k=1$

3. 已知行列式 $D=\begin{vmatrix} -1 & 0 & x & 1 \\ 1 & 1 & -1 & -1 \\ 1 & -1 & 1 & -1 \\ 1 & -1 & -1 & 1 \end{vmatrix}$,则行列式 D 中 x 的一次项系数是(　　).

A. 1　　B. -1　　C. 2^2　　D. -2^2

4. 当(　　)时,$\begin{cases} kx+z=0 \\ 2x+ky+z=0 \\ kx-2y+z=0 \end{cases}$有非零解.

A. $k=0$　　B. $k=-1$　　C. $k=2$　　D. $k=-2$

5. 设 $f(x)=\begin{vmatrix} 1 & 1 & 2 \\ 1 & 1 & x^2-2 \\ 2 & x^2+1 & 1 \end{vmatrix}$,则 $f(x)=0$ 的根是(　　).

A. 1,1,2,2　　B. $-1,-1,2,2$

C. $1,-1,2,-2$　　D. $-1,-1,-2,-2$

三、计算行列式的值

1. $\begin{vmatrix} 0 & 3 & 4 & 5 \\ -3 & 4 & 1 & 0 \\ 0 & 2 & 2 & -2 \\ 6 & -2 & 7 & 2 \end{vmatrix}$

2. $\begin{vmatrix} 2 & -5 & 1 & 2 \\ -3 & 7 & -1 & 4 \\ 5 & -9 & 2 & 7 \\ 4 & -6 & 1 & 2 \end{vmatrix}$

3. $\begin{vmatrix} a & 1 & 0 & 0 \\ -1 & b & 1 & 0 \\ 0 & -1 & c & 1 \\ 0 & 0 & -1 & d \end{vmatrix}$

4. $\begin{vmatrix} a & b & b & b \\ b & a & b & b \\ b & b & a & b \\ b & b & b & a \end{vmatrix}$

四、解答题

问:λ,μ 取何值时,齐次线性方程组$\begin{cases} \lambda x_1+x_2+x_3=0 \\ x_1+\mu x_2+x_3=0 \\ x_1+2\mu x_2+x_3=0 \end{cases}$有非零解?

第二部分：拓展题

一、计算行列式的值

1. $\begin{vmatrix} 1 & -1 & 1 & x-1 \\ 1 & -1 & x+1 & -1 \\ 1 & x-1 & 1 & -1 \\ x+1 & -1 & 1 & -1 \end{vmatrix}$

2. $\begin{vmatrix} x & y & 0 & \cdots & 0 & 0 \\ 0 & x & y & \cdots & 0 & 0 \\ 0 & 0 & x & \ddots & 0 & 0 \\ \vdots & \vdots & \vdots & \ddots & y & \vdots \\ 0 & 0 & 0 & \cdots & x & y \\ y & 0 & 0 & \cdots & 0 & x \end{vmatrix}$

3. $D_n=\begin{vmatrix} 1 & 2 & 3 & \cdots & n-1 & n \\ 2 & 3 & 4 & \cdots & n & 1 \\ 3 & 4 & 5 & \cdots & 1 & 2 \\ \vdots & \vdots & \vdots & & \vdots & \vdots \\ n & 1 & 2 & \cdots & n-2 & n-1 \end{vmatrix}$

4. $D_n=\begin{vmatrix} 1 & 2 & 3 & 4 & \cdots & n \\ -1 & 0 & 3 & 4 & \cdots & n \\ -1 & -2 & 0 & 4 & \cdots & n \\ \vdots & \vdots & \vdots & \vdots & & \vdots \\ -1 & -2 & -3 & -4 & \cdots & n \end{vmatrix}$

5. $D_n=\begin{vmatrix} a & b & 0 & \cdots & 0 & 0 \\ 0 & a & b & \cdots & 0 & 0 \\ 0 & 0 & a & \ddots & 0 & 0 \\ \vdots & \vdots & \vdots & \ddots & b & \vdots \\ 0 & 0 & 0 & \cdots & a & b \\ b & 0 & 0 & \cdots & 0 & a \end{vmatrix}$

6. $D_n=\begin{vmatrix} 0 & 1 & 1 & 1 & \cdots & 1 \\ a_1 & b_1 & 0 & 0 & \cdots & 0 \\ a_2 & a_2 & b_2 & 0 & \cdots & 0 \\ \vdots & \vdots & \ddots & b_{n-1} & \ddots & \vdots \\ a_n & a_n & a_n & a_n & \cdots & b_n \end{vmatrix}$

二、证明等式

1. $\begin{vmatrix} p+q & q+r & r+p \\ p_1+q_1 & q_1+r_1 & r_1+p_1 \\ p_2+q_2 & q_2+r_2 & r_2+p_2 \end{vmatrix}=2\begin{vmatrix} p & q & r \\ p_1 & q_1 & r_1 \\ p_2 & q_2 & r_2 \end{vmatrix}$

2. $\begin{vmatrix} a^2 & (a+1)^2 & (a+2)^2 & (a+3)^2 \\ b^2 & (b+1)^2 & (b+2)^2 & (b+3)^2 \\ c^2 & (c+1)^2 & (c+2)^2 & (c+3)^2 \\ d^2 & (d+1)^2 & (d+2)^2 & (d+3)^2 \end{vmatrix}=0$

第三部分：考研真题

一、填空题

1. (1989 年，数学四)行列式 $\begin{vmatrix} 1 & -1 & 1 & x-1 \\ 1 & -1 & x+1 & -1 \\ 1 & x-1 & 1 & -1 \\ x+1 & -1 & 1 & -1 \end{vmatrix}=$ ________.

2.（1996年，数学四）五阶行列式 $D=\begin{vmatrix} 1-a & a & 0 & 0 & 0 \\ -1 & 1-a & a & 0 & 0 \\ 0 & -1 & 1-a & a & 0 \\ 0 & 0 & -1 & 1-a & a \\ 0 & 0 & 0 & -1 & 1-a \end{vmatrix}=$________.

3.（1991年，数学四）n 阶行列式 $\begin{vmatrix} a & b & 0 & \cdots & 0 & 0 \\ 0 & a & b & \cdots & 0 & 0 \\ 0 & 0 & a & \ddots & 0 & 0 \\ \vdots & \vdots & \vdots & \ddots & b & \vdots \\ 0 & 0 & 0 & \cdots & a & b \\ b & 0 & 0 & \cdots & 0 & a \end{vmatrix}=$________.

4.（2001年，数学四）设行列式 $D=\begin{vmatrix} 3 & 0 & 4 & 0 \\ 2 & 2 & 2 & 2 \\ 0 & -7 & 0 & 0 \\ 5 & 3 & -2 & 2 \end{vmatrix}$，则第四行各元素余子式之和的值为________.

5.（2016年，数学一）行列式 $\begin{vmatrix} \lambda & -1 & 0 & 0 \\ 0 & \lambda & -1 & 0 \\ 0 & 0 & \lambda & -1 \\ 4 & 3 & 2 & \lambda+1 \end{vmatrix}=$________.

6.（2020年，数学一）行列式 $\begin{vmatrix} a & 0 & -1 & 1 \\ 0 & a & 1 & -1 \\ -1 & 1 & a & 0 \\ 1 & -1 & 0 & a \end{vmatrix}=$________.

二、单项选择题

1.（1996年，数学一）四阶行列式 $\begin{vmatrix} a_1 & 0 & 0 & b_1 \\ 0 & a_2 & b_2 & 0 \\ 0 & b_3 & a_3 & 0 \\ b_4 & 0 & 0 & a_4 \end{vmatrix}$ 的值等于（　　）.

A. $a_1a_2a_3a_4-b_1b_2b_3b_4$　　B. $a_1a_2a_3a_4+b_1b_2b_3b_4$

C. $(a_1a_2-b_1b_2)(a_3a_4-b_3b_4)$　　D. $(a_2a_3-b_2b_3)(a_1a_4-b_1b_4)$

2.（1999年，数学二）行列式 $f(x)=\begin{vmatrix} x-2 & x-1 & x-2 & x-3 \\ 2x-2 & 2x-1 & 2x-2 & 2x-3 \\ 3x-3 & 3x-2 & 4x-5 & 3x-5 \\ 4x & 4x-3 & 5x-7 & 4x-3 \end{vmatrix}$，则方程 $f(x)=0$ 的根的个数是（　　）.

A. 1　　B. 2　　C. 3　　D. 4

3. (2014 年,数学一)行列式 $\begin{vmatrix} 0 & a & b & 0 \\ a & 0 & 0 & b \\ 0 & c & d & 0 \\ c & 0 & 0 & d \end{vmatrix}=(\quad)$.

A. $(ad-bc)^2$　　B. $-(ad-bc)^2$　　C. $a^2d^2-b^2c^2$　　D. $b^2c^2-a^2d^2$

第 2 章　矩阵及其运算

本章要点： 通过实例引入矩阵的概念，介绍矩阵的运算以及逆矩阵的概念和性质，并在此基础上介绍了分块矩阵的概念和运算，最后讨论了初等矩阵和矩阵的秩.

矩阵是线性代数学科的重要内容，它不仅是线性代数的主要研究对象，也是线性代数处理问题的主要工具之一.矩阵的理论和方法几乎贯穿线性代数的始终.矩阵在自然科学的各个领域以及经济管理、经济分析中有着广泛的应用.

本章知识结构导图

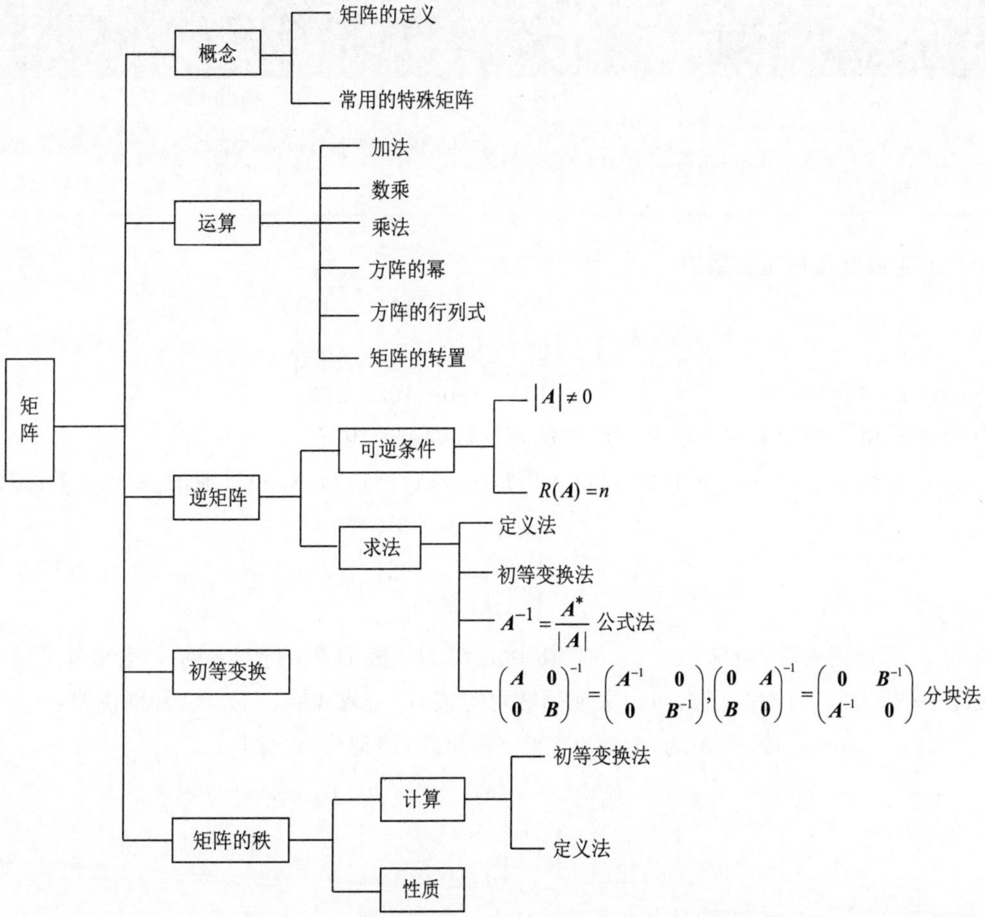

2.1 矩阵

本节要求:通过本节的学习,学生应理解矩阵、方阵行列式的概念,了解零矩阵、对角矩阵、数量矩阵、单位矩阵、三角矩阵、对称矩阵的概念.

2.1.1 矩阵的定义

在许多实际问题中,常需要把一些数据按一定的顺序排成一个矩形表.

例 2.1.1 某企业 2020 年生产并销售某产品,每个季度支付的成本、销售的收入和获得的利润如表 2.1.1 所示.

表 2.1.1 某企业 2020 年生产与销售数据表 单位:万元

项目	相关数据			
	第一季度	第二季度	第三季度	第四季度
成本	75	120	100	140
收入	209	300	265	400
利润	134	180	165	260

上述数据可用矩形数表

$$\boldsymbol{A}=\begin{pmatrix}75 & 120 & 100 & 140\\ 209 & 300 & 265 & 400\\ 134 & 180 & 165 & 260\end{pmatrix}$$

表示.这样由一些元素按一定顺序组成的矩形数表就是矩阵.

定义 2.1.1 由 $m\times n$ 个数 $a_{ij}(i=1,2,\cdots,m;j=1,2,\cdots,n)$ 排成的 m 行 n 列的数表

$$\begin{pmatrix}a_{11} & \cdots & a_{1n}\\ \vdots & & \vdots\\ a_{m1} & \cdots & a_{mn}\end{pmatrix}$$

称为 m 行 n 列矩阵,简称 $m\times n$ 矩阵.其中 a_{ij} 称为矩阵的第 i 行第 j 列元素.矩阵可用大写字母 $\boldsymbol{A},\boldsymbol{B},\cdots$ 来表示,有时为了指明行数或列数可写成 $\boldsymbol{A}_{m\times n}$ 或 $\boldsymbol{A}=(a_{ij})_{m\times n}$.特别说明:

(1) 当 $m=n$ 时,称 $\boldsymbol{A}$ 为 n 阶方阵或 n 阶矩阵,简记为 $\boldsymbol{A}_n$,即

$$\boldsymbol{A}_n=\begin{pmatrix}a_{11} & \cdots & a_{1n}\\ \vdots & & \vdots\\ a_{n1} & \cdots & a_{nn}\end{pmatrix}$$

(2) 当 $m=1$ 时,矩阵只有一行,称 $\boldsymbol{A}$ 为行矩阵 ,即

$$\boldsymbol{A}=(a_1,a_2,\cdots,a_n)$$

(3) 当 $n=1$ 时,矩阵只有一列,称 $\boldsymbol{A}$ 为列矩阵，即

$$\boldsymbol{A}=\begin{pmatrix} a_1 \\ a_2 \\ \vdots \\ a_m \end{pmatrix}$$

元素都是实数的矩阵称为实矩阵,元素含有复数的矩阵称为复矩阵,本书中的矩阵除特别说明外都是实矩阵.

定义 2.1.2　如果两个矩阵的行数和列数都相等,则称这两个矩阵为同型矩阵.

如果两个矩阵 $\boldsymbol{A}=(a_{ij})_{m\times n}$ 与 $\boldsymbol{B}=(b_{ij})_{m\times n}$ 是同型矩阵,且它们的一切对应元素都相等,则称这两个矩阵相等,记作 $\boldsymbol{A}=\boldsymbol{B}$.

2.1.2　常用的特殊矩阵

1. 零矩阵

元素都是零的矩阵

$$\begin{pmatrix} 0 & \cdots & 0 \\ \vdots & & \vdots \\ 0 & \cdots & 0 \end{pmatrix}$$

称为零矩阵,记为 $\boldsymbol{O}$.

2. 对角矩阵

对角线元素为 $\lambda_1,\lambda_2,\cdots,\lambda_n$,其余元素均为 0 的方阵

$$\begin{pmatrix} \lambda_1 & 0 & \cdots & 0 \\ 0 & \lambda_2 & \cdots & 0 \\ \vdots & \vdots & \ddots & \vdots \\ 0 & 0 & \cdots & \lambda_n \end{pmatrix}$$

称为对角矩阵,记为 $\boldsymbol{\Lambda}$,也可记为 $\mathrm{diag}(\lambda_1,\lambda_2,\cdots,\lambda_n)$.

3.数量矩阵

对角阵上元素均相等,其余元素均为零的方阵

$$\begin{pmatrix} \lambda & 0 & \cdots & 0 \\ 0 & \lambda & \cdots & 0 \\ \vdots & \vdots & \ddots & \vdots \\ 0 & 0 & \cdots & \lambda \end{pmatrix}$$

称为数量矩阵或纯量矩阵.

4. 单位矩阵

对角线元素为 1,其余元素均为 0 的方阵

$$\begin{pmatrix} 1 & 0 & \cdots & 0 \\ 0 & 1 & \cdots & 0 \\ \vdots & \vdots & \ddots & \vdots \\ 0 & 0 & \cdots & 1 \end{pmatrix}$$

称为单位矩阵,记为 $\boldsymbol{E}$.

5.上三角矩阵

对角线下方元素全为 0 的方阵

$$\boldsymbol{A}=\begin{pmatrix} a_{11} & a_{12} & \cdots & a_{1n} \\ 0 & a_{22} & \cdots & a_{2n} \\ \vdots & \vdots & & \vdots \\ 0 & 0 & \cdots & a_{nn} \end{pmatrix}$$

称为上三角矩阵.若记 $\boldsymbol{A}=(a_{ij})$,其元素 a_{ij} 当$(i>j)$时均为零.

6. 下三角矩阵

对角线上方元素全为 0 的方阵

$$\boldsymbol{A}=\begin{pmatrix} a_{11} & 0 & \cdots & 0 \\ a_{21} & a_{22} & \cdots & 0 \\ \vdots & \vdots & & \vdots \\ a_{n1} & a_{n2} & \cdots & a_{nn} \end{pmatrix}$$

称为下三角矩阵.若记 $\boldsymbol{A}=(a_{ij})$,其元素 a_{ij} 当$(i<j)$时均为零.

2.1.3 同步习题

1. 矩阵 $\boldsymbol{A}=\begin{pmatrix} a_1 \\ a_2 \\ \vdots \\ a_m \end{pmatrix}$ 是________行________列的矩阵.

2. 判断对错:

(1) 零矩阵只有一个.(　　)

(2) 数量矩阵都是对角阵.(　　)

2.2 矩阵的运算

本节要求:通过本节的学习,学生应掌握矩阵的加法、数乘、乘法、转置的概念及运算法则,了解方阵的幂和方阵乘积的行列式.

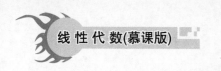

矩阵的意义不仅在于把一些数据按一定的顺序排列成表,还在于对这些数量定义了一些运算,从而使矩阵成为理论研究和解决实际问题的重要工具.本节将介绍矩阵的加法、数与矩阵的

乘法、矩阵与矩阵的乘法，以及矩阵的转置等运算.

2.2.1　矩阵的加法

例 2.2.1　某工厂生产甲、乙、丙三种产品，每种产品每月所需各类成本如表 2.2.1 和表 2.2.2所示.

表 2.2.1　某工厂 2020 年 5 月所需各类成本　　单位：万元

名目	产品		
	甲	乙	丙
原材料	1.2	1.4	2.6
劳动报酬	3.6	3.8	4.5
广告费	2	2.8	2.7

表 2.2.2　某工厂 2020 年 6 月所需各类成本　　单位：万元

名目	产品		
	甲	乙	丙
原材料	2.8	2.6	3.4
劳动报酬	5.4	4.2	5.5
广告费	2	2.2	2.3

三种产品每月所需的各类成本可列成如下矩阵：

$$\boldsymbol{A}=\begin{pmatrix}1.2 & 1.4 & 2.6\\ 3.6 & 3.8 & 4.5\\ 2 & 2.8 & 2.7\end{pmatrix};\boldsymbol{B}=\begin{pmatrix}2.8 & 2.6 & 3.4\\ 5.4 & 4.2 & 5.5\\ 2 & 2.2 & 2.3\end{pmatrix}$$

这样，甲、乙、丙三种产品 2020 年 5 月、6 月两个月所用各类产品成本的和可以表示成矩阵

$$\boldsymbol{C}=\begin{pmatrix}1.2+2.8 & 1.4+2.6 & 2.6+3.4\\ 3.6+5.4 & 3.8+4.2 & 4.5+5.5\\ 2+2 & 2.8+2.2 & 2.7+2.3\end{pmatrix}=\begin{pmatrix}4 & 4 & 6\\ 9 & 8 & 10\\ 4 & 5 & 5\end{pmatrix}$$

我们把矩阵 $\boldsymbol{C}$ 称为矩阵 $\boldsymbol{A}$ 与矩阵 $\boldsymbol{B}$ 的和矩阵.

定义 2.2.1　设矩阵

$$\boldsymbol{A}=(a_{ij})_{m\times n}=\begin{pmatrix}a_{11} & a_{12} & \cdots & a_{1n}\\ a_{21} & a_{22} & \cdots & a_{2n}\\ \vdots & \vdots & & \vdots\\ a_{m1} & a_{m2} & \cdots & a_{mn}\end{pmatrix},\boldsymbol{B}=(b_{ij})_{m\times n}.=\begin{pmatrix}b_{11} & b_{12} & \cdots & b_{1n}\\ b_{21} & b_{22} & \cdots & b_{2n}\\ \vdots & \vdots & & \vdots\\ b_{m1} & b_{m2} & \cdots & b_{mn}\end{pmatrix}$$

为同型矩阵，则矩阵

$$C=(a_{ij}+b_{ij})_{m\times n}=\begin{pmatrix} a_{11}+b_{11} & a_{12}+b_{12} & \cdots & a_{1n}+b_{1n} \\ a_{21}+b_{21} & a_{22}+b_{22} & \cdots & a_{2n}+b_{2n} \\ \vdots & \vdots & & \vdots \\ a_{m1}+b_{m1} & a_{m2}+b_{m2} & \cdots & a_{mn}+b_{mn} \end{pmatrix}$$

称为矩阵 $\boldsymbol{A}$ 与矩阵 $\boldsymbol{B}$ 的和，记作 $\boldsymbol{C}=\boldsymbol{A}+\boldsymbol{B}$.

注意

两个矩阵只有在同型的情况下才能相加.

设 $\boldsymbol{A}$、$\boldsymbol{B}$、$\boldsymbol{C}$ 都是 $m\times n$ 矩阵，则矩阵的加法满足下列运算律：

(1) 交换律 $\boldsymbol{A}+\boldsymbol{B}=\boldsymbol{B}+\boldsymbol{A}$.

(2) 结合律 $(\boldsymbol{A}+\boldsymbol{B})+\boldsymbol{C}=\boldsymbol{A}+(\boldsymbol{B}+\boldsymbol{C})$.

显然 $\boldsymbol{A}+\boldsymbol{O}=\boldsymbol{A}$.

设矩阵 $\boldsymbol{A}=(a_{ij})_{m\times n}$，称矩阵 $(-a_{ij})_{m\times n}$ 为 $\boldsymbol{A}$ 的负矩阵，记作 $-\boldsymbol{A}$，即

$$-\boldsymbol{A}=(-a_{ij})_{m\times n}$$

显然有

$$\boldsymbol{A}+(-\boldsymbol{A})=\boldsymbol{O}$$

由此规定矩阵的减法为

$$\boldsymbol{A}-\boldsymbol{B}=\boldsymbol{A}+(-\boldsymbol{B})$$

例 2.2.2 求矩阵 $\boldsymbol{X}$，使 $\boldsymbol{A}=\boldsymbol{B}+\boldsymbol{X}$，其中

$$\boldsymbol{A}=\begin{pmatrix} 3 & -2 & 0 \\ 1 & 1 & 2 \\ 2 & 3 & -1 \end{pmatrix},\boldsymbol{B}=\begin{pmatrix} 1 & 2 & -1 \\ 1 & 3 & -4 \\ -2 & -1 & 1 \end{pmatrix}$$

解 $$\boldsymbol{X}=\boldsymbol{A}-\boldsymbol{B}=\begin{pmatrix} 3 & -2 & 0 \\ 1 & 1 & 2 \\ 2 & 3 & -1 \end{pmatrix}-\begin{pmatrix} 1 & 2 & -1 \\ 1 & 3 & -4 \\ -2 & -1 & 1 \end{pmatrix}=\begin{pmatrix} 2 & -4 & 1 \\ 0 & -2 & 6 \\ 4 & 4 & -2 \end{pmatrix}$$

2.2.2 数与矩阵的乘法

例 2.2.3 承例 2.2.1，该工厂由于进行了各项改进，甲、乙、丙三种产品在 2020 年 6 月的各类成本都降为 5 月份的 70%，这时 6 月份的各类成本可用矩阵表示为

$$\boldsymbol{C}=\begin{pmatrix} 0.7\times1.2 & 0.7\times1.4 & 0.7\times2.6 \\ 0.7\times3.6 & 0.7\times3.8 & 0.7\times4.5 \\ 0.7\times2 & 0.7\times2.8 & 0.7\times2.7 \end{pmatrix}$$

我们把 $\boldsymbol{C}$ 称为数 0.7 与矩阵 $\boldsymbol{A}$ 的乘积.

定义 2.2.2 设 $\boldsymbol{A}=(a_{ij})_{m\times n}$，$\lambda$ 是数，称

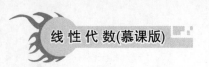

$$\lambda \boldsymbol{A}=(\lambda a_{ij})_{m\times n}=\begin{pmatrix}\lambda a_{11} & \lambda a_{12} & \cdots & \lambda a_{1n}\\ \lambda a_{21} & \lambda a_{22} & \cdots & \lambda a_{2n}\\ \vdots & \vdots & & \vdots\\ \lambda a_{m1} & \lambda a_{m2} & \cdots & \lambda a_{mn}\end{pmatrix}$$

为数 λ 与矩阵 $\boldsymbol{A}$ 的乘积，简称数乘．简记为 $\lambda\boldsymbol{A}=(\lambda a_{ij})_{m\times n}$．

设 $\boldsymbol{A}$、$\boldsymbol{B}$ 都是 $m\times n$ 矩阵，λ,μ 是数，则数乘矩阵运算满足下列运算律：

(1) 结合律 $(\lambda\mu)\boldsymbol{A}=\lambda(\mu\boldsymbol{A})$．

(2) 分配律 $(\lambda+\mu)\boldsymbol{A}=\lambda\boldsymbol{A}+\mu\boldsymbol{A}$，$\lambda(\boldsymbol{A}+\boldsymbol{B})=\lambda\boldsymbol{A}+\lambda\boldsymbol{B}$．

(3) $1\boldsymbol{A}=\boldsymbol{A}$，$(-1)\boldsymbol{A}=-\boldsymbol{A}$．

(4) 若 $\lambda\boldsymbol{A}=\boldsymbol{O}$，则 $\lambda=0$ 或 $\boldsymbol{A}=\boldsymbol{O}$．

注意

矩阵的加法和矩阵数乘统称为矩阵的线性运算．

例 2.2.4　设 $\boldsymbol{A}=\begin{pmatrix}1 & -2 & 0\\ 4 & 3 & 5\end{pmatrix}$，$\boldsymbol{B}=\begin{pmatrix}8 & 2 & 6\\ 5 & 3 & 4\end{pmatrix}$，且有 $2\boldsymbol{A}+\boldsymbol{X}=\boldsymbol{B}-2\boldsymbol{X}$，求 $\boldsymbol{X}$．

微课：例 2.2.4

解　由 $2\boldsymbol{A}+\boldsymbol{X}=\boldsymbol{B}-2\boldsymbol{X}$ 得

$$\boldsymbol{X}=\frac{1}{3}(\boldsymbol{B}-2\boldsymbol{A})$$

所以

$$\begin{aligned}\boldsymbol{X}&=\frac{1}{3}\left[\begin{pmatrix}8 & 2 & 6\\ 5 & 3 & 4\end{pmatrix}-2\begin{pmatrix}1 & -2 & 0\\ 4 & 3 & 5\end{pmatrix}\right]\\ &=\frac{1}{3}\left[\begin{pmatrix}8 & 2 & 6\\ 5 & 3 & 4\end{pmatrix}-\begin{pmatrix}2 & -4 & 0\\ 8 & 6 & 10\end{pmatrix}\right]\\ &=\frac{1}{3}\begin{pmatrix}6 & 6 & 6\\ -3 & -3 & -6\end{pmatrix}=\begin{pmatrix}2 & 2 & 2\\ -1 & -1 & -2\end{pmatrix}\end{aligned}$$

2.2.3　矩阵的乘法

定义 2.2.3　设 $\boldsymbol{A}=(a_{ik})_{m\times s}$，$\boldsymbol{B}=(b_{kj})_{s\times n}$，则矩阵 $\boldsymbol{C}=(\boldsymbol{C}_{ij})_{m\times n}$ 为矩阵 $\boldsymbol{A}$ 与 $\boldsymbol{B}$ 的乘积，其中

$$\boldsymbol{C}_{ij}=a_{i1}b_{1j}+a_{i2}b_{2j}+\cdots+a_{is}b_{sj}=\sum_{k=1}^{s}a_{ik}b_{kj}\quad(i=1,2,\cdots,m;j=1,2,\cdots,n)$$

并把此乘积记为 $\boldsymbol{C}=\boldsymbol{AB}$．

注意

(1) 只有左边矩阵 $\boldsymbol{A}$ 的列数等于右边矩阵 $\boldsymbol{B}$ 的行数时，$\boldsymbol{A}$ 与 $\boldsymbol{B}$ 才能相乘，且乘积矩阵 $\boldsymbol{C}$ 的行数等于 $\boldsymbol{A}$ 的行数，列数等于 $\boldsymbol{B}$ 的列数，即 $\boldsymbol{A}_{m\times s}\boldsymbol{B}_{s\times n}=\boldsymbol{C}_{m\times n}$.

(2) $\boldsymbol{AB}=\boldsymbol{C}$ 的第 i 行第 j 列位置上的元素 c_{ij} 就是 $\boldsymbol{A}$ 的第 i 行与 $\boldsymbol{B}$ 的第 j 列对应元素乘积的和，即

$$c_{ij}=(a_{i1},a_{i2},\cdots,a_{is})\begin{pmatrix}b_{1j}\\b_{2j}\\\vdots\\b_{sj}\end{pmatrix}=\sum_{k=1}^{s}a_{ik}b_{kj}$$

根据定义可知，一个 $1\times n$ 的行矩阵与一个 $n\times 1$ 的列矩阵的乘积为一个一阶方阵，它是一个数.

例 2.2.5 设 $\boldsymbol{A}=(a_1,a_2,\cdots,a_n)$，$\boldsymbol{B}=\begin{pmatrix}b_1\\b_2\\\vdots\\b_n\end{pmatrix}$，求 $\boldsymbol{AB}$ 与 $\boldsymbol{BA}$.

解 $$\boldsymbol{AB}=(a_1,a_2,\cdots,a_n)\begin{pmatrix}b_1\\b_2\\\vdots\\b_n\end{pmatrix}=a_1b_1+a_2b_2+\cdots+a_nb_n=\sum_{k=1}^{n}a_kb_k$$

$$\boldsymbol{BA}=\begin{pmatrix}b_1\\b_2\\\vdots\\b_n\end{pmatrix}(a_1,a_2,\cdots,a_n)=\begin{pmatrix}b_1a_1&b_1a_2&\cdots&b_1a_n\\b_2a_1&b_2a_2&\cdots&b_2a_n\\\vdots&\vdots&&\vdots\\b_na_1&b_na_2&\cdots&b_na_n\end{pmatrix}$$

例 2.2.6 设 $\boldsymbol{A}=\begin{pmatrix}3&-1&1\\-2&0&2\end{pmatrix}$，$\boldsymbol{B}=\begin{pmatrix}1&0&0\\1&2&0\\2&1&3\end{pmatrix}$，求 $\boldsymbol{AB}$.

解 $$\boldsymbol{AB}=\begin{pmatrix}3\times1+(-1)\times1+1\times2&3\times0+(-1)\times2+1\times1&3\times0+(-1)\times0+1\times3\\-2\times1+0\times1+2\times2&-2\times0+0\times2+2\times1&-2\times0+0\times0+2\times3\end{pmatrix}$$

$$=\begin{pmatrix}4&-1&3\\2&2&6\end{pmatrix}$$

注意

例 2.2.6 中，$\boldsymbol{BA}$ 是无法计算的.

例 2.2.7 设 $\boldsymbol{A}=\begin{pmatrix}4&-2\\-2&1\end{pmatrix}$，$\boldsymbol{B}=\begin{pmatrix}3&6\\-2&-4\end{pmatrix}$，求 $\boldsymbol{AB}$ 及 $\boldsymbol{BA}$.

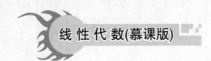

解　$AB=\begin{pmatrix}4 & -2\\ -2 & 1\end{pmatrix}\begin{pmatrix}3 & 6\\ -2 & -4\end{pmatrix}=\begin{pmatrix}16 & 32\\ -8 & -16\end{pmatrix}$

$BA=\begin{pmatrix}3 & 6\\ -2 & -4\end{pmatrix}\begin{pmatrix}4 & -2\\ -2 & 1\end{pmatrix}=\begin{pmatrix}0 & 0\\ 0 & 0\end{pmatrix}$

例 2.2.8　设 $A=\begin{pmatrix}1 & 0\\ 1 & 0\end{pmatrix}$，$B=\begin{pmatrix}0 & 0\\ 0 & 1\end{pmatrix}$，$C=\begin{pmatrix}0 & 0\\ 1 & 0\end{pmatrix}$，求 AB 及 AC.

解　$AB=\begin{pmatrix}1 & 0\\ 1 & 0\end{pmatrix}\begin{pmatrix}0 & 0\\ 0 & 1\end{pmatrix}=\begin{pmatrix}0 & 0\\ 0 & 0\end{pmatrix}$

$AC=\begin{pmatrix}1 & 0\\ 1 & 0\end{pmatrix}\begin{pmatrix}0 & 0\\ 1 & 0\end{pmatrix}=\begin{pmatrix}0 & 0\\ 0 & 0\end{pmatrix}$

注意

例 2.2.8 中，$B\neq C$.

由上述例子可知：

(1) 一般情况下，矩阵的乘法不满足交换律.因为 AB 与 BA 可能一个有意义，另一个没有意义；也可能两者都有意义，但 $AB\neq BA$.当 $AB=BA$ 时，称 A 与 B 是可交换的.

由定义可知，$EA=AE=A$，$BE=EB=B$，即单位矩阵和任何矩阵都可交换.

(2) 矩阵中存在 $A\neq O$，$B\neq O$，但 $BA=O$；反之，$BA=O$，不一定有 $A=O$ 或 $B=O$.

(3) 矩阵乘法不满足消去律，即 $AB=AC$，且 $A\neq O$，不能导出 $B=C$.

假定运算是可行的，λ 是数，则矩阵的乘法运算满足下列运算律：

(1) 结合律 $A(BC)=(AB)C$.

(2) 分配律 $A(B+C)=AB+AC$，$(A+B)C=AC+BC$.

(3) 数乘结合律 $\lambda(AB)=(\lambda A)B=A(\lambda B)$.

例 2.2.9　证明 n 阶数量矩阵与所有 n 阶方阵都可交换.

证明　设 n 阶数量矩阵为 $K=\begin{pmatrix}k & 0 & \cdots & 0\\ 0 & k & \cdots & 0\\ \vdots & \vdots & & \vdots\\ 0 & 0 & \cdots & k\end{pmatrix}$，又设 $A=\begin{pmatrix}a_{11} & a_{12} & \cdots & a_{1n}\\ a_{21} & a_{22} & \cdots & a_{2n}\\ \vdots & \vdots & & \vdots\\ a_{n1} & a_{n2} & \cdots & a_{nn}\end{pmatrix}$，则

$$KA=\begin{pmatrix}ka_{11} & ka_{12} & \cdots & ka_{1n}\\ ka_{21} & ka_{22} & \cdots & ka_{2n}\\ \vdots & \vdots & & \vdots\\ ka_{n1} & ka_{n2} & \cdots & ka_{nn}\end{pmatrix}=kA$$

同样可得 $AK=kA$，所以有 $AK=KA$，即 n 阶数量矩阵与 n 阶方阵可交换.

有了矩阵的乘法，就可以定义方阵的幂.

定义 2.2.4　设 A 是 n 阶方阵，k 是正整数，定义

$$A^1=A,\ A^2=AA,\cdots,\ A^k=AA^{k-1}$$

即 $\boldsymbol{A}^k$ 是 k 个 $\boldsymbol{A}$ 的连乘积.

特别规定：$\boldsymbol{A}^0=\boldsymbol{E}$.

由于乘法分配律和结合律成立，所以关于方阵的幂满足以下运算规律：

(1) $\boldsymbol{A}^{\lambda}\boldsymbol{A}^{\mu}=\boldsymbol{A}^{\lambda+\mu}$；

(2) $(\boldsymbol{A}^{\lambda})^{\mu}=\boldsymbol{A}^{\lambda\mu}$.

注意

由于矩阵乘法不存在交换律，故一般情况下 $(\boldsymbol{AB})^{\lambda}\neq\boldsymbol{A}^{\lambda}\boldsymbol{B}^{\lambda}$（$\boldsymbol{A},\boldsymbol{B}$ 为 n 阶方阵）.

例 2.2.10 计算 $\begin{pmatrix}1&1\\0&1\end{pmatrix}^n$.

解 设 $\boldsymbol{A}=\begin{pmatrix}1&1\\0&1\end{pmatrix}$，则

$$\boldsymbol{A}^2=\boldsymbol{AA}=\begin{pmatrix}1&1\\0&1\end{pmatrix}\begin{pmatrix}1&1\\0&1\end{pmatrix}=\begin{pmatrix}1&2\\0&1\end{pmatrix}$$

$$\boldsymbol{A}^3=\boldsymbol{A}^2\boldsymbol{A}=\begin{pmatrix}1&2\\0&1\end{pmatrix}\begin{pmatrix}1&1\\0&1\end{pmatrix}=\begin{pmatrix}1&3\\0&1\end{pmatrix}$$

假设 $\boldsymbol{A}^{n-1}=\begin{pmatrix}1&n-1\\0&1\end{pmatrix}$，则

$$\boldsymbol{A}^n=\boldsymbol{A}^{n-1}\boldsymbol{A}=\begin{pmatrix}1&n-1\\0&1\end{pmatrix}\begin{pmatrix}1&1\\0&1\end{pmatrix}=\begin{pmatrix}1&n\\0&1\end{pmatrix}$$

由归纳法可知，对于任意正整数 n，有

$$\begin{pmatrix}1&1\\0&1\end{pmatrix}^n=\begin{pmatrix}1&n\\0&1\end{pmatrix}$$

设 $f(x)=a_0x^m+a_1x^{m-1}+\cdots+a_{m-1}x+a_m$ 为 m 次多项式，$\boldsymbol{A}$ 为 n 阶方阵，则

$$f(\boldsymbol{A})=a_0\boldsymbol{A}^m+a_1\boldsymbol{A}^{m-1}+\cdots+a_{m-1}\boldsymbol{A}+a_m\boldsymbol{E}$$

仍为一个 n 阶方阵，称为方阵多项式.

例 2.2.11 设 $f(x)=x^2-2x-3$，$\boldsymbol{A}=\begin{pmatrix}-1&0\\4&3\end{pmatrix}$，求 $f(\boldsymbol{A})$.

解 $\boldsymbol{A}^2=\begin{pmatrix}-1&0\\4&3\end{pmatrix}\begin{pmatrix}-1&0\\4&3\end{pmatrix}=\begin{pmatrix}1&0\\8&9\end{pmatrix}$，则

$$f(\boldsymbol{A})=\boldsymbol{A}^2-2\boldsymbol{A}-3\boldsymbol{E}=\begin{pmatrix}1&0\\8&9\end{pmatrix}-2\begin{pmatrix}-1&0\\4&3\end{pmatrix}-3\begin{pmatrix}1&0\\0&1\end{pmatrix}=\begin{pmatrix}0&0\\0&0\end{pmatrix}$$

在矩阵运算中，由于矩阵乘法不满足交换律，因此 $(\boldsymbol{A}+\boldsymbol{B})(\boldsymbol{A}-\boldsymbol{B})=\boldsymbol{A}^2-\boldsymbol{B}^2$ 与 $(\boldsymbol{A}+\boldsymbol{B})^2=\boldsymbol{A}^2+2\boldsymbol{AB}+\boldsymbol{B}^2$ 均未必成立.

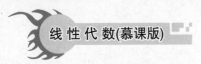

2.2.4　矩阵的转置

1.转置矩阵

定义 2.2.5　设 $\boldsymbol{A}=(a_{ij})_{m\times n}$ 是一个 $m\times n$ 矩阵

$$\boldsymbol{A}=\begin{pmatrix} a_{11} & a_{12} & \cdots & a_{1n} \\ a_{21} & a_{22} & \cdots & a_{2n} \\ \vdots & \vdots & & \vdots \\ a_{m1} & a_{m2} & \cdots & a_{mn} \end{pmatrix}$$

把矩阵 $\boldsymbol{A}$ 的行与列互换,得到一个 $n\times m$ 矩阵,称此矩阵为 $\boldsymbol{A}$ 的转置矩阵,记作 $\boldsymbol{A}^{\mathrm{T}}$,即

$$\boldsymbol{A}^{\mathrm{T}}=\begin{pmatrix} a_{11} & a_{21} & \cdots & a_{m1} \\ a_{12} & a_{22} & \cdots & a_{m2} \\ \vdots & \vdots & & \vdots \\ a_{1n} & a_{2n} & \cdots & a_{mn} \end{pmatrix}$$

或简记为 $\boldsymbol{A}^{\mathrm{T}}=(a_{ji})_{n\times m}$.

例如,设 $\boldsymbol{A}=\begin{pmatrix} 1 & 3 & 6 & 4 \\ 2 & 5 & 8 & 7 \end{pmatrix}$,则 $\boldsymbol{A}^{\mathrm{T}}=\begin{pmatrix} 1 & 2 \\ 3 & 5 \\ 6 & 8 \\ 4 & 7 \end{pmatrix}$.

假设运算都是可行的,则矩阵的转置也是一种运算,满足以下运算律:

(1) $(\boldsymbol{A}^{\mathrm{T}})^{\mathrm{T}}=\boldsymbol{A}$;

(2) $(\boldsymbol{A}+\boldsymbol{B})^{\mathrm{T}}=\boldsymbol{A}^{\mathrm{T}}+\boldsymbol{B}^{\mathrm{T}}$;

(3) $(k\boldsymbol{A})^{\mathrm{T}}=k\boldsymbol{A}^{\mathrm{T}}$;

(4) $(\boldsymbol{AB})^{\mathrm{T}}=\boldsymbol{B}^{\mathrm{T}}\boldsymbol{A}^{\mathrm{T}}$.

证明　此处仅证明(4)$(\boldsymbol{AB})^{\mathrm{T}}=\boldsymbol{B}^{\mathrm{T}}\boldsymbol{A}^{\mathrm{T}}$,其余证明由读者自行完成.

设 $\boldsymbol{A}=(a_{ij})_{m\times s}$,$\boldsymbol{B}=(b_{ij})_{s\times n}$,记 $\boldsymbol{AB}=\boldsymbol{C}=(c_{ij})_{m\times n}$,$\boldsymbol{B}^{\mathrm{T}}\boldsymbol{A}^{\mathrm{T}}=\boldsymbol{D}=(d_{ij})_{n\times m}$,于是按矩阵乘法公式可得

$$c_{ji}=\sum_{k=1}^{s}a_{jk}b_{ki}\quad(i=1,2,\cdots,n;j=1,2,\cdots,m)$$

而 $\boldsymbol{B}^{\mathrm{T}}$ 的第 i 行为 $(b_{1i},\cdots,b_{si})$,$\boldsymbol{A}^{\mathrm{T}}$ 的第 j 列为 $\begin{pmatrix} a_{j1} \\ \vdots \\ a_{js} \end{pmatrix}$,因此

$$d_{ji}=\sum_{k=1}^{s}b_{ki}a_{jk}=\sum_{k=1}^{s}a_{jk}b_{ki}=c_{ji}\quad(i=1,2,\cdots,n;j=1,2,\cdots,m)$$

即 $\boldsymbol{D}=\boldsymbol{C}^{\mathrm{T}}$,亦即 $\boldsymbol{B}^{\mathrm{T}}\boldsymbol{A}^{\mathrm{T}}=(\boldsymbol{AB})^{\mathrm{T}}$.

$(\boldsymbol{AB})^{\mathrm{T}}=\boldsymbol{B}^{\mathrm{T}}\boldsymbol{A}^{\mathrm{T}}$ 可以推广到有限多个矩阵相乘,即

$$(\boldsymbol{A}_1\boldsymbol{A}_2\cdots\boldsymbol{A}_t)^{\mathrm{T}}=\boldsymbol{A}_t^{\mathrm{T}}\cdots\boldsymbol{A}_2^{\mathrm{T}}\boldsymbol{A}_1^{\mathrm{T}}$$

例 2.2.12　已知 $\boldsymbol{A}=\begin{pmatrix}2&1&4&0\\1&-1&3&4\end{pmatrix}$，$\boldsymbol{B}=\begin{pmatrix}1&3&1\\0&-1&2\\1&-3&1\\4&0&-2\end{pmatrix}$，求$(\boldsymbol{AB})^{\mathrm{T}}$.

解法一　$$\boldsymbol{AB}=\begin{pmatrix}2&1&4&0\\1&-1&3&4\end{pmatrix}\begin{pmatrix}1&3&1\\0&-1&2\\1&-3&1\\4&0&-2\end{pmatrix}=\begin{pmatrix}6&-7&8\\20&-5&-6\end{pmatrix}$$

所以

$$(\boldsymbol{AB})^{\mathrm{T}}=\begin{pmatrix}6&20\\-7&-5\\8&-6\end{pmatrix}$$

解法二　$$(\boldsymbol{AB})^{\mathrm{T}}=\boldsymbol{B}^{\mathrm{T}}\boldsymbol{A}^{\mathrm{T}}=\begin{pmatrix}1&0&1&4\\3&-1&-3&0\\1&2&1&-2\end{pmatrix}\begin{pmatrix}2&1\\1&-1\\4&3\\0&4\end{pmatrix}=\begin{pmatrix}6&20\\-7&-5\\8&-6\end{pmatrix}$$

2.对称矩阵和反对称矩阵

定义 2.2.6　设 $\boldsymbol{A}=(a_{ij})$ 是 n 阶方阵，若满足

$$a_{ij}=a_{ji}\quad(i,j=1,2,\cdots,n)$$

则称 $\boldsymbol{A}$ 为对称矩阵.

显然，对称矩阵的特点是：它的元素是以对角线为对称轴，对应元素相等.

例如，$\begin{pmatrix}1&3\\3&2\end{pmatrix}$，$\begin{pmatrix}-1&1&2\\1&0&-3\\2&-3&4\end{pmatrix}$ 均为对称矩阵.

定义 2.2.7　设 $\boldsymbol{A}=(a_{ij})$ 是 n 阶方阵，若满足

$$a_{ij}=-a_{ji}\quad(i,j=1,2,\cdots,n)$$

则称 $\boldsymbol{A}$ 为反对称矩阵.

反对称矩阵的特点如下：

(1)它的元素以对角线为对称轴，对应元素互为相反数；

(2)对角线上的元素为零，即 $a_{ii}=0(i=1,2,\cdots,n)$.

例如，$\boldsymbol{A}=\begin{pmatrix}0&-1\\1&0\end{pmatrix}$，$\boldsymbol{B}=\begin{pmatrix}0&5&-1\\-5&0&3\\1&-3&0\end{pmatrix}$ 均为反对称矩阵.

例 2.2.13　证明：任一 n 阶矩阵都可以表示为一个对称矩阵和一个反对称矩阵之和.

证明　设 $\boldsymbol{A}$ 为 n 阶矩阵，因

$$\boldsymbol{A}=\frac{1}{2}\boldsymbol{A}+\frac{1}{2}\boldsymbol{A}+\frac{1}{2}\boldsymbol{A}^{\mathrm{T}}-\frac{1}{2}\boldsymbol{A}^{\mathrm{T}}=\frac{1}{2}(\boldsymbol{A}+\boldsymbol{A}^{\mathrm{T}})+\frac{1}{2}(\boldsymbol{A}-\boldsymbol{A}^{\mathrm{T}})$$

显然，$\frac{1}{2}(\boldsymbol{A}+\boldsymbol{A}^{\mathrm{T}})$是对称矩阵，$\frac{1}{2}(\boldsymbol{A}-\boldsymbol{A}^{\mathrm{T}})=-\frac{1}{2}(\boldsymbol{A}^{\mathrm{T}}-\boldsymbol{A})$是反对称矩阵，所以结论成立.

2.2.5　方阵的行列式

定义 2.2.8　由 n 阶方阵

$$\boldsymbol{A}=\begin{pmatrix} a_{11} & a_{12} & \cdots & a_{1n} \\ a_{21} & a_{22} & \cdots & a_{2n} \\ \vdots & \vdots & & \vdots \\ a_{n1} & a_{n2} & \cdots & a_{nn} \end{pmatrix}$$

所确定的行列式

$$|\boldsymbol{A}|=\begin{vmatrix} a_{11} & a_{12} & \cdots & a_{1n} \\ a_{21} & a_{22} & \cdots & a_{2n} \\ \vdots & \vdots & & \vdots \\ a_{n1} & a_{n2} & \cdots & a_{nn} \end{vmatrix}$$

称为 n 阶方阵 $\boldsymbol{A}$ 的行列式，记为$|\boldsymbol{A}|$或 $\det\boldsymbol{A}$.

注意　方阵与行列式是两个不同的概念，n 阶方阵是 n^2 个数按一定的方式排成的数表，而 n 阶行列式则是这些数按一定的运算法则所确定的一个数.

$\boldsymbol{A}$、$\boldsymbol{B}$ 均为 n 阶方阵，则方阵 $\boldsymbol{A}$ 的行列式$|\boldsymbol{A}|$满足下列运算规律：

(1) $|\boldsymbol{A}^{\mathrm{T}}|=|\boldsymbol{A}|$；

(2) $|\lambda\boldsymbol{A}|=\lambda^n|\boldsymbol{A}|$($\lambda$ 是数)；

(3) $|\boldsymbol{A}^{\lambda}|=|\boldsymbol{A}|^{\lambda}$；

(4) $|\boldsymbol{A}\boldsymbol{B}|=|\boldsymbol{A}||\boldsymbol{B}|$.

证明　此处仅证明(4)$|\boldsymbol{A}\boldsymbol{B}|=|\boldsymbol{A}||\boldsymbol{B}|$，其余证明由读者自行完成.

设 $\boldsymbol{A}=(a_{ij})_{n\times n}$，$\boldsymbol{B}=(a_{ij})_{n\times n}$，$\boldsymbol{A}\boldsymbol{B}=\boldsymbol{C}=(c_{ij})_{n\times n}$，其中

$$c_{ij}=\sum_{k=i}^{n}a_{ik}b_{kj}\ (i,j=1,2,\cdots,n)$$

考虑 $2n$ 阶行列式

$$D=\begin{vmatrix} a_{11} & a_{12} & \cdots & a_{1n} & 0 & 0 & \cdots & 0 \\ a_{21} & a_{22} & \cdots & a_{2n} & 0 & 0 & \cdots & 0 \\ \vdots & \vdots & & \vdots & \vdots & \vdots & & \vdots \\ a_{n1} & a_{n2} & \cdots & a_{nn} & 0 & 0 & \cdots & 0 \\ -1 & 0 & \cdots & 0 & b_{11} & b_{12} & \cdots & b_{1n} \\ 0 & -1 & \cdots & 0 & b_{21} & b_{22} & \cdots & b_{2n} \\ \vdots & \vdots & & \vdots & \vdots & \vdots & & \vdots \\ 0 & 0 & \cdots & -1 & b_{n1} & b_{n2} & \cdots & b_{nn} \end{vmatrix}$$

根据第 1 章可得，$D=|\boldsymbol{A}||\boldsymbol{B}|$.另外，

$$D \xlongequal[j=1,2,\cdots n]{C_{n+j}+\sum_{i=1}^{n} b_{ij}C_i} \begin{vmatrix} a_{11} & a_{12} & \cdots & a_{1n} & c_{11} & c_{12} & \cdots & c_{1n} \\ a_{21} & a_{22} & \cdots & a_{2n} & c_{21} & c_{22} & \cdots & c_{2n} \\ \vdots & \vdots & & \vdots & \vdots & \vdots & & \vdots \\ a_{n1} & a_{n2} & \cdots & a_{nn} & c_{n1} & c_{n2} & \cdots & c_{nn} \\ -1 & 0 & \cdots & 0 & 0 & 0 & \cdots & 0 \\ 0 & -1 & \cdots & 0 & 0 & 0 & \cdots & 0 \\ \vdots & \vdots & & \vdots & \vdots & \vdots & & \vdots \\ 0 & 0 & \cdots & -1 & 0 & 0 & \cdots & 0 \end{vmatrix}$$

$$=(-1)^{n^2} \begin{vmatrix} c_{11} & c_{12} & \cdots & c_{1n} \\ c_{21} & c_{22} & \cdots & c_{2n} \\ \vdots & \vdots & & \vdots \\ c_{n1} & c_{n2} & \cdots & c_{nn} \end{vmatrix} \begin{vmatrix} -1 & 0 & \cdots & 0 \\ 0 & -1 & \cdots & 0 \\ \vdots & \vdots & & \vdots \\ 0 & 0 & \cdots & -1 \end{vmatrix}$$

$$=(-1)^{n^2+n}|\boldsymbol{AB}|$$

综上即得 $|\boldsymbol{AB}|=|\boldsymbol{A}||\boldsymbol{B}|$.

显然,若 $\boldsymbol{A}_1,\boldsymbol{A}_2,\cdots,\boldsymbol{A}_m$ 为 n 阶方阵,则 $|\boldsymbol{A}_1\boldsymbol{A}_2\cdots\boldsymbol{A}_m|=|\boldsymbol{A}_1||\boldsymbol{A}_2|\cdots|\boldsymbol{A}_m|$.

例 2.2.14 设 $|\boldsymbol{A}|=3$,且 $\boldsymbol{AB}+2\boldsymbol{E}=\boldsymbol{0}$,$\boldsymbol{E}$ 为 2 阶单位阵,求 $|\boldsymbol{B}|$.

解 由 $\boldsymbol{AB}+2\boldsymbol{E}=\boldsymbol{0}$ 得 $\boldsymbol{AB}=-2\boldsymbol{E}$,所以 $|\boldsymbol{AB}|=|-2\boldsymbol{E}|$,

$|\boldsymbol{A}||\boldsymbol{B}|=(-2)^2|\boldsymbol{E}|=4$,因此 $|\boldsymbol{B}|=\dfrac{4}{3}$.

微课:例 2.2.14

2.2.6 同步习题

1. 设 $\boldsymbol{A}=\begin{pmatrix} 2 & 1 & 3 & 1 \\ 1 & -2 & 0 & -1 \\ 3 & 0 & 2 & 4 \end{pmatrix}$,$\boldsymbol{B}=\begin{pmatrix} 1 & 2 & 3 & 1 \\ 1 & -1 & 0 & 1 \\ 0 & -2 & 1 & 0 \end{pmatrix}$.

(1) 求 $3\boldsymbol{A}-\boldsymbol{B}$;

(2) 若 $\boldsymbol{X}$ 满足 $\boldsymbol{X}-\boldsymbol{A}=2\boldsymbol{B}$,求 $\boldsymbol{X}$;

(3) 若 $\boldsymbol{X}$ 满足 $2\boldsymbol{A}-\boldsymbol{X}+2(\boldsymbol{B}-\boldsymbol{X})=\boldsymbol{O}$,求 $\boldsymbol{X}$.

2. 计算下列矩阵的乘积:

(1) $\begin{pmatrix} 3 & 1 \\ 2 & -4 \\ 5 & -1 \end{pmatrix}\begin{pmatrix} 1 & 7 & -4 \\ 2 & 0 & 5 \end{pmatrix}$; (2) $\begin{pmatrix} 3 & 2 & 1 \\ 2 & 1 & -2 \end{pmatrix}\begin{pmatrix} 1 & 2 & 0 \\ 0 & 1 & 1 \\ 3 & 0 & -1 \end{pmatrix}$;

(3) $\begin{pmatrix} 1 & 2 & 3 \\ 2 & 4 & 6 \\ 3 & 6 & 9 \end{pmatrix}\begin{pmatrix} 1 & 2 & 4 \\ 1 & 2 & 4 \\ -1 & -2 & -4 \end{pmatrix}$; (4) $\begin{pmatrix} 1 & 3 & -1 \\ 0 & 4 & 2 \\ 7 & 0 & 1 \end{pmatrix}\begin{pmatrix} 1 \\ -2 \\ 3 \end{pmatrix}$;

(5) $(1\quad -1\quad 2)\begin{pmatrix}2 & -1 & 0\\1 & 1 & 3\\1 & 0 & -1\end{pmatrix}$；　　(6) $\begin{pmatrix}3 & 1 & 2 & -1\\0 & 3 & 1 & 0\end{pmatrix}\begin{pmatrix}1 & 0 & 5\\0 & 2 & 0\\1 & 0 & 1\\0 & 3 & 0\end{pmatrix}\begin{pmatrix}-1 & 0\\1 & 5\\0 & 2\end{pmatrix}$.

3. 已知矩阵 $\boldsymbol{A}=\begin{pmatrix}1 & 0 & 3\\0 & 2 & 1\\0 & 0 & 1\end{pmatrix}$，$\boldsymbol{B}=\begin{pmatrix}1 & 0 & 0\\0 & 2 & 1\\3 & 0 & 1\end{pmatrix}$. 求 (1) $\boldsymbol{AB}$，$\boldsymbol{BA}$；(2) $(\boldsymbol{A}+\boldsymbol{B})(\boldsymbol{A}-\boldsymbol{B})$；(3) $\boldsymbol{A}^2-\boldsymbol{B}^2$；(4) $(\boldsymbol{AB})^{\mathrm{T}}$，$\boldsymbol{A}^{\mathrm{T}}\boldsymbol{B}^{\mathrm{T}}$.

4. 设矩阵 $\boldsymbol{A}=\begin{pmatrix}1 & 3 & 3\\0 & 2 & 4\\3 & 0 & 1\end{pmatrix}$，$\boldsymbol{B}=\begin{pmatrix}1 & 0 & 0\\0 & 3 & 1\\-1 & 0 & 1\end{pmatrix}$. 求(1) $|\boldsymbol{A}|$；(2) $|-2\boldsymbol{A}|$；(3) $|3\boldsymbol{A}-2\boldsymbol{B}|$.

5. 计算下列各方阵的幂(其中 n 为正整数)：

(1) $\begin{pmatrix}1 & 0\\1 & 1\end{pmatrix}^n$；　　(2) $\begin{pmatrix}\cos\theta & -\sin\theta\\\sin\theta & \cos\theta\end{pmatrix}^2$；

(3) $\begin{pmatrix}a_1 & 0 & 0\\0 & a_2 & 0\\0 & 0 & a_3\end{pmatrix}^n$；　　(4) $\begin{pmatrix}1 & 1 & 0\\0 & 1 & 1\\0 & 0 & 1\end{pmatrix}^3$.

6. 设 $\boldsymbol{A}$ 是 n 阶矩阵，且 $\boldsymbol{AA}^{\mathrm{T}}=\boldsymbol{E}$，$|\boldsymbol{A}|=1$，$n$ 为奇数，求 $|\boldsymbol{E}-\boldsymbol{A}|$.

7. 设有 n 阶矩阵 $\boldsymbol{A}$ 与 $\boldsymbol{B}$，证明 $(\boldsymbol{A}-\boldsymbol{B})(\boldsymbol{A}+\boldsymbol{B})=\boldsymbol{A}^2-\boldsymbol{B}^2$ 的充分必要条件是 $\boldsymbol{AB}=\boldsymbol{BA}$.

8. 设 n 阶矩阵 $\boldsymbol{A}$，$\boldsymbol{B}$ 满足 $\boldsymbol{A}^2=\boldsymbol{A}$，$\boldsymbol{B}^2=\boldsymbol{B}$，$(\boldsymbol{A}+\boldsymbol{B})^2=\boldsymbol{A}+\boldsymbol{B}$，证明 $\boldsymbol{AB}=\boldsymbol{O}$.

9. (1)设 $f(x)=x^2-5x+3$，$\boldsymbol{A}=\begin{pmatrix}2 & -1\\-3 & 3\end{pmatrix}$，求 $f(\boldsymbol{A})$.

(2) 设 $f(x)=x^2+x-1$，$\boldsymbol{A}=\begin{pmatrix}2 & 1 & -1\\1 & 0 & 3\\2 & -1 & -4\end{pmatrix}$，求 $f(\boldsymbol{A})$.

2.3　伴随矩阵与逆矩阵

本节要求：通过本节的学习，学生应理解伴随矩阵、逆矩阵的概念，掌握逆矩阵的性质以及矩阵可逆的充要条件，会用伴随矩阵求逆矩阵。

在 2.2 节，我们讨论了矩阵的加、减、乘等运算，矩阵的乘法运算有没有逆运算呢？本节将讨论矩阵乘法运算的逆运算，即矩阵的求逆运算.

在学习逆矩阵之前，先介绍伴随矩阵的概念和性质.

2.3.1　伴随矩阵

定义 2.3.1　方阵 $\boldsymbol{A}$ 的行列式 $|\boldsymbol{A}|$ 的各元素的代数余子式 $\boldsymbol{A}_{ij}$ 所构成的方阵

$$\begin{pmatrix} \boldsymbol{A}_{11} & \cdots & \boldsymbol{A}_{n1} \\ \vdots & & \vdots \\ \boldsymbol{A}_{1n} & \cdots & \boldsymbol{A}_{nn} \end{pmatrix}$$

称为方阵 $\boldsymbol{A}$ 的伴随矩阵，简记 $\boldsymbol{A}^*$，即

$$\boldsymbol{A}^* = \begin{pmatrix} \boldsymbol{A}_{11} & \cdots & \boldsymbol{A}_{n1} \\ \vdots & & \vdots \\ \boldsymbol{A}_{1n} & \cdots & \boldsymbol{A}_{nn} \end{pmatrix}$$

注意 求矩阵 $\boldsymbol{A}$ 的伴随矩阵 $\boldsymbol{A}^*$ 时，要注意 $\boldsymbol{A}^*$ 的第 i 行元素是 $|\boldsymbol{A}|$ 中的第 i 列元素的代数余子式.

根据行列式按一行(列)展开的公式，不难得出有关伴随矩阵的性质.

性质 2.3.1 $\boldsymbol{A}\boldsymbol{A}^* = \boldsymbol{A}^*\boldsymbol{A} = \begin{pmatrix} |\boldsymbol{A}| & 0 & \cdots & 0 \\ 0 & |\boldsymbol{A}| & \cdots & 0 \\ \vdots & \vdots & & \vdots \\ 0 & 0 & \cdots & |\boldsymbol{A}| \end{pmatrix} = |\boldsymbol{A}|\boldsymbol{E}$.

性质 2.3.2 当 $|\boldsymbol{A}| \neq 0$ 时，$|\boldsymbol{A}^*| = |\boldsymbol{A}|^{n-1}$.

证明 由 $\boldsymbol{A}\boldsymbol{A}^* = |\boldsymbol{A}|\boldsymbol{E}$ 知 $|\boldsymbol{A}||\boldsymbol{A}^*| = |\boldsymbol{A}|^n$，因为 $|\boldsymbol{A}| \neq 0$，所以 $|\boldsymbol{A}^*| = |\boldsymbol{A}|^{n-1}$.

例 2.3.1 设矩阵 $\boldsymbol{A} = \begin{pmatrix} 2 & 1 \\ 3 & 4 \end{pmatrix}$，求 $\boldsymbol{A}^*$.

解 $\boldsymbol{A}_{11} = 4, \boldsymbol{A}_{12} = -3, \boldsymbol{A}_{21} = -1, \boldsymbol{A}_{22} = 2$，所以 $\boldsymbol{A}^* = \begin{pmatrix} 4 & -1 \\ -3 & 2 \end{pmatrix}$.

2.3.2 逆矩阵

1. 逆矩阵的概念

我们知道数的除法是乘法的逆运算，那么矩阵的乘法有没有逆运算呢？由于数的乘法满足交换律，所以由 $ab = ba = c, a \neq 0$ 时可以定义 $c \div a = \frac{c}{a} = b$. 而矩阵乘法不满足交换律，所以矩阵不能定义除法. 对于数 a, b，如果 $ab = 1$，则称 $b = \frac{1}{a}$ 为 a 的逆，数 a 满足 $aa^{-1} = a^{-1}a = 1$. 这种思想可延伸到矩阵中来，于是给出下列定义.

定义 2.3.2 设 $\boldsymbol{A}$ 是 n 阶方阵，如果存在 n 阶方阵 $\boldsymbol{B}$，使得

$$\boldsymbol{AB} = \boldsymbol{BA} = \boldsymbol{E}$$

(这里 $\boldsymbol{E}$ 是 n 阶单位阵)，则称 $\boldsymbol{A}$ 为可逆矩阵或非奇异矩阵，并把矩阵 $\boldsymbol{B}$ 称为 $\boldsymbol{A}$ 的逆矩阵，记作 $\boldsymbol{B} = \boldsymbol{A}^{-1}$.

如果不存在满足 $\boldsymbol{AB} = \boldsymbol{BA} = \boldsymbol{E}$ 的矩阵 $\boldsymbol{B}$，则称 $\boldsymbol{A}$ 为不可逆矩阵或奇异矩阵.

2.方阵可逆的条件

定理 2.3.1 对任意方阵 $\boldsymbol{A}$，若逆矩阵存在，必定唯一.

证明 假设矩阵 $\boldsymbol{B}$ 和 $\boldsymbol{C}$ 都是 $\boldsymbol{A}$ 的逆矩阵，使 $\boldsymbol{AB}=\boldsymbol{BA}=\boldsymbol{E}$，$\boldsymbol{AC}=\boldsymbol{CA}=\boldsymbol{E}$，则

$$\boldsymbol{B}=\boldsymbol{BE}=\boldsymbol{B}(\boldsymbol{AC})=(\boldsymbol{BA})\boldsymbol{C}=\boldsymbol{EC}=\boldsymbol{C}$$

所以 $\boldsymbol{A}$ 的逆矩阵是唯一的.

定理 2.3.2 n 阶方阵 $\boldsymbol{A}$ 可逆的充分必要条件是 $|\boldsymbol{A}|\neq 0$，且 $\boldsymbol{A}^{-1}=\dfrac{1}{|\boldsymbol{A}|}\boldsymbol{A}^*$.

证明 必要性：由于 $\boldsymbol{A}$ 可逆，故存在 n 阶方阵 $\boldsymbol{B}$，使得 $\boldsymbol{AB}=\boldsymbol{E}$，两边取行列式得

$$|\boldsymbol{A}||\boldsymbol{B}|=|\boldsymbol{E}|=1\neq 0$$

从而有 $|\boldsymbol{A}|\neq 0$.

充分性：由于 $|\boldsymbol{A}|\neq 0$，由 $\boldsymbol{AA}^*=\boldsymbol{A}^*\boldsymbol{A}=|\boldsymbol{A}|\boldsymbol{E}$ 可得

$$\boldsymbol{A}\left(\frac{1}{|\boldsymbol{A}|}\boldsymbol{A}^*\right)=\left(\frac{1}{|\boldsymbol{A}|}\boldsymbol{A}^*\right)\boldsymbol{A}=\boldsymbol{E}$$

由 $\boldsymbol{A}\left(\dfrac{1}{|\boldsymbol{A}|}\boldsymbol{A}^*\right)=\left(\dfrac{1}{|\boldsymbol{A}|}\boldsymbol{A}^*\right)\boldsymbol{A}=\boldsymbol{E}$ 和逆矩阵的定义可知，$\boldsymbol{A}$ 可逆，且 $\boldsymbol{A}^{-1}=\dfrac{1}{|\boldsymbol{A}|}\boldsymbol{A}^*$.

对于 n 阶方阵 $\boldsymbol{A}$，$\boldsymbol{B}$，只要有 $\boldsymbol{AB}=\boldsymbol{E}$（或 $\boldsymbol{BA}=\boldsymbol{E}$），则 $\boldsymbol{A}$，$\boldsymbol{B}$ 都可逆且互为逆矩阵.

3.逆矩阵的性质

性质 2.3.1 若 $\boldsymbol{A}$ 是可逆矩阵，则 $\boldsymbol{A}^{-1}$ 也是可逆矩阵，且 $(\boldsymbol{A}^{-1})^{-1}=\boldsymbol{A}$.

性质 2.3.2 若 $\boldsymbol{A}$ 是可逆矩阵，常数 $\lambda\neq 0$，则 $\lambda\boldsymbol{A}$ 也是可逆矩阵，且 $(\lambda\boldsymbol{A})^{-1}=\dfrac{1}{\lambda}\boldsymbol{A}^{-1}$.

证明 对于 $\lambda\boldsymbol{A}$，取 $\boldsymbol{B}=\dfrac{1}{\lambda}\boldsymbol{A}^{-1}$，有 $(\lambda\boldsymbol{A})\boldsymbol{B}=(\lambda\boldsymbol{A})\left(\dfrac{1}{\lambda}\boldsymbol{A}^{-1}\right)=\boldsymbol{AA}^{-1}=\boldsymbol{E}$.

性质 2.3.3 若 $\boldsymbol{A}$，$\boldsymbol{B}$ 是同阶可逆矩阵，则 $\boldsymbol{AB}$ 也是可逆矩阵，且 $(\boldsymbol{AB})^{-1}=\boldsymbol{B}^{-1}\boldsymbol{A}^{-1}$.

证明 对于 $\boldsymbol{AB}$，取 $\boldsymbol{C}=\boldsymbol{B}^{-1}\boldsymbol{A}^{-1}$，有 $(\boldsymbol{AB})\boldsymbol{C}=(\boldsymbol{AB})(\boldsymbol{B}^{-1}\boldsymbol{A}^{-1})=\boldsymbol{A}(\boldsymbol{BB}^{-1})\boldsymbol{A}^{-1}=\boldsymbol{E}$.

性质 2.3.4 若 $\boldsymbol{A}$ 是可逆矩阵，则 $\boldsymbol{A}^{\mathrm{T}}$ 也是可逆矩阵，且 $(\boldsymbol{A}^{\mathrm{T}})^{-1}=(\boldsymbol{A}^{-1})^{\mathrm{T}}$.

证明 对于 $\boldsymbol{A}^{\mathrm{T}}$，取 $\boldsymbol{B}=(\boldsymbol{A}^{-1})^{\mathrm{T}}$，有 $\boldsymbol{A}^{\mathrm{T}}\boldsymbol{B}=\boldsymbol{A}^{\mathrm{T}}(\boldsymbol{A}^{-1})^{\mathrm{T}}=(\boldsymbol{A}^{-1}\boldsymbol{A})^{\mathrm{T}}=\boldsymbol{E}$.

性质 2.3.5 若 $\boldsymbol{A}$ 是可逆矩阵，则 $|\boldsymbol{A}^{-1}|=|\boldsymbol{A}|^{-1}=\dfrac{1}{|\boldsymbol{A}|}$.

性质 2.3.6 若 $\boldsymbol{A}$ 是可逆矩阵，且 $\boldsymbol{AB}=\boldsymbol{AC}$，则有 $\boldsymbol{B}=\boldsymbol{C}$.

性质 2.3.7 若 $\boldsymbol{A}$ 是可逆矩阵，且 $\boldsymbol{AB}=\boldsymbol{O}$，则有 $\boldsymbol{B}=\boldsymbol{O}$.

4.矩阵的负幂

设 $|\boldsymbol{A}|\neq 0$，定义 $\boldsymbol{A}^{-k}=(\boldsymbol{A}^{-1})^k$.

例 2.3.2 设矩阵 $\boldsymbol{A}=\begin{pmatrix}1 & 2\\ 3 & 4\end{pmatrix}$，验证 $\boldsymbol{A}$ 是否可逆，若可逆求其逆.

解 因为 $|\boldsymbol{A}|=-2\neq 0$，故 $\boldsymbol{A}$ 可逆.

又因为 $\boldsymbol{A}^*=\begin{pmatrix}4 & -2\\ -3 & 1\end{pmatrix}$，所以

$$\boldsymbol{A}^{-1}=\frac{1}{|\boldsymbol{A}|}\boldsymbol{A}^*=-\frac{1}{2}\begin{pmatrix}4 & -2\\ -3 & 1\end{pmatrix}=\begin{pmatrix}-2 & 1\\ \dfrac{3}{2} & -\dfrac{1}{2}\end{pmatrix}$$

例 2.3.3 设矩阵 $\boldsymbol{A}=\begin{pmatrix}-1&0&1\\2&1&0\\0&-3&1\end{pmatrix}$,求矩阵 $\boldsymbol{A}$ 的逆矩阵.

微课:例 2.3.3

解 因为$|\boldsymbol{A}|=-7\neq0$,故 $\boldsymbol{A}$ 可逆,且 $\boldsymbol{A}_{11}=1,\boldsymbol{A}_{21}=-3,\boldsymbol{A}_{31}=-1,\boldsymbol{A}_{12}=-2$,$\boldsymbol{A}_{22}=-1,\boldsymbol{A}_{32}=2,\boldsymbol{A}_{13}=-6,\boldsymbol{A}_{23}=-3,\boldsymbol{A}_{33}=-1$,则伴随矩阵为

$$\boldsymbol{A}^*=\begin{pmatrix}1&-3&-1\\-2&-1&2\\-6&-3&-1\end{pmatrix}$$

所以

$$\boldsymbol{A}^{-1}=\frac{1}{|\boldsymbol{A}|}\boldsymbol{A}^*=-\frac{1}{7}\begin{pmatrix}1&-3&-1\\-2&-1&2\\-6&-3&-1\end{pmatrix}$$

例 2.3.4 设 n 阶方阵 $\boldsymbol{A}$ 满足 $\boldsymbol{A}^2-4\boldsymbol{A}-6\boldsymbol{E}=0$,试证 $\boldsymbol{A}$ 是可逆矩阵,并求 $\boldsymbol{A}^{-1}$.

证明 由 $\boldsymbol{A}^2-4\boldsymbol{A}-6\boldsymbol{E}=0$,可得 $\boldsymbol{A}^2-4\boldsymbol{A}=6\boldsymbol{E}$,所以 $\boldsymbol{A}\left(\dfrac{\boldsymbol{A}-4\boldsymbol{E}}{6}\right)=\boldsymbol{E}$.

由此可知 $\boldsymbol{A}$ 可逆,并且

$$\boldsymbol{A}^{-1}=\frac{\boldsymbol{A}-4\boldsymbol{E}}{6}$$

例 2.3.5 设 $\boldsymbol{A}$ 是 $\boldsymbol{n}$ 阶可逆矩阵($\boldsymbol{n}\geqslant2$),$\boldsymbol{A}^*$ 是 $\boldsymbol{A}$ 的伴随矩阵,证明$(\boldsymbol{A}^*)^*=|\boldsymbol{A}|^{n-2}\boldsymbol{A}$.

证明 由 $\boldsymbol{A}\boldsymbol{A}^*=|\boldsymbol{A}|\boldsymbol{E}$,可得$\dfrac{\boldsymbol{A}}{|\boldsymbol{A}|}\boldsymbol{A}^*=\boldsymbol{E}$,所以 $\boldsymbol{A}^*$ 可逆,且$(\boldsymbol{A}^*)^{-1}=\dfrac{1}{|\boldsymbol{A}|}\boldsymbol{A}$.

又因为$(\boldsymbol{A}^*)(\boldsymbol{A}^*)^*=|\boldsymbol{A}^*|\boldsymbol{E}$,所以

$$(\boldsymbol{A}^*)^*=|\boldsymbol{A}^*|(\boldsymbol{A}^*)^{-1}=|\boldsymbol{A}|^{n-1}\frac{1}{|\boldsymbol{A}|}\boldsymbol{A}=|\boldsymbol{A}|^{n-2}\boldsymbol{A}$$

由本例可知,若方阵 $\boldsymbol{A}$ 可逆,则伴随矩阵 $\boldsymbol{A}^*$ 也可逆,且$(\boldsymbol{A}^*)^{-1}=\dfrac{1}{|\boldsymbol{A}|}\boldsymbol{A}$.

2.3.3 同步习题

1. 设矩阵 $\boldsymbol{A}=\begin{pmatrix}a_1&a_2\\b_1&b_2\end{pmatrix}$.

(1) 证明矩阵 $\boldsymbol{A}$ 可逆的充分必要条件是 $a_1b_2-a_2b_1\neq0$;

(2) 求 $\boldsymbol{A}^*$;

(3) 若 $a_1b_2-a_2b_1\neq0$,求 $\boldsymbol{A}^{-1}$.

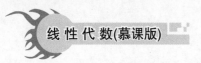

2. 设 $\boldsymbol{A},\boldsymbol{B}$ 均为 n 阶矩阵，且 $\boldsymbol{AB}=\boldsymbol{A}+\boldsymbol{B}$，证明：

(1) $\boldsymbol{A}-\boldsymbol{E}$ 与 $\boldsymbol{B}-\boldsymbol{E}$ 均可逆；

(2) $\boldsymbol{AB}=\boldsymbol{BA}$.

3. 判断下列矩阵是否可逆，若可逆求其逆矩阵：

(1) $\boldsymbol{A}=\begin{pmatrix}3&2\\4&5\end{pmatrix}$；　(2) $\boldsymbol{A}=\begin{pmatrix}1&4&3\\-1&-2&0\\2&2&3\end{pmatrix}$；

(3) $\boldsymbol{A}=\begin{pmatrix}3&2&1\\3&1&5\\3&2&3\end{pmatrix}$；　(4) $\boldsymbol{A}=\begin{pmatrix}1&0&0&0\\1&2&0&0\\2&1&3&0\\1&2&1&4\end{pmatrix}$.

4. 解下列矩阵方程：

(1) $\begin{pmatrix}2&5\\1&3\end{pmatrix}\boldsymbol{X}=\begin{pmatrix}4&-6\\2&1\end{pmatrix}$；　(2) $\begin{pmatrix}1&1&-1\\-2&1&1\\1&1&1\end{pmatrix}\boldsymbol{X}=\begin{pmatrix}2\\3\\6\end{pmatrix}$；

(3) $\begin{pmatrix}2&1\\5&4\end{pmatrix}\boldsymbol{X}\begin{pmatrix}4&3\\3&2\end{pmatrix}=\begin{pmatrix}5&1\\2&4\end{pmatrix}$；　(4) $\begin{pmatrix}0&1&0\\1&0&0\\0&0&1\end{pmatrix}\boldsymbol{X}\begin{pmatrix}1&0&0\\0&0&1\\0&1&0\end{pmatrix}=\begin{pmatrix}1&-4&3\\2&0&-1\\1&-2&0\end{pmatrix}$.

5. 设矩阵 $\boldsymbol{A}=\begin{pmatrix}3&0&0\\1&4&0\\0&0&3\end{pmatrix}$，求 $(\boldsymbol{A}-2\boldsymbol{E})^{-1}$.

6. 设 $\boldsymbol{A},\boldsymbol{B}$ 是三阶方阵，且满足方程 $\boldsymbol{A}^{-1}\boldsymbol{BA}=6\boldsymbol{A}+\boldsymbol{BA}$，若 $\boldsymbol{A}=\begin{pmatrix}\frac{1}{3}&0&0\\0&\frac{1}{4}&0\\0&0&\frac{1}{7}\end{pmatrix}$，求 $\boldsymbol{B}$.

7. 设 $\boldsymbol{A}$ 是 n 阶矩阵，且 $\boldsymbol{A}^2=\boldsymbol{E}$，$|\boldsymbol{A}|=1$，$n$ 为奇数，求 $|\boldsymbol{E}-\boldsymbol{A}|$.

8. 设 $\boldsymbol{A}$ 为三阶矩阵，且 $|\boldsymbol{A}|=\frac{1}{8}$，求 $\left|\left(\frac{1}{3}\boldsymbol{A}\right)^{-1}-8\boldsymbol{A}^*\right|$.

9. 设 $\boldsymbol{A},\boldsymbol{B}$ 是 n 阶方阵，若 $\boldsymbol{E}-\boldsymbol{AB}$ 可逆，证明 $\boldsymbol{E}-\boldsymbol{BA}$ 也可逆.

2.4　分块矩阵

本节要求：通过本节的学习，学生应了解分块矩阵的概念，掌握分块矩阵的运算法则.

矩阵的分块是矩阵运算中处理阶数较高的矩阵时常用的一种方法.用若干条水平线与竖直

线把矩阵分成若干个小矩阵，这样把一个大矩阵看成由一些小矩阵组成，使高阶矩阵的讨论和计算变得简单.

2.4.1 分块矩阵的概念

定义 2.4.1 设 $\boldsymbol{A}$ 是一个矩阵，分别用一组横线和纵线把 $\boldsymbol{A}$ 分成若干小块，被这种方法分成若干小块的矩阵称为一个分块矩阵.

在分块矩阵里，每一小块矩阵可以看成一个矩阵(称为子矩阵).

例如，将 3×4 矩阵

$$\boldsymbol{A}=\begin{pmatrix} a_{11} & a_{12} & a_{13} & a_{14} \\ a_{21} & a_{22} & a_{23} & a_{24} \\ a_{31} & a_{32} & a_{33} & a_{34} \end{pmatrix}$$

分块，分块的方法很多，可以分成

$$\boldsymbol{A}=\left(\begin{array}{ccc:c} a_{11} & a_{12} & a_{13} & a_{14} \\ a_{21} & a_{22} & a_{23} & a_{24} \\ \hdashline a_{31} & a_{32} & a_{33} & a_{34} \end{array}\right)$$

记为

$$\boldsymbol{A}=\begin{pmatrix} \boldsymbol{A}_{11} & \boldsymbol{A}_{12} \\ \boldsymbol{A}_{21} & \boldsymbol{A}_{22} \end{pmatrix}$$

也可以按列分块成

$$\boldsymbol{A}=\left(\begin{array}{c:c:c:c} a_{11} & a_{12} & a_{13} & a_{14} \\ a_{21} & a_{22} & a_{23} & a_{24} \\ a_{31} & a_{32} & a_{33} & a_{34} \end{array}\right)$$

记为

$$\boldsymbol{A}=(\alpha_1,\alpha_2,\alpha_3,\alpha_4)$$

比较常见的分块方法为按行分块和按列分块.其特点是同行上的子矩阵有相同的“行数”，同列上的子矩阵有相同的“列数”.

2.4.2 分块矩阵的运算

1. 分块矩阵的加法

设矩阵 $\boldsymbol{A},\boldsymbol{B}$ 是两个行数和列数相同且采用相同的分块法得到的分块矩阵

$$\boldsymbol{A}=\begin{pmatrix} \boldsymbol{A}_{11} & \cdots & \boldsymbol{A}_{1r} \\ \vdots & & \vdots \\ \boldsymbol{A}_{s1} & \cdots & \boldsymbol{A}_{sr} \end{pmatrix},\boldsymbol{B}=\begin{pmatrix} \boldsymbol{B}_{11} & \cdots & \boldsymbol{B}_{1r} \\ \vdots & & \vdots \\ \boldsymbol{B}_{s1} & \cdots & \boldsymbol{B}_{sr} \end{pmatrix}$$

其中 $\boldsymbol{A}_{ij},\boldsymbol{B}_{ij}$ 是同型矩阵，规定

$$\boldsymbol{A}+\boldsymbol{B}=\begin{pmatrix} \boldsymbol{A}_{11}+\boldsymbol{B}_{11} & \cdots & \boldsymbol{A}_{1r}+\boldsymbol{B}_{1r} \\ \vdots & & \vdots \\ \boldsymbol{A}_{s1}+\boldsymbol{B}_{s1} & \cdots & \boldsymbol{A}_{sr}+\boldsymbol{B}_{sr} \end{pmatrix}$$

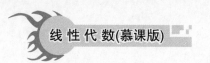

注意

$\boldsymbol{A}$ 与 $\boldsymbol{B}$ 必须同阶，且分块方式相同，才能进行分块矩阵的加法运算.

2. 分块矩阵的数乘

设 k 为一个常数，$\boldsymbol{A}$ 的分块矩阵为 $\boldsymbol{A}=\begin{pmatrix}\boldsymbol{A}_{11} & \cdots & \boldsymbol{A}_{1r}\\ \vdots & & \vdots\\ \boldsymbol{A}_{s1} & \cdots & \boldsymbol{A}_{sr}\end{pmatrix}$，则规定

$$k\boldsymbol{A}=\begin{pmatrix}k\boldsymbol{A}_{11} & \cdots & k\boldsymbol{A}_{1r}\\ \vdots & & \vdots\\ k\boldsymbol{A}_{s1} & \cdots & k\boldsymbol{A}_{sr}\end{pmatrix}$$

由于矩阵的加法和数乘比较简单，一般不需要分块计算，而矩阵的乘法比较烦琐，所以分块计算有较大的实际意义.下面就来阐述分块矩阵的乘法.

3.分块矩阵的乘法

设 $\boldsymbol{A}$ 为 $m\times l$ 矩阵，$\boldsymbol{B}$ 为 $l\times n$ 矩阵，分块成

$$\boldsymbol{A}_{m\times l}=\begin{pmatrix}\boldsymbol{A}_{11} & \cdots & \boldsymbol{A}_{1t}\\ \vdots & & \vdots\\ \boldsymbol{A}_{s1} & \cdots & \boldsymbol{A}_{st}\end{pmatrix},\boldsymbol{B}_{l\times n}=\begin{pmatrix}\boldsymbol{B}_{11} & \cdots & \boldsymbol{B}_{1r}\\ \vdots & & \vdots\\ \boldsymbol{B}_{t1} & \cdots & \boldsymbol{B}_{tr}\end{pmatrix}$$

其中 $\boldsymbol{A}_{i1},\boldsymbol{A}_{i2},\cdots,\boldsymbol{A}_{it}$ 的列数分别等于 $\boldsymbol{B}_{1j},\boldsymbol{B}_{2j},\cdots,\boldsymbol{B}_{tj}$ 的行数，则规定

$$\boldsymbol{AB}=\boldsymbol{C}=\begin{pmatrix}\boldsymbol{C}_{11} & \cdots & \boldsymbol{C}_{1r}\\ \vdots & & \vdots\\ \boldsymbol{C}_{s1} & \cdots & \boldsymbol{C}_{sr}\end{pmatrix}$$

其中 $\boldsymbol{C}_{ij}=(\boldsymbol{A}_{i1}\cdots\boldsymbol{A}_{it})\begin{pmatrix}\boldsymbol{B}_{1j}\\ \vdots\\ \boldsymbol{B}_{tj}\end{pmatrix}=\boldsymbol{A}_{i1}\boldsymbol{B}_{1j}+\cdots+\boldsymbol{A}_{it}\boldsymbol{B}_{tj}=\sum_{k=1}^{t}\boldsymbol{A}_{ik}\boldsymbol{B}_{kj}(i=1,2,\cdots,s;j=1,2,\cdots,r)$.

注意 (1) $\boldsymbol{A}$ 的列划分方式与 $\boldsymbol{B}$ 的行划分方式相同；

(2) 分块矩阵 $\boldsymbol{A},\boldsymbol{B}$ 之间乘法的规则与数为元素的矩阵乘法规则相同.

例 2.4.1 设 $\boldsymbol{A}=\begin{pmatrix}1 & 0 & 0 & 0\\ 0 & 1 & 0 & 0\\ -1 & 2 & 1 & 0\\ 1 & 1 & 0 & 1\end{pmatrix}$，$\boldsymbol{B}=\begin{pmatrix}1 & 0 & 1 & 0\\ -1 & 2 & 0 & 1\\ 1 & 0 & 4 & 1\\ -1 & -1 & 2 & 0\end{pmatrix}$，求 $\boldsymbol{AB}$.

微课：例 2.4.1

解 将矩阵 $\boldsymbol{A},\boldsymbol{B}$ 分块，得

$$\boldsymbol{A}=\left(\begin{array}{cc:cc}1 & 0 & 0 & 0\\ 0 & 1 & 0 & 0\\ \hdashline -1 & 2 & 1 & 0\\ 1 & 1 & 0 & 1\end{array}\right)=\begin{pmatrix}\boldsymbol{E} & \boldsymbol{O}\\ \boldsymbol{A}_{21} & \boldsymbol{E}\end{pmatrix},\boldsymbol{B}=\left(\begin{array}{cc:cc}1 & 0 & 1 & 0\\ -1 & 2 & 0 & 1\\ \hdashline 1 & 0 & 4 & 1\\ -1 & -1 & 2 & 0\end{array}\right)=\begin{pmatrix}\boldsymbol{B}_{11} & \boldsymbol{E}\\ \boldsymbol{B}_{21} & \boldsymbol{B}_{22}\end{pmatrix}$$

则有

$$AB=\begin{pmatrix}E & O\\ A_{21} & E\end{pmatrix}\begin{pmatrix}B_{11} & E\\ B_{21} & B_{22}\end{pmatrix}=\begin{pmatrix}B_{11} & E\\ A_{21}B_{11}+B_{21} & A_{21}+B_{22}\end{pmatrix}$$

因为 $A_{21}B_{11}+B_{21}=\begin{pmatrix}-2 & 4\\ -1 & 1\end{pmatrix}$，$A_{21}+B_{22}=\begin{pmatrix}3 & 3\\ 3 & 1\end{pmatrix}$，所以

$$AB=\begin{pmatrix}1 & 0 & 1 & 0\\ -1 & 2 & 0 & 1\\ -2 & 4 & 3 & 3\\ -1 & 1 & 3 & 1\end{pmatrix}$$

4. 分块矩阵的转置

设 A 为 $m\times n$ 矩阵，分块如下：

$$A=\begin{pmatrix}A_{11} & \cdots & A_{1r}\\ \vdots & & \vdots\\ A_{s1} & \cdots & A_{sr}\end{pmatrix}$$

则分块矩阵 A 的转置矩阵

$$A^{\mathrm{T}}=\begin{pmatrix}A_{11}^{\mathrm{T}} & \cdots & A_{s1}^{\mathrm{T}}\\ \vdots & & \vdots\\ A_{1r}^{\mathrm{T}} & \cdots & A_{sr}^{\mathrm{T}}\end{pmatrix}$$

这表明分块矩阵转置时，不但要将行列互换，而且行列互换后的各子矩阵都应转置.

例 2.4.2 将 $m\times n$ 矩阵 B 按照列分块成 $A=(\boldsymbol{\alpha}_1,\boldsymbol{\alpha}_2,\cdots,\boldsymbol{\alpha}_n)$，计算 AA^{T}，$A^{\mathrm{T}}A$.

解 $$AA^{\mathrm{T}}=A=(\boldsymbol{\alpha}_1,\boldsymbol{\alpha}_2,\cdots,\boldsymbol{\alpha}_n)\begin{pmatrix}\boldsymbol{\alpha}_1^{\mathrm{T}}\\ \boldsymbol{\alpha}_2^{\mathrm{T}}\\ \vdots\\ \boldsymbol{\alpha}_n^{\mathrm{T}}\end{pmatrix}=\boldsymbol{\alpha}_1\boldsymbol{\alpha}_1^{\mathrm{T}}+\boldsymbol{\alpha}_2\boldsymbol{\alpha}_2^{\mathrm{T}}+\cdots+\boldsymbol{\alpha}_n\boldsymbol{\alpha}_n^{\mathrm{T}}$$

$$A^{\mathrm{T}}A=\begin{pmatrix}\boldsymbol{\alpha}_1^{\mathrm{T}}\\ \boldsymbol{\alpha}_2^{\mathrm{T}}\\ \vdots\\ \boldsymbol{\alpha}_n^{\mathrm{T}}\end{pmatrix}(\boldsymbol{\alpha}_1,\boldsymbol{\alpha}_2,\cdots,\boldsymbol{\alpha}_n)=\begin{pmatrix}\boldsymbol{\alpha}_1^{\mathrm{T}}\boldsymbol{\alpha}_1 & \boldsymbol{\alpha}_1^{\mathrm{T}}\boldsymbol{\alpha}_2 & \cdots & \boldsymbol{\alpha}_1^{\mathrm{T}}\boldsymbol{\alpha}_n\\ \boldsymbol{\alpha}_2^{\mathrm{T}}\boldsymbol{\alpha}_1 & \boldsymbol{\alpha}_2^{\mathrm{T}}\boldsymbol{\alpha}_2 & \cdots & \boldsymbol{\alpha}_2^{\mathrm{T}}\boldsymbol{\alpha}_n\\ \vdots & \vdots & & \vdots\\ \boldsymbol{\alpha}_n^{\mathrm{T}}\boldsymbol{\alpha}_1 & \boldsymbol{\alpha}_n^{\mathrm{T}}\boldsymbol{\alpha}_2 & \cdots & \boldsymbol{\alpha}_n^{\mathrm{T}}\boldsymbol{\alpha}_n\end{pmatrix}$$

5.分块对角矩阵

定义 2.4.2 设 A，A_1，A_2，$\cdots$，A_s 都是方阵，记

$$A=\begin{pmatrix}A_1 & & & \\ & A_2 & & \\ & & \ddots & \\ & & & A_s\end{pmatrix}$$

则称 A 为分块对角矩阵，可记作 $\mathrm{diag}(A_1,A_2,\cdots,A_s)$.

显然对角矩阵是特殊的分块对角矩阵.

分块对角矩阵具有如下常用性质：

(1) $|\boldsymbol{A}|=|\boldsymbol{A}_1||\boldsymbol{A}_2|\cdots|\boldsymbol{A}_s|$；

(2) 若 $\boldsymbol{A}=\begin{pmatrix}\boldsymbol{A}_1 & & & \\ & \boldsymbol{A}_2 & & \\ & & \ddots & \\ & & & \boldsymbol{A}_s\end{pmatrix}$，$\boldsymbol{B}=\begin{pmatrix}\boldsymbol{B}_1 & & & \\ & \boldsymbol{B}_2 & & \\ & & \ddots & \\ & & & \boldsymbol{B}_s\end{pmatrix}$，则

$$\boldsymbol{AB}=\begin{pmatrix}\boldsymbol{A}_1\boldsymbol{B}_1 & & & \\ & \boldsymbol{A}_2\boldsymbol{B}_2 & & \\ & & \ddots & \\ & & & \boldsymbol{A}_s\boldsymbol{B}_s\end{pmatrix}$$

例 2.4.3　设矩阵 $\boldsymbol{A}=\left(\begin{array}{c:cc}5 & 0 & 0 \\ \hdashline 0 & 3 & 1 \\ 0 & 2 & 1\end{array}\right)$，求 $\boldsymbol{A}^{-1}$.

解　$\boldsymbol{A}=\begin{pmatrix}\boldsymbol{A}_1 & \boldsymbol{O} \\ \boldsymbol{O} & \boldsymbol{A}_2\end{pmatrix}$，$\boldsymbol{A}_1=(5)$，$\boldsymbol{A}_2=\begin{pmatrix}3 & 1 \\ 2 & 1\end{pmatrix}$，$\boldsymbol{A}_1^{-1}=\left(\frac{1}{5}\right)$，$\boldsymbol{A}_2^{-1}=\begin{pmatrix}1 & -1 \\ -2 & 3\end{pmatrix}$.故

$$\boldsymbol{A}^{-1}=\begin{pmatrix}\boldsymbol{A}_1^{-1} & \boldsymbol{O} \\ \boldsymbol{O} & \boldsymbol{A}_2^{-1}\end{pmatrix}=\begin{pmatrix}\frac{1}{5} & 0 & 0 \\ 0 & 1 & -1 \\ 0 & -2 & 3\end{pmatrix}$$

由此可得，若 $\boldsymbol{A},\boldsymbol{B}$ 为可逆矩阵，则有

$$\begin{pmatrix}\boldsymbol{A} & \boldsymbol{O} \\ \boldsymbol{O} & \boldsymbol{B}\end{pmatrix}^{-1}=\begin{pmatrix}\boldsymbol{A}^{-1} & \boldsymbol{O} \\ \boldsymbol{O} & \boldsymbol{B}^{-1}\end{pmatrix},\quad \begin{pmatrix}\boldsymbol{O} & \boldsymbol{B} \\ \boldsymbol{A} & \boldsymbol{O}\end{pmatrix}^{-1}=\begin{pmatrix}\boldsymbol{O} & \boldsymbol{A}^{-1} \\ \boldsymbol{B}^{-1} & \boldsymbol{O}\end{pmatrix}$$

证明略.

上述性质可推广，设 $\boldsymbol{A},\boldsymbol{A}_1,\boldsymbol{A}_2,\cdots,\boldsymbol{A}_s$ 都是方阵，则：

(1) 记

$$\boldsymbol{A}=\begin{pmatrix}\boldsymbol{A}_1 & & & \\ & \boldsymbol{A}_2 & & \\ & & \ddots & \\ & & & \boldsymbol{A}_s\end{pmatrix}$$

若每个小块 $\boldsymbol{A}_i(i=1,2,\cdots,s)$ 都可逆，则 $\boldsymbol{A}$ 可逆，且有

$$\boldsymbol{A}^{-1}=\begin{pmatrix}\boldsymbol{A}_1^{-1} & & & \\ & \boldsymbol{A}_2^{-1} & & \\ & & \ddots & \\ & & & \boldsymbol{A}_s^{-1}\end{pmatrix}$$

(2) 记

$$A=\begin{pmatrix} & & & A_1 \\ & & A_2 & \\ & \iddots & & \\ A_s & & & \end{pmatrix}$$

若每个小块 $A_i(i=1,2,\cdots,s)$ 都可逆,则 A 可逆,且有

$$A^{-1}=\begin{pmatrix} & & & A_s^{-1} \\ & & \iddots & \\ & A_2^{-1} & & \\ A_1^{-1} & & & \end{pmatrix}$$

2.4.3 同步习题

1. 利用矩阵分块求下列矩阵的乘积:

(1) $\begin{pmatrix} 1 & -1 & 0 & 0 \\ 3 & -1 & 0 & 0 \\ 0 & 1 & 0 & 0 \\ 0 & 0 & 2 & -1 \end{pmatrix}\begin{pmatrix} 1 & 0 & 0 & 0 \\ -1 & 0 & 0 & 0 \\ 0 & 1 & 3 & -1 \\ 0 & 2 & 1 & 4 \end{pmatrix}$; (2) $\begin{pmatrix} 1 & 0 & 0 & 0 \\ 0 & 1 & 0 & 0 \\ -1 & 2 & 1 & 0 \\ 1 & 1 & 0 & 1 \end{pmatrix}\begin{pmatrix} 1 & 0 & 1 & 0 \\ -1 & 2 & 0 & 1 \\ 1 & 0 & 4 & 1 \\ -1 & -1 & 2 & 0 \end{pmatrix}$;

(3) $\begin{pmatrix} 1 & 0 & 0 & 0 & 0 \\ 0 & 1 & 0 & 0 & 0 \\ -1 & 2 & 1 & 0 & 0 \\ 1 & 1 & 0 & 1 & 0 \\ 0 & 1 & 0 & 0 & 1 \end{pmatrix}\begin{pmatrix} 1 & 0 & 0 & 0 \\ -1 & 0 & 0 & 0 \\ 0 & 1 & 3 & -1 \\ 0 & 2 & 1 & 4 \\ 0 & 1 & 2 & 1 \end{pmatrix}$.

2. 设矩阵 $A=\begin{pmatrix} a & 1 & 0 & 0 \\ 0 & a & 0 & 0 \\ 0 & 0 & b & 1 \\ 0 & 0 & 0 & b \end{pmatrix}$, $B=\begin{pmatrix} a & 0 & 0 & 0 \\ 1 & a & 0 & 0 \\ 0 & 0 & b & 1 \\ 0 & 0 & 0 & b \end{pmatrix}$,利用矩阵分块计算 AA^{T} 及 $(A-B)B^{\mathrm{T}}$.

3. 设矩阵 $A=\begin{pmatrix} 3 & 4 & 0 & 0 \\ 4 & -3 & 0 & 0 \\ 0 & 0 & 2 & 0 \\ 0 & 0 & 2 & 2 \end{pmatrix}$,利用矩阵分块计算 $|A^8|$ 及 A^4.

4. 利用矩阵分块求下列矩阵的逆矩阵:

(1) $A=\begin{pmatrix} 5 & 2 & 0 & 0 \\ 2 & 1 & 0 & 0 \\ 0 & 0 & 8 & 3 \\ 0 & 0 & 5 & 2 \end{pmatrix}$; (2) $A=\begin{pmatrix} 1 & 1 & 2 & 0 \\ 2 & 1 & 2 & 0 \\ 0 & 1 & 1 & 0 \\ 0 & 0 & 0 & 4 \end{pmatrix}$;

(3) $A=\begin{pmatrix} 2 & 3 & 0 & 0 & 0 \\ 2 & 1 & 0 & 0 & 0 \\ 0 & 0 & 1 & 1 & 1 \\ 0 & 0 & 0 & 1 & 1 \\ 0 & 0 & 0 & 0 & 1 \end{pmatrix}$; (4) $A=\begin{pmatrix} 0 & 0 & 0 & 2 & 1 \\ 0 & 0 & 0 & 5 & 3 \\ 1 & 2 & 3 & 0 & 0 \\ 4 & 5 & 8 & 0 & 0 \\ 3 & 4 & 6 & 0 & 0 \end{pmatrix}$.

5. 假设矩阵 $\boldsymbol{A}$ 与 $\boldsymbol{B}$ 都可逆，求证 $\begin{pmatrix}\boldsymbol{A} & \boldsymbol{O}\\ \boldsymbol{C} & \boldsymbol{B}\end{pmatrix}$ 和 $\begin{pmatrix}\boldsymbol{A} & \boldsymbol{D}\\ \boldsymbol{O} & \boldsymbol{B}\end{pmatrix}$ 也都可逆，并且

$$\begin{pmatrix}\boldsymbol{A} & \boldsymbol{O}\\ \boldsymbol{C} & \boldsymbol{B}\end{pmatrix}^{-1}=\begin{pmatrix}\boldsymbol{A}^{-1} & \boldsymbol{O}\\ -\boldsymbol{B}^{-1}\boldsymbol{C}\boldsymbol{A}^{-1} & \boldsymbol{B}^{-1}\end{pmatrix},\begin{pmatrix}\boldsymbol{A} & \boldsymbol{D}\\ \boldsymbol{O} & \boldsymbol{B}\end{pmatrix}^{-1}=\begin{pmatrix}\boldsymbol{A}^{-1} & -\boldsymbol{A}^{-1}\boldsymbol{D}\boldsymbol{B}^{-1}\\ \boldsymbol{O} & \boldsymbol{B}^{-1}\end{pmatrix}.$$

2.5 矩阵的初等变换与初等矩阵

本节要求：通过本节的学习，学生应了解初等矩阵、初等变换的概念及性质，会用初等变换求逆矩阵，理解矩阵等价的概念及性质.

矩阵的初等变换是矩阵的一种重要运算，它对于求矩阵的逆、矩阵的秩及研究线性方程组的解等都有着非常重要的作用.

2.5.1 矩阵的初等变换

定义 2.5.1 对矩阵的行(列)实施下列三种变换称为矩阵的初等行(列)变换.

(1) 互换：互换矩阵的两行(列)，互换 i, j 两行(列)，记作 $r_i \leftrightarrow r_j$ ($c_i \leftrightarrow c_j$).

(2) 数乘：以数 k ($k\neq 0$)乘某行(列)，第 i 行(列)乘 k，记作 kr_i (kc_i).

(3) 倍加：把某行(列)的 k 倍加到另一行(列)的对应元素上去，第 j 行的 k 倍加到第 i 行(列)上，记作 r_i+kr_j (c_i+kc_j).

矩阵的互换、数乘、倍加三种初等行变换和初等列变换统称矩阵的初等变换.

定义 2.5.2 如果矩阵 $\boldsymbol{A}$ 经过有限次初等变换化成矩阵 $\boldsymbol{B}$，则称矩阵 $\boldsymbol{A}$ 与 $\boldsymbol{B}$ 等价，记为 $\boldsymbol{A}\cong\boldsymbol{B}$.

等价矩阵具有如下性质：

(1) 反身性：$\boldsymbol{A}\cong\boldsymbol{A}$；

(2) 对称性：如果 $\boldsymbol{A}\cong\boldsymbol{B}$，那么 $\boldsymbol{B}\cong\boldsymbol{A}$；

(3) 传递性：如果 $\boldsymbol{A}\cong\boldsymbol{B}$，$\boldsymbol{B}\cong\boldsymbol{C}$，那么 $\boldsymbol{A}\cong\boldsymbol{C}$.

在下面的学习中，行阶梯形矩阵和行最简形矩阵也是非常重要的概念.

定义 2.5.3 行阶梯形矩阵是指具有下列特点的矩阵：

(1) 矩阵的零行(元素全为零的行)全部位于非零行的下方；

(2) 矩阵每个非零行的非零首元均在上一行非零首元的右下方.

例如，矩阵 $\begin{pmatrix}2 & 3 & 7 & 0 & 3\\ 0 & -2 & 4 & 2 & 1\\ 0 & 0 & 0 & 3 & 2\\ 0 & 0 & 0 & 0 & 0\end{pmatrix}$ 是一个行阶梯形矩阵.

定义 2.5.4 若行阶梯形矩阵还满足下列条件，则称为行最简形矩阵：

(1) 非零行的非零首元均为 1；

(2) 非零首元 1 所在列的其他元素均为 0.

例如,矩阵$\begin{pmatrix}1&0&7&0&3\\0&1&4&0&1\\0&0&0&1&2\\0&0&0&0&0\end{pmatrix}$是一个行最简形矩阵.

定义 2.5.5 若矩阵的左上角是一个单位矩阵,其余的元素全为零,则称之为矩阵的标准形.

例如,矩阵$\begin{pmatrix}1&0&0&0&0\\0&1&0&0&0\\0&0&1&0&0\\0&0&0&0&0\end{pmatrix}$是一个矩阵的标准形.

$m\times n$ 阶矩阵的标准形矩阵通常可表示为$\begin{pmatrix}\boldsymbol{E}_r&0\\0&0\end{pmatrix}_{m\times n}$.

利用初等行变换把一个矩阵化为行阶梯形矩阵和行最简形矩阵是一种很重要的运算.要解线性方程组只需把增广矩阵化为行最简形矩阵.

定理 2.5.1 任何一个非零矩阵 $\boldsymbol{A}_{m\times n}$ 总可经过行初等变换化为行阶梯形矩阵和行最简形矩阵.

证明 因 $\boldsymbol{A}\neq\boldsymbol{O}$,在 $\boldsymbol{A}$ 的第一列元素中找一个非零元素交换至第一行,若全为零,则在第二列中找,依次类推.不妨设 $a_{11}\neq 0$,对 $\boldsymbol{A}$ 施行初等行变换,得

$$\boldsymbol{A}\to\begin{pmatrix}a_{11}&a_{12}&\cdots&a_{1n}\\0&b_{22}&\cdots&b_{2n}\\\vdots&\vdots&&\vdots\\0&b_{m2}&\cdots&b_{mn}\end{pmatrix}=\begin{pmatrix}a_{11}&\boldsymbol{A}_{12}\\\boldsymbol{O}&\boldsymbol{A}_{22}\end{pmatrix}=\boldsymbol{B}$$

如果 $\boldsymbol{A}_{22}=\boldsymbol{O}$,则 $\boldsymbol{A}$ 已化为行阶梯形矩阵;如果 $\boldsymbol{A}_{22}\neq\boldsymbol{O}$,同样在 $\boldsymbol{A}_{22}$ 的第一列元素中找第一个非零元素,若全为零,则在第二列中找.不妨设 $b_{22}\neq 0$,重复上述步骤,必可得到矩阵

$$\begin{pmatrix}a_{11}&a_{12}&a_{13}&\cdots&a_{1r}&\cdots&a_{1n}\\0&b_{22}&b_{23}&\cdots&b_{2r}&\cdots&b_{2n}\\0&0&c_{33}&\cdots&c_{3r}&\cdots&c_{3n}\\\vdots&\vdots&\vdots&&\vdots&&\vdots\\0&0&0&\cdots&d_{rr}&\cdots&d_{rn}\\0&0&0&\cdots&0&\cdots&0\\\vdots&\vdots&\vdots&&\vdots&&\vdots\\0&0&0&\cdots&0&\cdots&0\end{pmatrix}$$

其中 a_{11}, b_{22}, …都不等于零.因此得到 $\boldsymbol{A}$ 的行阶梯形矩阵,再施行初等行变换,得

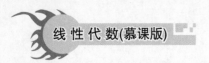

$$A \to \begin{pmatrix} 1 & 0 & 0 & \cdots & 0 & \cdots & a'_{1n} \\ 0 & 1 & 0 & \cdots & 0 & \cdots & b'_{2n} \\ 0 & 0 & 1 & \cdots & 0 & \cdots & c'_{3n} \\ \vdots & \vdots & \vdots & & \vdots & & \vdots \\ 0 & 0 & 0 & \cdots & 1 & \cdots & d'_{rn} \\ 0 & 0 & 0 & \cdots & 0 & \cdots & 0 \\ \vdots & \vdots & \vdots & & \vdots & & \vdots \\ 0 & 0 & 0 & \cdots & 0 & \cdots & 0 \end{pmatrix}$$

即为行最简形矩阵.对行最简形矩阵再施以初等列变换,可以变成矩阵的标准形,即

$$A \to \begin{pmatrix} 1 & 0 & 0 & \cdots & 0 & \cdots & 0 \\ 0 & 1 & 0 & \cdots & 0 & \cdots & 0 \\ 0 & 0 & 1 & \cdots & 0 & \cdots & 0 \\ \vdots & \vdots & \vdots & & \vdots & & \vdots \\ 0 & 0 & 0 & \cdots & 1 & \cdots & 0 \\ 0 & 0 & 0 & \cdots & 0 & \cdots & 0 \\ \vdots & \vdots & \vdots & & \vdots & & \vdots \\ 0 & 0 & 0 & \cdots & 0 & \cdots & 0 \end{pmatrix} = \begin{pmatrix} E_r & 0 \\ 0 & 0 \end{pmatrix}$$

例 2.5.1　用初等变换把矩阵 $A = \begin{pmatrix} 0 & 0 & -1 & -1 & 2 \\ 1 & 4 & -1 & 0 & 2 \\ -1 & -4 & 2 & -1 & 0 \\ 2 & 8 & 1 & 1 & 2 \end{pmatrix}$ 化成行阶梯形,进而化成标准形.

解　$$A \xrightarrow{r_1 \leftrightarrow r_2} \begin{pmatrix} 1 & 4 & -1 & 0 & 2 \\ 0 & 0 & -1 & -1 & 2 \\ -1 & -4 & 2 & -1 & 0 \\ 2 & 8 & 1 & 1 & 2 \end{pmatrix} \xrightarrow[r_4 - 2r_1]{r_3 + r_1} \begin{pmatrix} 1 & 4 & -1 & 0 & 2 \\ 0 & 0 & -1 & -1 & 2 \\ 0 & 0 & 1 & -1 & 2 \\ 0 & 0 & 3 & 1 & -2 \end{pmatrix}$$

$$\xrightarrow[r_4 + 3r_2]{r_3 + r_2} \begin{pmatrix} 1 & 4 & -1 & 0 & 2 \\ 0 & 0 & -1 & -1 & 2 \\ 0 & 0 & 0 & -2 & 4 \\ 0 & 0 & 0 & -2 & 4 \end{pmatrix} \xrightarrow[r_2 - \frac{1}{2}r_3]{\substack{r_1 - r_2 \\ r_4 - r_3}} \begin{pmatrix} 1 & 4 & 0 & 1 & 0 \\ 0 & 0 & -1 & 0 & 0 \\ 0 & 0 & 0 & -2 & 4 \\ 0 & 0 & 0 & 0 & 0 \end{pmatrix} \text{(行阶梯形)}$$

$$\xrightarrow{\substack{r_2 \times (-1) \\ r_3 \times \left(-\frac{1}{2}\right)}} \begin{pmatrix} 1 & 4 & 0 & 1 & 0 \\ 0 & 0 & 1 & 0 & 0 \\ 0 & 0 & 0 & 1 & -2 \\ 0 & 0 & 0 & 0 & 0 \end{pmatrix} \xrightarrow{r_1 - r_3} \begin{pmatrix} 1 & 4 & 0 & 0 & 2 \\ 0 & 0 & 1 & 0 & 0 \\ 0 & 0 & 0 & 1 & -2 \\ 0 & 0 & 0 & 0 & 0 \end{pmatrix} \text{(行最简形)}$$

$$\xrightarrow{c_5+2c_4}\begin{pmatrix}1&4&0&0&2\\0&0&1&0&0\\0&0&0&1&0\\0&0&0&0&0\end{pmatrix}\xrightarrow[c_5-2c_1]{c_2-4c_1}\begin{pmatrix}1&0&0&0&0\\0&0&1&0&0\\0&0&0&1&0\\0&0&0&0&0\end{pmatrix}$$

$$\xrightarrow{c_2\leftrightarrow c_3}\begin{pmatrix}1&0&0&0&0\\0&1&0&0&0\\0&0&0&1&0\\0&0&0&0&0\end{pmatrix}\xrightarrow{c_3\leftrightarrow c_4}\begin{pmatrix}1&0&0&0&0\\0&1&0&0&0\\0&0&1&0&0\\0&0&0&0&0\end{pmatrix}\text{(标准形)}$$

2.5.2 初等矩阵

定义 2.5.6 由单位矩阵 $\boldsymbol{E}$ 经过一次初等变换得到的矩阵称为初等矩阵(或初等方阵).

三种变换对应三种初等矩阵：

(1) 对调两行(两列).

例如,对换 $\boldsymbol{E}$ 中的 i,j 两行(两列),得到初等矩阵

$$\boldsymbol{E}(i,j)=\begin{pmatrix}1&&&&&&\\&\ddots&&&&&\\&&0&\cdots&1&&\\&&\vdots&\ddots&\vdots&&\\&&1&\cdots&0&&\\&&&&&\ddots&\\&&&&&&1\end{pmatrix}\begin{matrix}\\\\i\text{ 行}\\\\j\text{ 行}\\\\\\\end{matrix}$$

$$\qquad\qquad i\text{ 列}\qquad j\text{ 列}$$

(2) 用数 $k(k\neq0)$ 乘某行(列).

例如,用数 $k(k\neq0)$ 乘 $\boldsymbol{E}$ 的第 i 行(或第 i 列),得到初等矩阵

$$\boldsymbol{E}(i(k))=\begin{pmatrix}1&&&&&\\&\ddots&&&&\\&&1&&&\\&&&k&&\\&&&&1&\\&&&&&\ddots&\\&&&&&&1\end{pmatrix}\begin{matrix}\\\\\\i\text{ 行}\\\\\\\\\end{matrix}$$

$$\qquad i\text{ 列}$$

(3) 用数 k 乘某行(列)加到另一行(列)上去.

例如,用数 k 乘 $\boldsymbol{E}$ 的第 j 行加到第 i 行上去(或用数 k 乘 $\boldsymbol{E}$ 的第 i 列加到第 j 列上去),得初等矩阵

$$\boldsymbol{E}(ij(k))=\begin{pmatrix}1&&&&&&\\&\ddots&&&&&\\&&1&\cdots&k&&\\&&&\ddots&\vdots&&\\&&&&1&&\\&&&&&\ddots&\\&&&&&&1\end{pmatrix}\begin{matrix}\\\\i\text{ 行}\\\\j\text{ 行}\\\\\\\end{matrix}$$

$$\qquad\qquad i\text{ 列}\qquad j\text{ 列}$$

例如,

$$\boldsymbol{E}(1,3)=\begin{pmatrix}0&0&1&0\\0&1&0&0\\1&0&0&0\\0&0&0&1\end{pmatrix},\boldsymbol{E}(2(3))=\begin{pmatrix}1&0&0\\0&3&0\\0&0&1\end{pmatrix},\boldsymbol{E}(13(-4))=\begin{pmatrix}1&0&-4&0\\0&1&0&0\\0&0&1&0\\0&0&0&1\end{pmatrix}$$

不难证明,初等矩阵都是可逆的,其逆矩阵仍是同类型的初等矩阵.

(1) 因变换 $r_i\leftrightarrow r_j$ 的逆变换就是其本身,所以

$$\boldsymbol{E}(i,j)^{-1}=\boldsymbol{E}(i,j)$$

(2) 因变换 $r_i\times k$ 的逆变换为 $r_i\times\frac{1}{k}$,所以

$$\boldsymbol{E}(i(k))^{-1}=\boldsymbol{E}\left(i\left(\frac{1}{k}\right)\right)$$

(3) 因变换 r_i+kr_j 的逆变换为 $r_i+(-k)r_j$,所以

$$\boldsymbol{E}(ij(k))^{-1}=\boldsymbol{E}(ij(-k))$$

定理 2.5.2 设 $\boldsymbol{A}$ 是一个 $m\times n$ 矩阵,对 $\boldsymbol{A}$ 做一次初等行变换,相当于在 $\boldsymbol{A}$ 的左边乘相应的 m 阶初等矩阵;对 $\boldsymbol{A}$ 做一次初等列变换,相当于在 $\boldsymbol{A}$ 的右边乘相应的 n 阶初等矩阵.(证明略)

推论 1 可逆矩阵 $\boldsymbol{A}$ 一定可以经过有限次初等变换化为单位矩阵.

定理 2.5.3 n 阶方阵 $\boldsymbol{A}$ 可逆的充分必要条件是 $\boldsymbol{A}$ 能表示为有限个 n 阶初等矩阵的乘积,即 $\boldsymbol{A}=\boldsymbol{P}_1\cdots\boldsymbol{P}_t$($\boldsymbol{P}_1,\cdots,\boldsymbol{P}_t$ 为初等矩阵).

证明 必要性:因为 $\boldsymbol{A}$ 是可逆矩阵,所以存在初等矩阵 $\boldsymbol{P}_1^{-1},\boldsymbol{P}_2^{-1},\cdots,\boldsymbol{P}_t^{-1}$,使得

$$\boldsymbol{P}_t^{-1}\cdots\boldsymbol{P}_2^{-1}\boldsymbol{P}_1^{-1}\boldsymbol{A}=\boldsymbol{E}$$

又因为

$$\boldsymbol{P}_1\boldsymbol{P}_2\cdots\boldsymbol{P}_t\boldsymbol{P}_t^{-1}\cdots\boldsymbol{P}_2^{-1}\boldsymbol{P}_1^{-1}\boldsymbol{A}=\boldsymbol{P}_1\boldsymbol{P}_2\cdots\boldsymbol{P}_t\boldsymbol{E}$$

所以

$$\boldsymbol{A}=\boldsymbol{P}_1\boldsymbol{P}_2\cdots\boldsymbol{P}_t\boldsymbol{E}=\boldsymbol{P}_1\boldsymbol{P}_2\cdots\boldsymbol{P}_t$$

$\boldsymbol{P}_1,\boldsymbol{P}_2,\cdots,\boldsymbol{P}_t$ 都是初等矩阵.

充分性:设 $\boldsymbol{A}=\boldsymbol{P}_1\boldsymbol{P}_2\cdots\boldsymbol{P}_t$($\boldsymbol{P}_1,\boldsymbol{P}_2,\cdots,\boldsymbol{P}_t$ 为初等矩阵),因初等矩阵可逆,有限个初等矩阵的积仍可逆,故 $\boldsymbol{A}$ 可逆.

推论 2　可逆方阵必与同阶单位矩阵等价.

推论 3　两个 $m\times n$ 矩阵 $\boldsymbol{A}$ 与 $\boldsymbol{B}$ 等价的充分必要条件是存在 m 阶可逆矩阵 $\boldsymbol{P}$ 和 n 阶可逆矩阵 $\boldsymbol{Q}$,使 $\boldsymbol{PAQ}=\boldsymbol{B}$.

综合上面的讨论,可以得到一种求逆矩阵的方法.

2.5.3　初等变换法求逆矩阵

设 $\boldsymbol{A}$ 是 n 阶可逆方阵,由定理 2.5.3,则有 $\boldsymbol{A}=\boldsymbol{P}_1\boldsymbol{P}_2\cdots\boldsymbol{P}_t$,这里 $\boldsymbol{P}_1,\boldsymbol{P}_2,\cdots,\boldsymbol{P}_t$ 都是初等矩阵,所以

$$\boldsymbol{P}_t^{-1}\cdots\boldsymbol{P}_2^{-1}\boldsymbol{P}_1^{-1}\boldsymbol{A}=\boldsymbol{P}_t^{-1}\cdots\boldsymbol{P}_2^{-1}\boldsymbol{P}_1^{-1}\boldsymbol{P}_1\boldsymbol{P}_2\cdots\boldsymbol{P}_t=\boldsymbol{E} \tag{2.5.1}$$

式(2.5.1)表明,n 阶可逆方阵 $\boldsymbol{A}$ 经过一系列的初等变换可变成单位方阵 $\boldsymbol{E}$.

式(2.5.1)两端同时右乘 $\boldsymbol{A}^{-1}$,有

$$\boldsymbol{P}_t^{-1}\cdots\boldsymbol{P}_2^{-1}\boldsymbol{P}_1^{-1}\boldsymbol{E}=\boldsymbol{A}^{-1} \tag{2.5.2}$$

其中 $\boldsymbol{P}_t^{-1},\cdots,\boldsymbol{P}_2^{-1},\boldsymbol{P}_1^{-1}$ 都是初等矩阵.

式(2.5.2)表明,当 n 阶可逆方阵 $\boldsymbol{A}$ 经过一系列的初等变换变成单位矩阵 $\boldsymbol{E}$ 的同时,n 阶单位矩阵 $\boldsymbol{E}$ 经过同一系列初等行变换变成 $\boldsymbol{A}^{-1}$.

由此得到一个用初等变换法求逆矩阵的方法,即用 $\boldsymbol{A}$ 和 $\boldsymbol{E}$ 构造一个 $n\times 2n$ 矩阵 $(\boldsymbol{A}\,\vdots\,\boldsymbol{E})$,然后对其进行初等行变换,当把左边的 $\boldsymbol{A}$ 化为 $\boldsymbol{E}$ 时,同时右边的 $\boldsymbol{E}$ 就化为 $\boldsymbol{A}^{-1}$.

当 $\boldsymbol{A}$ 为可逆矩阵时,用初等行变换求逆矩阵的方法可简记为

$$(\boldsymbol{A}\,\vdots\,\boldsymbol{E})\xrightarrow{\text{初等行变换}}(\boldsymbol{E}\,\vdots\,\boldsymbol{A}^{-1})$$

若进行初等行变换,其中的 $\boldsymbol{A}$ 不能化为 $\boldsymbol{E}$,则说明 $\boldsymbol{A}$ 不可逆.

例 2.5.2　设 $\boldsymbol{A}=\begin{pmatrix}1&1&1&1\\1&-2&-2&-1\\2&5&-1&4\\4&1&1&2\end{pmatrix}$,判断 $\boldsymbol{A}$ 是否可逆;若可逆,求 $\boldsymbol{A}^{-1}$.

微课:例 2.5.2

解　$$(\boldsymbol{A}\,\vdots\,\boldsymbol{E})=\left(\begin{array}{cccc|cccc}1&1&1&1&1&0&0&0\\1&-2&-2&-1&0&1&0&0\\2&5&-1&4&0&0&1&0\\4&1&1&2&0&0&0&1\end{array}\right)$$

$$\xrightarrow[r_4-4r_1]{\substack{r_2-r_1\\ r_3-2r_1}}\left(\begin{array}{cccc|cccc}1&1&1&1&1&0&0&0\\0&-3&-3&-2&-1&1&0&0\\0&3&-3&2&-2&0&1&0\\0&-3&-3&-2&-4&0&0&1\end{array}\right)$$

因为

$$\begin{vmatrix}1&1&1&1\\0&-3&-3&-2\\0&3&-3&2\\0&-3&-3&-2\end{vmatrix}=0$$

所以$|\boldsymbol{A}|=0$,故$\boldsymbol{A}$不可逆,即$\boldsymbol{A}^{-1}$不存在.

注意 例2.5.2说明,在用初等变换法求逆矩阵的过程中就可以得到矩阵是否可逆的判断.

例2.5.3 设矩阵$\boldsymbol{A}=\begin{pmatrix}1&2&3\\2&1&2\\1&3&4\end{pmatrix}$,用初等变换法求$\boldsymbol{A}^{-1}$.

解
$$(\boldsymbol{A}\vdots\boldsymbol{E})=\left(\begin{array}{ccc:ccc}1&2&3&1&0&0\\2&1&2&0&1&0\\1&3&4&0&0&1\end{array}\right)\xrightarrow[r_3-r_1]{r_2-2r_1}\left(\begin{array}{ccc:ccc}1&2&3&1&0&0\\0&-3&-4&-2&1&0\\0&1&1&-1&0&1\end{array}\right)$$
$$\xrightarrow{r_2\leftrightarrow r_3}\left(\begin{array}{ccc:ccc}1&2&3&1&0&0\\0&1&1&-1&0&1\\0&-3&-4&-2&1&0\end{array}\right)\xrightarrow{r_3+3r_2}\left(\begin{array}{ccc:ccc}1&2&3&1&0&0\\0&1&1&-1&0&1\\0&0&-1&-5&1&3\end{array}\right)$$
$$\xrightarrow[(-1)\times r_3]{\substack{r_1+3r_3\\r_2+r_3}}\left(\begin{array}{ccc:ccc}1&2&0&-14&3&9\\0&1&0&-6&1&4\\0&0&1&5&-1&-3\end{array}\right)$$
$$\xrightarrow{r_1-2r_2}\left(\begin{array}{ccc:ccc}1&0&0&-2&1&1\\0&1&0&-6&1&4\\0&0&1&5&-1&-3\end{array}\right)$$

所以
$$\boldsymbol{A}^{-1}=\begin{pmatrix}-2&1&1\\-6&1&4\\5&-1&-3\end{pmatrix}$$

例2.5.4 设矩阵$\boldsymbol{A}=\begin{pmatrix}1&0&0&0\\a&1&0&0\\a^2&a&1&0\\a^3&a^2&a&1\end{pmatrix}$,试用初等变换法求$\boldsymbol{A}^{-1}$.

解
$$(\boldsymbol{A}\vdots\boldsymbol{E})=\left(\begin{array}{cccc:cccc}1&0&0&0&1&0&0&0\\a&1&0&0&0&1&0&0\\a^2&a&1&0&0&0&1&0\\a^3&a^2&a&1&0&0&0&1\end{array}\right)$$
$$\xrightarrow[i=4,3,2]{r_i-ar_{i-1}}\left(\begin{array}{cccc:cccc}1&0&0&0&1&0&0&0\\0&1&0&0&-a&1&0&0\\0&0&1&0&0&-a&1&0\\0&0&0&1&0&0&-a&1\end{array}\right)$$

所以

$$A^{-1}=\begin{pmatrix}1&0&0&0\\-a&1&0&0\\0&-a&1&0\\0&0&-a&1\end{pmatrix}$$

注意 对$\begin{pmatrix}A\\E\end{pmatrix}$实施初等列变换求矩阵$A$的逆，当$A$化成$E$时，$E$就化成了$A^{-1}$，即

$$\begin{pmatrix}A\\E\end{pmatrix}\xrightarrow{\text{初等列变换}}\begin{pmatrix}E\\A^{-1}\end{pmatrix}$$

2.5.4 初等变换法求解矩阵方程

在矩阵方程$AX=B$中，如果A是可逆矩阵，则有唯一解$X=A^{-1}B$.

若构造矩阵$(A \vdots B)$，由上面讨论可知，当对其做初等行变换将A化为E时，B就化成$X=A^{-1}B$，即

$$(A \vdots B)\xrightarrow{\text{初等行变换}}(E \vdots A^{-1}B)$$

例 2.5.5 解矩阵方程$AX=B$，其中$A=\begin{pmatrix}1&0&1\\2&1&0\\-3&2&-5\end{pmatrix}$，$B=\begin{pmatrix}1&-2&-1\\4&-5&2\\1&-4&-1\end{pmatrix}$.

解 由$AX=B$得$X=A^{-1}B$，因为

$$(A \vdots B)=\left(\begin{array}{ccc:ccc}1&0&1&1&-2&-1\\2&1&0&4&-5&2\\-3&2&-5&1&-4&-1\end{array}\right)$$

$$\xrightarrow[r_3+3r_1]{r_2-2r_1}\left(\begin{array}{ccc:ccc}1&0&1&1&-2&-1\\0&1&-2&2&-1&4\\0&2&-2&4&-10&-4\end{array}\right)$$

$$\xrightarrow{r_3-2r_2}\left(\begin{array}{ccc:ccc}1&0&1&1&-2&-1\\0&1&-2&2&-1&4\\0&0&2&0&-8&-12\end{array}\right)$$

$$\xrightarrow{r_3\times\frac{1}{2}}\left(\begin{array}{ccc:ccc}1&0&1&1&-2&-1\\0&1&-2&2&-1&4\\0&0&1&0&-4&-6\end{array}\right)$$

$$\xrightarrow[r_2+2r_3]{r_1-r_3}\left(\begin{array}{ccc:ccc}1&0&0&1&2&5\\0&1&0&2&-9&-8\\0&0&1&0&-4&-6\end{array}\right)$$

所以

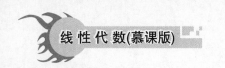

$$X=A^{-1}B=\begin{pmatrix}1 & 2 & 5\\ 2 & -9 & -8\\ 0 & -4 & -6\end{pmatrix}$$

例 2.5.6　解矩阵方程 $AX=2X+B$，其中，$A=\begin{pmatrix}6 & 2 & 3\\ 3 & 3 & 2\\ 2 & 1 & 3\end{pmatrix}$，$B=\begin{pmatrix}2 & 3 & 1\\ 1 & 0 & -1\\ -1 & 1 & 0\end{pmatrix}$.

解　将矩阵方程 $AX=2X+B$ 化为 $(A-2E)X=B$，则

$$A-2E=\begin{pmatrix}4 & 2 & 3\\ 3 & 1 & 2\\ 2 & 1 & 1\end{pmatrix}$$

因为

$$(A-2E\ \vdots\ B)=\left(\begin{array}{ccc:ccc}4 & 2 & 3 & 2 & 3 & 1\\ 3 & 1 & 2 & 1 & 0 & -1\\ 2 & 1 & 1 & -1 & 1 & 0\end{array}\right)$$

$$\xrightarrow[r_2-r_3]{r_1-r_2}\left(\begin{array}{ccc:ccc}1 & 1 & 1 & 1 & 3 & 2\\ 1 & 0 & 1 & 2 & -1 & -1\\ 2 & 1 & 1 & -1 & 1 & 0\end{array}\right)$$

$$\xrightarrow[r_3-2r_1]{r_2-r_1}\left(\begin{array}{ccc:ccc}1 & 1 & 1 & 1 & 3 & 2\\ 0 & -1 & 0 & 1 & -4 & -3\\ 0 & -1 & -1 & -3 & -5 & -4\end{array}\right)$$

$$\xrightarrow[r_3-r_2]{r_1+r_3}\left(\begin{array}{ccc:ccc}1 & 0 & 0 & -2 & -2 & -2\\ 0 & -1 & 0 & 1 & -4 & -3\\ 0 & 0 & -1 & -4 & -1 & -1\end{array}\right)$$

$$\xrightarrow[(-1)\cdot r_3]{(-1)\cdot r_2}\left(\begin{array}{ccc:ccc}1 & 0 & 0 & -2 & -2 & -2\\ 0 & 1 & 0 & -1 & 4 & 3\\ 0 & 0 & 1 & 4 & 1 & 1\end{array}\right)$$

所以

$$X=(A-2E)^{-1}B=\begin{pmatrix}-2 & -2 & -2\\ -1 & 4 & 3\\ 4 & 1 & 1\end{pmatrix}$$

注意

对 $\begin{pmatrix}A\\ B\end{pmatrix}$ 实施初等列变换解矩阵方程 $XA=B$，当 A 化成 E 时，B 就化成了 BA^{-1}，即

$$\begin{pmatrix}A\\ B\end{pmatrix}\xrightarrow{\text{初等列变换}}\begin{pmatrix}E\\ BA^{-1}\end{pmatrix}$$

例 2.5.7　解矩阵方程 $\boldsymbol{XA}=\boldsymbol{B}$，其中 $\boldsymbol{A}=\begin{pmatrix}0&2&1\\2&-1&3\\-3&3&-4\end{pmatrix}$，$\boldsymbol{B}=\begin{pmatrix}1&2&3\\2&-3&1\end{pmatrix}$.

解法一　由 $\boldsymbol{XA}=\boldsymbol{B}$ 得 $\boldsymbol{X}=\boldsymbol{BA}^{-1}$，则

$$\begin{pmatrix}\boldsymbol{A}\\\boldsymbol{B}\end{pmatrix}=\begin{pmatrix}0&2&1\\2&-1&3\\-3&3&-4\\\hdashline 1&2&3\\2&-3&1\end{pmatrix}\xrightarrow{c_1\leftrightarrow c_3}\begin{pmatrix}1&2&0\\3&-1&2\\-4&3&-3\\\hdashline 3&2&1\\1&-3&2\end{pmatrix}$$

$$\xrightarrow[c_1-c_3]{c_2-2c_1}\begin{pmatrix}1&0&0\\1&-7&2\\-1&11&-3\\\hdashline 2&-4&1\\-1&-5&2\end{pmatrix}\xrightarrow{c_2+4c_3}\begin{pmatrix}1&0&0\\1&1&2\\-1&-1&-3\\\hdashline 2&0&1\\-1&3&2\end{pmatrix}$$

$$\xrightarrow[c_3-2c_2]{c_1-c_2}\begin{pmatrix}1&0&0\\0&1&0\\0&-1&-1\\\hdashline 2&0&1\\-4&3&-4\end{pmatrix}\xrightarrow[c_3\times(-1)]{c_2-c_3}\begin{pmatrix}1&0&0\\0&1&0\\0&0&1\\\hdashline 2&-1&-1\\-4&7&4\end{pmatrix}$$

所以

$$\boldsymbol{X}=\boldsymbol{BA}^{-1}=\begin{pmatrix}2&-1&-1\\-4&7&4\end{pmatrix}$$

解法二　因 $|\boldsymbol{A}|=1\neq0$，故 $\boldsymbol{A}$ 可逆.于是由 $\boldsymbol{XA}=\boldsymbol{B}$ 得 $\boldsymbol{X}=\boldsymbol{BA}^{-1}$.

因 $(\boldsymbol{XA})^{\mathrm{T}}=\boldsymbol{B}^{\mathrm{T}}\Rightarrow\boldsymbol{A}^{\mathrm{T}}\boldsymbol{X}^{\mathrm{T}}=\boldsymbol{B}^{\mathrm{T}}$，所以 $\boldsymbol{X}^{\mathrm{T}}=(\boldsymbol{A}^{\mathrm{T}})^{-1}\boldsymbol{B}^{\mathrm{T}}$.

$$\boldsymbol{A}^{\mathrm{T}}=\begin{pmatrix}0&2&-3\\2&-1&3\\1&3&-4\end{pmatrix},\boldsymbol{B}^{\mathrm{T}}=\begin{pmatrix}1&2\\2&-3\\3&1\end{pmatrix}$$

$$(\boldsymbol{A}^{\mathrm{T}}\vdots\boldsymbol{B}^{\mathrm{T}})=\left(\begin{array}{ccc:cc}0&2&-3&1&2\\2&-1&3&2&-3\\1&3&-4&3&1\end{array}\right)\xrightarrow{r_1\leftrightarrow r_3}\left(\begin{array}{ccc:cc}1&3&-4&3&1\\2&-1&3&2&-3\\0&2&-3&1&2\end{array}\right)$$

$$\xrightarrow{r_2-2r_1}\left(\begin{array}{ccc:cc}1&3&-4&3&1\\0&-7&11&-4&-5\\0&2&-3&1&2\end{array}\right)\xrightarrow[r_2+4r_3]{r_1-r_3}\left(\begin{array}{ccc:cc}1&1&-1&2&-1\\0&1&-1&0&3\\0&2&-3&1&2\end{array}\right)$$

$$\xrightarrow[r_3-2r_2]{r_1-r_2}\left(\begin{array}{ccc:cc}1&0&0&2&-4\\0&1&-1&0&3\\0&0&-1&1&-4\end{array}\right)\xrightarrow[-r_3]{r_2-r_3}\left(\begin{array}{ccc:cc}1&0&0&2&-4\\0&1&0&-1&7\\0&0&1&-1&4\end{array}\right)$$

于是

$$X^{T}=\begin{pmatrix}2 & -4\\ -1 & 7\\ -1 & 4\end{pmatrix}$$

所以

$$X=\begin{pmatrix}2 & -1 & -1\\ -4 & 7 & 4\end{pmatrix}$$

2.5.5 同步习题

1. 用初等变换将下列矩阵化为标准型：

(1) $A=\begin{pmatrix}1 & -1 & 2\\ 3 & 2 & 1\\ 1 & -2 & 0\end{pmatrix}$； (2) $A=\begin{pmatrix}1 & 0 & -1 & 0\\ 1 & 2 & 0 & 6\\ 2 & 4 & 3 & 0\\ 1 & 2 & 1 & 4\end{pmatrix}$.

2. 用初等变换法求下列矩阵的逆矩阵：

(1) $\begin{pmatrix}1 & 0 & 0\\ 1 & 2 & 0\\ 1 & 2 & 3\end{pmatrix}$； (2) $\begin{pmatrix}1 & 2 & 3\\ 2 & 2 & 1\\ 3 & 4 & 3\end{pmatrix}$； (3) $\begin{pmatrix}1 & 1 & 1\\ -1 & 0 & -1\\ -1 & -1 & 0\end{pmatrix}$；

(4) $\begin{pmatrix}1 & 0 & 0 & 0\\ 1 & 2 & 0 & 0\\ 2 & 1 & 3 & 0\\ 1 & 2 & 1 & 4\end{pmatrix}$； (5) $\begin{pmatrix}3 & -2 & 0 & -1\\ 0 & 2 & 2 & 1\\ 1 & -2 & -3 & -2\\ 0 & 1 & 2 & 1\end{pmatrix}$； (6) $\begin{pmatrix}a_1 & 0 & 0 & 0\\ 0 & a_2 & 0 & 0\\ 0 & 0 & a_3 & 0\\ 0 & 0 & 0 & a_4\end{pmatrix}$.

3. 用初等变换法解下列矩阵方程：

(1) $AX=B$，其中 $A=\begin{pmatrix}4 & 1 & -2\\ 2 & 2 & 1\\ 3 & 1 & -1\end{pmatrix}$，$B=\begin{pmatrix}1 & -3\\ 2 & 2\\ 3 & -1\end{pmatrix}$；

(2) $AX=A+2X$，其中 $A=\begin{pmatrix}4 & 2 & 3\\ 1 & 1 & 0\\ -1 & 2 & 3\end{pmatrix}$；

(3) $AX=X+B$，其中 $A=\begin{pmatrix}2 & 1 & 0\\ 1 & 2 & 1\\ 0 & 1 & 2\end{pmatrix}$，$B=\begin{pmatrix}1 & 2\\ 3 & 4\\ 2 & 1\end{pmatrix}$；

(4) $X=AX+B$，其中 $A=\begin{pmatrix}0 & 1 & 0\\ -1 & 1 & 1\\ -1 & 0 & -1\end{pmatrix}$，$B=\begin{pmatrix}1 & -1\\ 2 & 0\\ 5 & -3\end{pmatrix}$；

(5) $XA=B$，其中 $A=\begin{pmatrix}2 & 1 & -1\\ 2 & 1 & 0\\ 1 & -1 & 1\end{pmatrix}$，$B=\begin{pmatrix}1 & -1 & 3\\ 4 & 3 & 2\end{pmatrix}$.

2.6 矩阵的秩

本节要求：通过本节的学习，学生应理解矩阵的秩的概念，会用初等变换法求矩阵的秩.

任意矩阵可经过初等变换化为行阶梯形矩阵，这个行阶梯形矩阵所含非零行的行数实际上就是本节将要讨论的矩阵的秩. 矩阵的秩是矩阵的一个数字特征，是矩阵在初等变换中的一个不变量，对研究矩阵的性质有重要的作用.

2.6.1 矩阵的秩的概念

定义 2.6.1 在一个 $m\times n$ 矩阵 $\boldsymbol{A}$ 中任意取定 k 行和 k 列，位于这些取定的行和列的交点上的 k^2 个元素按原来的次序所组成的 k 阶行列式，称为 $\boldsymbol{A}$ 的一个 k 阶子式.记作 $D_k(\boldsymbol{A})$.

$m\times n$ 矩阵 $\boldsymbol{A}$ 共有 $C_m^k C_n^k$ 个 k 阶子式.

例如 $\boldsymbol{A}_{3\times 4}=\begin{pmatrix} a_{11} & a_{12} & a_{13} & a_{14} \\ a_{21} & a_{22} & a_{23} & a_{24} \\ a_{31} & a_{32} & a_{33} & a_{34} \end{pmatrix}$ 共有 $C_3^3C_4^3=4$ 个三阶子式，有 $C_3^2C_4^2=18$ 个二阶子式.

例 2.6.1 写出矩阵 $\boldsymbol{A}=\begin{pmatrix} 1 & 2 & 3 \\ 2 & -1 & 3 \\ 1 & 2 & 3 \end{pmatrix}$ 的全部二阶子式.

解 $D_1=\begin{vmatrix} 1 & 2 \\ 2 & -1 \end{vmatrix}, D_2=\begin{vmatrix} 1 & 3 \\ 2 & 3 \end{vmatrix}, D_3=\begin{vmatrix} 2 & 3 \\ -1 & 3 \end{vmatrix} D_4=\begin{vmatrix} 2 & -1 \\ 1 & 2 \end{vmatrix}, D_5=\begin{vmatrix} 2 & 3 \\ 1 & 3 \end{vmatrix},$

$D_6=\begin{vmatrix} -1 & 3 \\ 2 & 3 \end{vmatrix}, D_7=\begin{vmatrix} 1 & 2 \\ 1 & 2 \end{vmatrix}, D_8=\begin{vmatrix} 1 & 3 \\ 1 & 3 \end{vmatrix}, D_9=\begin{vmatrix} 2 & 3 \\ 2 & 3 \end{vmatrix}.$

定义 2.6.2 设在矩阵 $\boldsymbol{A}$ 中有一个不等于零的 r 阶子式 D，而 $\boldsymbol{A}$ 中所有大于 r 阶的子式(如果存在的话)都是零，则称 D 为矩阵 $\boldsymbol{A}$ 的最高阶非零子式.称数 r 为矩阵 $\boldsymbol{A}$ 的秩，记作 $R(\boldsymbol{A})=r$.

例 2.6.2 求矩阵 $\boldsymbol{A},\boldsymbol{B}$ 的秩，其中

$$\boldsymbol{A}=\begin{pmatrix} 1 & 2 & 3 \\ 2 & 3 & -5 \\ 4 & 7 & 1 \end{pmatrix}, \boldsymbol{B}=\begin{pmatrix} 1 & -1 & 0 & 1 & 4 \\ 0 & 2 & -2 & 4 & 2 \\ 0 & 0 & 0 & 1 & 1 \\ 0 & 0 & 0 & 0 & 0 \end{pmatrix}$$

解 在矩阵 $\boldsymbol{A}$ 中，容易看出一个二阶子式 $\begin{vmatrix} 1 & 2 \\ 2 & 3 \end{vmatrix}\neq 0$.而 $\boldsymbol{A}$ 的三阶子式只有一个，即 $|\boldsymbol{A}|$，计算可知 $|\boldsymbol{A}|=0$，因此 $R(\boldsymbol{A})=2$.

$\boldsymbol{B}$ 是一个行阶梯形矩阵，其非零行有 3 行，可知 $\boldsymbol{B}$ 的所有四阶子式全为零，而三阶子式

$\begin{vmatrix} 1 & -1 & 1 \\ 0 & 2 & 4 \\ 0 & 0 & 1 \end{vmatrix} \neq 0$，因此 $R(\boldsymbol{A})=3$.

我们规定零矩阵的秩等于零.

由矩阵的秩的定义及行列式的性质可得到以下结论：

(1) 对于任一 $m\times n$ 矩阵 $\boldsymbol{A}_{m\times n}$，当 $m<n$ 时，$\boldsymbol{A}_{m\times n}$ 的最高阶子式是 m 阶行列式；当 $m>n$ 时，$\boldsymbol{A}_{m\times n}$ 的最高阶子式是 n 阶行列式.所以 $R(\boldsymbol{A})$ 是由矩阵 $\boldsymbol{A}$ 本身所唯一决定的一个非负整数，且 $0\leqslant R(\boldsymbol{A})\leqslant \min\{m,n\}$.

特别地，n 阶方阵 $\boldsymbol{A}$ 有 $0\leqslant R(\boldsymbol{A})\leqslant n$.可逆矩阵的秩等于矩阵的阶数.

(2) $R(\boldsymbol{A})=0 \Leftrightarrow \boldsymbol{A}=\boldsymbol{O}$.

(3) $R(\boldsymbol{A})=R(\boldsymbol{A}^{\mathrm{T}})$.

(4) $R(\boldsymbol{AB})\leqslant \min\{R(\boldsymbol{A}),R(\boldsymbol{B})\}$，即矩阵乘积的秩不超过每个因子的秩.

(5) 设 $\boldsymbol{A},\boldsymbol{B}$ 为 n 阶方阵，则 $R(\boldsymbol{AB})\geqslant R(\boldsymbol{A})+R(\boldsymbol{B})-n$.

对于行阶梯形矩阵，它的秩就等于非零行的行数.当行数和列数很多时，按照定义求秩是很麻烦的，因此下面讨论另一种求秩的方法.

2.6.2 初等变换法求矩阵的秩

利用与矩阵的初等变换有关的性质和矩阵的秩的概念，可以证明下面的定理.

定理 2.6.1 初等变换不改变矩阵的秩.

定理 2.6.1 说明，要求一个矩阵的秩，可以先利用矩阵的初等行(列)变换将矩阵化为行(列)阶梯形矩阵，然后就可以由阶梯形矩阵的秩确定原矩阵的秩.行阶梯形矩阵的秩是非零行的行数，列阶梯形矩阵的秩是非零列的列数.

例 2.6.3 求矩阵 $\boldsymbol{A}$ 的秩，其中 $\boldsymbol{A}=\begin{pmatrix} 0 & 0 & -1 & -1 & 2 \\ 1 & 4 & -1 & 0 & 2 \\ -1 & -4 & 2 & -1 & 0 \\ 2 & 8 & 1 & 1 & 2 \end{pmatrix}$.

解 对 $\boldsymbol{A}$ 施行初等行变换：

$$\boldsymbol{A}=\begin{pmatrix} 0 & 0 & -1 & -1 & 2 \\ 1 & 4 & -1 & 0 & 2 \\ -1 & -4 & 2 & -1 & 0 \\ 2 & 8 & 1 & 1 & 2 \end{pmatrix} \xrightarrow{r_1 \leftrightarrow r_2} \begin{pmatrix} 1 & 4 & -1 & 0 & 2 \\ 0 & 0 & -1 & -1 & 2 \\ -1 & -4 & 2 & -1 & 0 \\ 2 & 8 & 1 & 1 & 2 \end{pmatrix}$$

$$\xrightarrow[r_4-2r_1]{r_3+r_1} \begin{pmatrix} 1 & 4 & -1 & 0 & 2 \\ 0 & 0 & -1 & -1 & 2 \\ 0 & 0 & 1 & -1 & 2 \\ 0 & 0 & 3 & 1 & -2 \end{pmatrix} \xrightarrow[r_4+3r_2]{r_3+r_2} \begin{pmatrix} 1 & 4 & -1 & 0 & 2 \\ 0 & 0 & -1 & -1 & 2 \\ 0 & 0 & 0 & -2 & 4 \\ 0 & 0 & 0 & -2 & 4 \end{pmatrix}$$

$$\xrightarrow{r_4-r_3}\begin{pmatrix}1 & 4 & -1 & 0 & 2\\0 & 0 & -1 & -1 & 2\\0 & 0 & 0 & -2 & 4\\0 & 0 & 0 & 0 & 0\end{pmatrix}$$

非零行的行数为 3,由此得 $R(\boldsymbol{A})=3$.

用初等变换求矩阵秩的方法和步骤:

(1) 用一系列初等行变换将矩阵 $\boldsymbol{A}$ 化为阶梯形矩阵;

(2) 所得的阶梯形矩阵的非零行的行数就是矩阵的秩.

例 2.6.4 设矩阵 $\boldsymbol{A}=\begin{pmatrix}3 & 2 & -1 & -3 & -1\\2 & -1 & 3 & 1 & -3\\7 & 0 & 5 & -1 & -8\end{pmatrix}$,求矩阵 $\boldsymbol{A}$ 的秩,并求一个最高阶的非零子式.

微课:例 2.6.4

解 对 $\boldsymbol{A}$ 施行初等行变换:

$$\boldsymbol{A}=\begin{pmatrix}3 & 2 & -1 & -3 & -1\\2 & -1 & 3 & 1 & -3\\7 & 0 & 5 & -1 & -8\end{pmatrix}\xrightarrow{r_1-r_2}\begin{pmatrix}1 & 3 & -4 & -4 & 2\\2 & -1 & 3 & 1 & -3\\7 & 0 & 5 & -1 & -8\end{pmatrix}$$

$$\xrightarrow[r_3-7r_1]{r_2-2r_1}\begin{pmatrix}1 & 3 & -4 & -4 & 2\\0 & -7 & 11 & 9 & -7\\0 & -21 & 33 & 27 & -22\end{pmatrix}\xrightarrow{r_3-3r_2}\begin{pmatrix}1 & 3 & -4 & -4 & 2\\0 & -7 & 11 & 9 & -7\\0 & 0 & 0 & 0 & -1\end{pmatrix}$$

由此得 $R(\boldsymbol{A})=3$.

它的一个最高阶非零子式为 $\begin{vmatrix}3 & 2 & -1\\2 & -1 & -3\\7 & 0 & -8\end{vmatrix}$.

定义 2.6.3 设 $\boldsymbol{A}$ 为 n 阶方阵,若 $R(\boldsymbol{A})=n$,则称 $\boldsymbol{A}$ 为满秩矩阵;若 $R(\boldsymbol{A})<n$,则称 $\boldsymbol{A}$ 为降秩矩阵.

定义 2.6.3 设 $\boldsymbol{A}$ 为 $m\times n$ 矩阵,当 $R(\boldsymbol{A})=m$,则称 $\boldsymbol{A}$ 为行满秩矩阵;当 $R(\boldsymbol{A})=n$,则称 $\boldsymbol{A}$ 为列满秩矩阵.

定理 2.6.2 $\boldsymbol{A}$ 为满秩方阵的充分必要条件是 $|\boldsymbol{A}|\neq 0$.

由此可知,$\boldsymbol{A}$ 可逆的充分必要条件是 $\boldsymbol{A}$ 为满秩方阵.

推论 1 设 $\boldsymbol{A}$ 为 $m\times n$ 矩阵,$\boldsymbol{P}$ 为 m 阶可逆方阵,$\boldsymbol{Q}$ 为 n 阶可逆方阵,则

$$R(\boldsymbol{PA})=R(\boldsymbol{AQ})=R(\boldsymbol{PAQ})=R(\boldsymbol{A})$$

证明 因为矩阵 $\boldsymbol{A}$ 的左边乘以可逆方阵 $\boldsymbol{P}$,相当于对 $\boldsymbol{A}$ 进行一系列行初等行变换,由定理 2.6.1 可得 $R(\boldsymbol{PA})=R(\boldsymbol{A})$,类似可证 $R(\boldsymbol{AQ})=R(\boldsymbol{A})$,$R(\boldsymbol{PAQ})=R(\boldsymbol{A})$,所以有

$$R(\boldsymbol{PA})=R(\boldsymbol{AQ})=R(\boldsymbol{PAQ})=R(\boldsymbol{A})$$

例 2.6.5 设 $\boldsymbol{A}$ 为 $m\times n$ 矩阵,$\boldsymbol{B}$ 为 $n\times m$ 矩阵,且 $m>n$,试证 $|\boldsymbol{AB}|=0$.

证明 因为 $R(\boldsymbol{A})\leqslant\min\{m,n\}=n$,$R(\boldsymbol{B})\leqslant\min\{m,n\}=n$,且

$$R(\boldsymbol{AB})\leqslant\min\{R(\boldsymbol{A}),R(\boldsymbol{B})\}\leqslant n<m$$

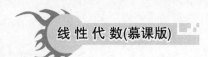

而 $\boldsymbol{AB}$ 为 m 阶方阵,于是 $\boldsymbol{AB}$ 为不满秩矩阵,故不可逆,因此 $|\boldsymbol{AB}|=0$.

例 2.6.6 设 $\boldsymbol{A}=\begin{pmatrix}1&2&3\\\lambda&0&1\\2&1&1\end{pmatrix}$,求 $R(\boldsymbol{A})$.

解 $|\boldsymbol{A}|=\begin{vmatrix}1&2&3\\\lambda&0&1\\2&1&1\end{vmatrix}=\lambda+3$

当 $\lambda\neq-3$ 时,$|\boldsymbol{A}|\neq0$,$R(\boldsymbol{A})=3$.

当 $\lambda=-3$ 时,$|\boldsymbol{A}|=0$,此时

$$\boldsymbol{A}=\begin{pmatrix}1&2&3\\-3&0&1\\2&1&1\end{pmatrix}\xrightarrow[r_3-2r_1]{r_2+3r_1}\begin{pmatrix}1&2&3\\0&6&10\\0&-3&-5\end{pmatrix}\xrightarrow{r_3+\frac{1}{2}r_2}\begin{pmatrix}1&2&3\\0&6&10\\0&0&0\end{pmatrix}$$

所以 $R(\boldsymbol{A})=2$.

2.6.3 同步习题

1. 求下列矩阵的秩:

(1) $\boldsymbol{A}=\begin{pmatrix}1&2&3&4\\1&-2&4&5\\1&10&1&2\end{pmatrix}$; (2) $\boldsymbol{A}=\begin{pmatrix}1&-4&2&-1&0\\-3&0&1&-5&3\\2&1&0&2&1\end{pmatrix}$;

(3) $\boldsymbol{A}=\begin{pmatrix}2&1&-3&4\\1&-2&0&1\\4&7&9&10\\0&5&-3&2\end{pmatrix}$; (4) $\boldsymbol{A}=\begin{pmatrix}1&-2&-1&0&2\\-2&4&2&6&-6\\2&-1&0&2&3\\3&3&3&3&4\end{pmatrix}$;

(5) $\boldsymbol{A}=\begin{pmatrix}1&0&0&2&2\\5&7&6&8&3\\4&0&0&8&4\\7&1&0&1&0\end{pmatrix}$; (6) $\boldsymbol{A}=\begin{pmatrix}1&a&a&a\\a&1&a&a\\a&a&1&a\\a&a&a&1\end{pmatrix}$.

2. $\boldsymbol{A}$ 为 n 阶方阵,秩 $\boldsymbol{A}=n-1$,$\boldsymbol{B}$ 为非零 n 阶方阵,$\boldsymbol{AB}=0$,求 $\boldsymbol{B}$ 的秩.

3. 设矩阵 $\boldsymbol{A}=\begin{pmatrix}1&1&1\\1&1&2\\a+1&2&3\end{pmatrix}$,求 $\boldsymbol{A}$ 的秩.

4. 设矩阵 $\boldsymbol{A}=\begin{pmatrix}1&2&-1&\lambda\\2&5&\lambda&-1\\1&1&-6&10\\-1&-3&-4&4\end{pmatrix}$,若 $\boldsymbol{A}$ 的秩 $R(\boldsymbol{A})=2$,求 λ.

5. 设矩阵 $A=\begin{pmatrix}1&0&0&1\\3&1&1&4\\1&0&\lambda&1\\0&\lambda&1&5\end{pmatrix}$，$\lambda$ 取何值时，A 的秩最小.

6. 设 A，B 分别为 $m\times n$，$n\times k$ 矩阵，证明：

(1) 若 $R(A)=n$（列满秩），则 $R(AB)=R(B)$；

(2) 若 $R(B)=n$（行满秩），则 $R(AB)=R(A)$.

2.7 MATLAB 数学实验

本节要求：通过本节的学习，学生应能够使用 MATLAB 进行矩阵的基本运算.

求解线性方程组是线性代数课程的核心内容，而矩阵又在求解线性方程组的过程中扮演着举足轻重的角色.本节就利用科学计算软件 MATLAB 来演示如何使用矩阵，同时，也帮助学生提高对线性代数的认识.

2.7.1 矩阵的输入

矩阵的输入有多种办法：直接输入每个元素；由语句或函数生成；在 M 文件（以后介绍）中生成等.

MATLAB 中不用描述矩阵的类型和维数，它们由输入的格式和内容决定.小矩阵可以用排列各个元素的方法输入，同一行元素用逗号或空格分开，不同行的元素用分号或回车分开.例如：

```
> > A= [ 1,2,3;  4,5,6 ] ←┘ (←┘ 表示回车，下同)
> > A= [ 1  2  3;  4  5  6 ] ←┘
> > A= [ 1  2  3←┘
       4  5  6 ] ←┘
```

都输入了一个 2×3 矩阵 A，屏幕上显示输出变量为

```
A=
  1  2  3
  4  5  6
```

分号“;”有三个作用：

(1) 在“[ ]”方括号内时，是矩阵行间的分隔符.

(2) 可用作指令与指令间的分隔符.

(3) 存在于赋值指令后时，该指令执行后的结果将不显示在屏幕上.

例如，输入指令：

```
b= [1  2  0  0;0  1  0  0;1  1  1  1];
```

矩阵 b 将不被显示，但 b 已存放在 MATLAB 的工作内存中，可随时被以后的指令所调用或显示.例如，输入指令：

```
b
```

得到结果：

```
b=
    1  2  0  0
    0  1  0  0
    1  1  1  1
```

矩阵中的元素可以用它的行标和列标表示，例如(以下在回车符←┘后直接给出屏幕上显示的输出内容)：

```
> > a= A(2,1)←┘
a =
    4
```

注意

MATLAB 区分大小写字母，a 和 A 是不同的变量.

如果不指定输出变量，MATLAB 将回应 ans，例如：

```
> > A(2,1)←┘
    ans =
          4
```

A 输入后一直保存在工作空间中，可随时调用，除非被清除或替代.

例 2.7.1　利用 pascal 函数来生成一个矩阵.

```
A= pascal(3)←┘
A=
1  1  1
1  2  3
1  3  6
```

例 2.7.2　利用 magic 函数来生成一个矩阵.

```
B= magic(3)←┘
B=
8  1  6
3  5  7
4  9  2
```

例 2.7.3 可以利用函数生成一个 4×3 的随机矩阵.

```
> > c= rand(4,3)←┘
c=
    0.9501    0.8913    0.8214
    0.2311    0.7621    0.4447
    0.6068    0.4565    0.6154
    0.4860    0.0185    0.7919
```

例 2.7.4 利用直接输入法可生成列矩阵、行矩阵及常数.

```
u= [3;1;4]←┘
u=
3
1
4
v= [2 0 - 1]
v=
2  0  - 1
s= 7
s=
7
```

2.7.2 矩阵的基本运算

MATLAB 中,矩阵的基本运算如表 2.7.1 所示.

表 2.7.1 矩阵的基本运算

运 算	功 能	命令形式
矩阵的加(减)法	将两个同型矩阵相加(减)	A±B
数乘	将数于矩阵做乘法	k * A,其中 k 是一个数,$\boldsymbol{A}$ 是一个矩阵
矩阵的乘法	将两个矩阵进行矩阵相乘	A * B,$\boldsymbol{A}$ 的列数与 $\boldsymbol{B}$ 的行数相等
矩阵的左除	计算 $\boldsymbol{A}^{-1}\boldsymbol{B}$	A/B,$\boldsymbol{A}$ 必须为方阵
矩阵的右除	计算 $\boldsymbol{A}\boldsymbol{B}^{-1}$	A\B,$\boldsymbol{B}$ 必须为方阵
求矩阵的行列式	计算方阵的行列式	det(A),$\boldsymbol{A}$ 必须为方阵
矩阵的逆	求方阵的逆	inv(A)或(A)^(−1)
矩阵的乘幂	计算 $\boldsymbol{A}^n$	A^n,$\boldsymbol{A}$ 必须为方阵,n 是正整数
矩阵的转置	求矩阵的转置	transpose(A)或 A′
矩阵的秩	求矩阵的秩	rank(A)
矩阵行变换化简	求 $\boldsymbol{A}$ 的行最简形式	rref(A)

注意　MATLAB中的矩阵运算命令都遵循矩阵运算的规律，如果矩阵的行数或列数不符合运算符的要求，将产生错误信息.

例 2.7.5　计算$\begin{pmatrix}1 & 3 & 7\\ -3 & 9 & -1\end{pmatrix}+\begin{pmatrix}2 & 3 & -2\\ -1 & 6 & -7\end{pmatrix}$.

解　MATLAB命令为

```
A= [1,3,7;-3,9,-1];B= [2,3,-2;-1,6,-7];
A+ B←┘
ans=
  3   6    5
-4  15  -8
```

例 2.7.6　计算$5\begin{pmatrix}1 & 2 & 3\\ 3 & 5 & 1\end{pmatrix}$.

解　MATLAB命令为

```
A= [1,2,3;3,5,1];
5 * A←┘
ans=
      5  10  15
     15  25   5
```

例 2.7.7　求向量$(\boldsymbol{a},\boldsymbol{b},\boldsymbol{c})$与矩阵$\begin{pmatrix}1 & 2\\ 3 & 4\\ 5 & 6\end{pmatrix}$的乘积.

解　MATLAB命令为

```
symsa b c
v= [abc];                    % 向量可以看成特殊的矩阵
A1= sym([12;34;56]);         % 或用 A1= [12;34;56];
V * A1←┘
ans=
      [a+ 3 * b+ 5 * c,2 * a+ 4 * b+ 6 * c]
```

例 2.7.8　求矩阵$\begin{pmatrix}1 & 3 & 0\\ -2 & -1 & 1\end{pmatrix}$与$\begin{pmatrix}1 & 3 & -1 & 0\\ 0 & -1 & 2 & 1\\ 2 & 4 & 0 & 1\end{pmatrix}$的乘积.

解　MATLAB命令为

```
A= [130;-2;-11];
B= [13-10;-121;2401];
A * B←┘
```

```
ans=
1   0 5 3
0  -1 0 0
```

例 2.7.9　求矩阵$\begin{pmatrix}1 & 2 & 3 & 4\\ 2 & 3 & 1 & 2\\ 1 & 0 & -2 & -6\end{pmatrix}$的逆.

解　MATLAB 命令为

```
A= [1234;2312;111-1;10-2-6];
A^(-1)←┘
ans=
      22.0000   -6.0000  -26.0000   17.0000
     -17.0000   5.0000    20.0000  -13.0000
      -1.0000  -0.0000    2.0000    -1.0000
       4.0000  -1.0000   -5.0000    3.0000
```

例 2.7.10　求矩阵$\begin{pmatrix}a & b\\ c & d\end{pmatrix}$的逆.

解　MATLAB 命令为

```
syms a b c d          % a,b,c,d 为未知量,故必须定义为符号变量,否则不能计算
A= [ab;cd];
inv(A)←┘
ans=
     [d/(a*d-b*c),-b/(a*b-b*c)]
     [-c/(a*d-b*c),a/(a*d-b*c)]
```

例 2.7.11　求矩阵$\boldsymbol{A}=\begin{pmatrix}1 & 2 & 3 & 4\\ 2 & 3 & 4 & 5\\ 3 & 4 & 5 & 6\end{pmatrix}$的转置.

解　MATLAB 命令为

```
A= [1234;2345;3456];
A'←┘
ans=
     1  2  3
     2  3  4
     3  4  5
     4  5  6
```

例 2.7.12　$\boldsymbol{A}=\begin{pmatrix}a & b\\ c & d\end{pmatrix}$,求 $\boldsymbol{A}$ 的行列式.

解　MATLAB 命令为

```
syms a b c d
A= [ab;cd];
det(A)←┘
ans=
a* d−b* c
```

例 2.7.13　求矩阵$\begin{pmatrix}4&1&2&4\\1&2&0&2\\10&5&2&0\\0&1&1&7\end{pmatrix}$的行列式.

解　MATLAB 命令为

```
A= [4124;1202;10520;0117];
det(A)←┘
ans=
      0
```

例 2.7.14　求矩阵$\begin{pmatrix}1&3\\2&1\end{pmatrix}$的 6 次幂.

解　MATLAB 命令为

```
A= [13;21];
A^6←┘
ans=
847  1026
684  847
```

例 2.7.15　求矩阵$\begin{pmatrix}a&1&0\\0&a&1\\0&0&a\end{pmatrix}$的 2 次幂与 3 次幂.

解　MATLAB 命令为

```
syms a
A= [a10;0a1;00a];
A^2←┘
ans=
[a^2;2* a,1]
[0,a^2,2* a]
[0,0,a^2]
A^3
ans=
[a^3,3* a^2,3* a]
[0,a^3,3* a^2]
```

```
[0,0,a^3]
```

例 2.7.16　求矩阵$\begin{pmatrix}4&1&2&4\\1&2&0&2\\10&5&2&0\\0&1&1&7\end{pmatrix}$的秩与行最简形.

解　MATLAB 命令为

```
A= [4124;1202;10520;0117];
rreg(A)←┘
ans=
1  0  0  -2
0  1  0   2
0  0  1   5
0  0  0   0
rank(A)
ans=
       3
```

课程思政

王元　数学家，中国科学院院士. 20 世纪 50 年代至 60 年代初，王元首先在中国将筛法用于哥德巴赫猜想研究，并证明了命题{3,4}，1957 年又证明{2,3}.1973 年，王元与华罗庚合作证明用分圆域的独立单位系构造高维单位立方体的一致分布点贯的一般定理.70 年代后期，王元对数论在近似分析中的应用做了系统总结.80 年代，王元将施密特定理推广到任何代数数域，在丢番图不等式组等方面做出贡献.

总复习题

第一部分：基础题

一、填空题

1. 设 $\boldsymbol{A},\boldsymbol{B},\boldsymbol{C}$ 均为 n 阶方阵，且 $\boldsymbol{AB}=\boldsymbol{BC}=\boldsymbol{CA}=\boldsymbol{E}$，则 $\boldsymbol{A}^2+\boldsymbol{B}^2+\boldsymbol{C}^2=$________.

2. 设 $\boldsymbol{A}$ 为 n 阶矩阵，若 $|\boldsymbol{A}|=m$，则 $\left|2|\boldsymbol{A}|\boldsymbol{A}^{\mathrm{T}}\right|=$________.

3. 设 $\boldsymbol{A}$ 为三阶方阵，且 $|\boldsymbol{A}|=\dfrac{1}{2}$，则 $|3\boldsymbol{A}^{-1}-2\boldsymbol{A}^*|=$________.

4. 已知 $\boldsymbol{A}=\begin{pmatrix}3&0&0\\1&4&0\\0&0&3\end{pmatrix}$，则 $(\boldsymbol{A}-2\boldsymbol{E})^{-1}=$________.

5. $\begin{pmatrix}1&1\\0&0\end{pmatrix}^n=$________.

6. 设 $\boldsymbol{A}=\begin{pmatrix}1&-1\\0&1\end{pmatrix}$，则 $(2\boldsymbol{A})^{-1}=$________.

7. 设矩阵 $\boldsymbol{A}=\begin{pmatrix}1&0&0\\2&2&0\\3&4&5\end{pmatrix}$，则 $(\boldsymbol{A}^{-1})^*=$________.

8. 若 n 阶方阵 $\boldsymbol{A},\boldsymbol{B}$ 满足 $\boldsymbol{AB}=\boldsymbol{A}+\boldsymbol{B}$，则 $(\boldsymbol{A}-\boldsymbol{E})^{-1}=$________.

9. 设矩阵 $\boldsymbol{A}=\begin{pmatrix}1&0&1\\0&2&0\\-1&0&1\end{pmatrix}$，矩阵 $\boldsymbol{X}$ 满足 $\boldsymbol{AX}+\boldsymbol{E}=\boldsymbol{A}^2+\boldsymbol{X}$，则 $\boldsymbol{X}=$________.

10. 设矩阵 $\boldsymbol{A}=\begin{pmatrix}1&2&0\\3&1&2\\0&1&1\end{pmatrix}$，三阶方阵 $\boldsymbol{B}$ 的秩为 2，则 $\boldsymbol{AB}$ 的秩 $R(\boldsymbol{AB})=$________.

二、单项选择题

1. 下列命题成立的是（　　）.

A. 若 $\boldsymbol{AB}=\boldsymbol{AC}$，则 $\boldsymbol{B}=\boldsymbol{C}$　　B. 若 $\boldsymbol{A}\neq\boldsymbol{O}$，则 $|\boldsymbol{A}|\neq 0$

C. 若 $\boldsymbol{AB}=\boldsymbol{O}$，则 $\boldsymbol{A}=\boldsymbol{O}$ 或 $\boldsymbol{B}=\boldsymbol{O}$　　D. 若 $|\boldsymbol{A}|\neq 0$，则 $\boldsymbol{A}\neq\boldsymbol{O}$

2. 设 $\boldsymbol{A},\boldsymbol{B},\boldsymbol{C}$ 均为 n 阶矩阵，且 $\boldsymbol{AB}=\boldsymbol{BA}$，$\boldsymbol{AC}=\boldsymbol{CA}$，则 $\boldsymbol{ABC}=$（　　）.

A. $\boldsymbol{ACB}$　　B. $\boldsymbol{CBA}$　　C. $\boldsymbol{BCA}$　　D. $\boldsymbol{CAB}$

3. 设 $\boldsymbol{A},\boldsymbol{B}$ 均为 n 阶可逆矩阵，则（　　）.

A. $\boldsymbol{A}+\boldsymbol{B}$ 可逆，且 $(\boldsymbol{A}+\boldsymbol{B})^{-1}=\boldsymbol{A}^{-1}+\boldsymbol{B}^{-1}$

B. $k\boldsymbol{A}$ 可逆，且 $(k\boldsymbol{A})^{-1}=k\boldsymbol{A}^{-1}$

C. $\boldsymbol{AB}$ 可逆，且 $(\boldsymbol{AB})^{-1}=\boldsymbol{A}^{-1}\boldsymbol{B}^{-1}$

D. $\begin{pmatrix}\boldsymbol{A}&\boldsymbol{O}\\\boldsymbol{O}&\boldsymbol{B}\end{pmatrix}$ 可逆，且 $\begin{pmatrix}\boldsymbol{A}&\boldsymbol{O}\\\boldsymbol{O}&\boldsymbol{B}\end{pmatrix}^{-1}=\begin{pmatrix}\boldsymbol{A}^{-1}&\boldsymbol{O}\\\boldsymbol{O}&\boldsymbol{B}^{-1}\end{pmatrix}$

4. 设 $\boldsymbol{A}$ 为 $m\times n$ 矩阵，$R(\boldsymbol{A})=r$，已知 $r<m$，$r<n$，则（　　）.

A. $\boldsymbol{A}$ 中任意 r 阶子式不等于零

B. $\boldsymbol{A}$ 中任意 $r+1$ 阶子式都等于零

C. $\boldsymbol{A}$ 中任意 $r-1$ 阶子式不等于零

D. $\boldsymbol{A}$ 中任意 $r-1$ 阶子式都等于零

5. 设 $\boldsymbol{A},\boldsymbol{B}$ 均为 $n(n\geqslant 3)$ 阶矩阵，且 $R(\boldsymbol{A})=3$，$R(\boldsymbol{B})=2$，则（　　）.

A. $R(\boldsymbol{AB})=3$　　B. $R(\boldsymbol{AB})=2$　　C. $R(\boldsymbol{AB})\geqslant 2$　　D. $R(\boldsymbol{AB})\leqslant 2$

三、计算题

1. 已知矩阵$\boldsymbol{A}=\begin{pmatrix}2&4&1\\-1&-2&0\\3&0&3\end{pmatrix}$,$\boldsymbol{B}=\begin{pmatrix}3&-4&-1\\1&0&2\\-3&1&1\end{pmatrix}$,求$\boldsymbol{A}-3\boldsymbol{B}$.

2. 已知矩阵$\boldsymbol{A}=\begin{pmatrix}2&-1&3&0\\1&0&2&4\\-3&5&2&3\end{pmatrix}$,$\boldsymbol{B}=\begin{pmatrix}1&3&-2&0\\2&0&1&-1\end{pmatrix}$,求$\boldsymbol{AB}^{\mathrm{T}}$.

3. 已知矩阵$\boldsymbol{A}=\begin{pmatrix}6&0&0&0&0&0\\0&1&0&0&0&0\\0&1&1&0&0&0\\0&1&1&1&0&0\\0&0&0&0&1&2\\0&0&0&0&2&3\end{pmatrix}$,求$\boldsymbol{A}^{-1}$.

4. 利用矩阵的初等变换,求矩阵$\boldsymbol{A}=\begin{pmatrix}3&-2&0&-1\\0&2&2&1\\1&-2&-3&-2\\0&1&2&1\end{pmatrix}$的逆.

5. 设矩阵$\boldsymbol{A}=\begin{pmatrix}1&-2&-1&0&2\\-2&4&2&6&-6\\2&-1&0&2&3\\3&3&3&3&4\end{pmatrix}$,求矩阵$\boldsymbol{A}$的秩.

四、解答题

1. 利用矩阵的初等行变换求解矩阵方程$\boldsymbol{AX}=2\boldsymbol{X}+\boldsymbol{B}$,其中矩阵

$$\boldsymbol{A}=\begin{pmatrix}6&2&3\\3&3&2\\2&1&3\end{pmatrix},\boldsymbol{B}=\begin{pmatrix}2&3&1\\1&0&-1\\-1&1&0\end{pmatrix}$$

2. 设矩阵$\boldsymbol{A}=\begin{pmatrix}2&2&3\\1&-1&0\\-1&2&1\end{pmatrix}$,$\boldsymbol{B}=\begin{pmatrix}1&1&-1\\2&1&0\\7&-1&0\end{pmatrix}$,计算行列式$\left|\left(\frac{1}{5}\boldsymbol{A}\right)^{-1}-\boldsymbol{A}^{*}\boldsymbol{B}^{-1}\left(\frac{\boldsymbol{A}}{|\boldsymbol{A}|}\right)\boldsymbol{B}\right|$.

五、证明题

1. 证明:对任意$m\times n$矩阵,$\boldsymbol{A}^{\mathrm{T}}\boldsymbol{A}$及$\boldsymbol{AA}^{\mathrm{T}}$都是对称矩阵.

2. 设$\boldsymbol{A},\boldsymbol{B}$均为$n$阶矩阵,如果$\boldsymbol{AB}=\boldsymbol{O}$,且$\boldsymbol{A}+\boldsymbol{B}=\boldsymbol{E}$,证明$R(\boldsymbol{A})+R(\boldsymbol{B})=n$.

第二部分:拓展题

1. 设$\boldsymbol{A},\boldsymbol{B}$为$n$阶方阵,$2\boldsymbol{A}-\boldsymbol{B}=\boldsymbol{E}$,证明$\boldsymbol{A}^2=\boldsymbol{A}$的充分必要条件是$\boldsymbol{B}^2=\boldsymbol{E}$.

2. 设$\boldsymbol{A}$是反对称矩阵,$\boldsymbol{B}$是对称矩阵.证明:

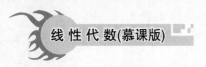

(1) $\boldsymbol{A}^2$ 是对称矩阵；

(2) $\boldsymbol{AB}-\boldsymbol{BA}$ 是对称矩阵；

(3) $\boldsymbol{AB}$ 是反对称矩阵的充分必要条件是 $\boldsymbol{AB}=\boldsymbol{BA}$.

3. 设 $\boldsymbol{A}$ 为 n 阶矩阵，且 $\boldsymbol{A}^*$ 为 $\boldsymbol{A}$ 的伴随矩阵，且 $\boldsymbol{AA}^*=3\boldsymbol{E}$，求 $|8\boldsymbol{A}^{-1}-3\boldsymbol{A}^*|$.

4. 设矩阵 $\boldsymbol{A}=\begin{pmatrix}1 & -1 & 1\\ 1 & 1 & 0\\ 2 & 1 & 1\end{pmatrix}$，矩阵 $\boldsymbol{B}$ 满足 $\boldsymbol{AB}+4\boldsymbol{E}=\boldsymbol{A}^2-2\boldsymbol{B}$，求矩阵 $\boldsymbol{B}$.

5. 设 $\boldsymbol{A},\boldsymbol{B}$ 为三阶矩阵，且 $|\boldsymbol{A}|=3$，$|\boldsymbol{B}|=2$，$|\boldsymbol{A}^{-1}+\boldsymbol{B}|=2$，求 $|\boldsymbol{A}+\boldsymbol{B}^{-1}|$.

6. 设 $\boldsymbol{A}$ 为三阶矩阵，且 $|\boldsymbol{A}|=3$，$\boldsymbol{A}^*$ 为 $\boldsymbol{A}$ 的伴随矩阵，若交换 $\boldsymbol{A}$ 的第一行与第二行得矩阵 $\boldsymbol{B}$，求 $|\boldsymbol{BA}^*|$.

7. 设矩阵 $\boldsymbol{A}=\begin{pmatrix}0 & 1 & 0 & 0\\ 0 & 0 & 1 & 0\\ 0 & 0 & 0 & 0\\ 0 & 0 & 0 & 1\end{pmatrix}$，求 $R(\boldsymbol{A})$.

8. 设 $\boldsymbol{P}=\begin{pmatrix}\boldsymbol{A} & \boldsymbol{C}\\ \boldsymbol{O} & \boldsymbol{B}\end{pmatrix}$ 是一个 n 阶方阵，$\boldsymbol{A},\boldsymbol{B}$ 分别为 r,s 阶可逆矩阵，$r+s=n$. 证明：$\boldsymbol{P}$ 可逆，并求 $\boldsymbol{P}^{-1}$.

第三部分：考研真题

一、填空题

1. (2013 年，数学三)设 $\boldsymbol{A}=(a_{ij})$ 是三阶非零矩阵，$|\boldsymbol{A}|$ 为 $\boldsymbol{A}$ 的行列式，$\boldsymbol{A}_{ij}$ 为 a_{ij} 的代数余子式.若 $a_{ij}+\boldsymbol{A}_{ij}=0(i,j=1,2,3)$，则 $|\boldsymbol{A}|=$________.

2. (2004 年，数学二)设矩阵 $\boldsymbol{A}=\begin{pmatrix}2 & 1 & 0\\ 1 & 2 & 0\\ 0 & 0 & 1\end{pmatrix}$，矩阵 $\boldsymbol{B}$ 满足 $\boldsymbol{ABA}^*=2\boldsymbol{BA}^*+\boldsymbol{E}$，其中 $\boldsymbol{A}^*$ 为 $\boldsymbol{A}$ 的伴随矩阵，$\boldsymbol{E}$ 是单位矩阵，则 $|\boldsymbol{B}|=$ ________.

3. (2019 年，数学二)已知矩阵 $\boldsymbol{A}=\begin{pmatrix}1 & -1 & 0 & 0\\ -2 & 1 & -1 & 1\\ 3 & -2 & 2 & -1\\ 0 & 0 & 3 & 4\end{pmatrix}$，$\boldsymbol{A}_{ij}$ 表示 $|\boldsymbol{A}|$ 中 (i,j) 元的代数余子式，则 $\boldsymbol{A}_{11}-\boldsymbol{A}_{12}=$________.

4. (1991 年，数学三)设 $\boldsymbol{A}$ 和 $\boldsymbol{B}$ 为可逆矩阵，$\boldsymbol{X}=\begin{pmatrix}\boldsymbol{0} & \boldsymbol{A}\\ \boldsymbol{B} & \boldsymbol{0}\end{pmatrix}$ 为分块矩阵，则 $\boldsymbol{X}^{-1}=$________.

5. (1996 年，数学一)设 $\boldsymbol{A}$ 是 4×3 矩阵，且 $\boldsymbol{A}$ 的秩 $R(\boldsymbol{A})=2$，而 $\boldsymbol{B}=\begin{pmatrix}1 & 0 & 2\\ 0 & 2 & 0\\ -1 & 0 & 3\end{pmatrix}$，则 $R(\boldsymbol{AB})=$________.

6. (1993 年,数学三)设四阶方阵 $\boldsymbol{A}$ 的秩为 2,则其伴随矩阵 $\boldsymbol{A}^*$ 的秩为________.

7. (1995 年,数学三)设 $\begin{pmatrix}1&0&0\\2&2&0\\3&4&5\end{pmatrix}$,$\boldsymbol{A}^*$ 是 $\boldsymbol{A}$ 的伴随矩阵,则$(\boldsymbol{A}^*)^{-1}$________.

8. (1991 年,数学一)设四阶方阵 $\boldsymbol{A}=\begin{pmatrix}5&2&0&0\\2&1&0&0\\0&0&1&-2\\0&0&1&1\end{pmatrix}$,则 $\boldsymbol{A}$ 的逆矩阵 $\boldsymbol{A}^{-1}=$________.

二、单项选择题

1. (2009 年,数学二)设 $\boldsymbol{A},\boldsymbol{B}$ 均为二阶矩阵,若 $|\boldsymbol{A}|=2,|\boldsymbol{B}|=3$,则分块矩阵 $\begin{pmatrix}\boldsymbol{O}&\boldsymbol{A}\\\boldsymbol{B}&\boldsymbol{O}\end{pmatrix}$ 的伴随矩阵为(   ).

A. $\begin{pmatrix}\boldsymbol{O}&3\boldsymbol{B}^*\\2\boldsymbol{A}^*&\boldsymbol{O}\end{pmatrix}$ B. $\begin{pmatrix}\boldsymbol{O}&2\boldsymbol{B}^*\\3\boldsymbol{A}^*&\boldsymbol{O}\end{pmatrix}$

C. $\begin{pmatrix}\boldsymbol{O}&3\boldsymbol{A}^*\\2\boldsymbol{B}^*&\boldsymbol{O}\end{pmatrix}$ D. $\begin{pmatrix}\boldsymbol{O}&2\boldsymbol{A}^*\\3\boldsymbol{B}^*&\boldsymbol{O}\end{pmatrix}$

2. (2011 年,数学一) 设 $\boldsymbol{A}$ 为三阶矩阵,将 $\boldsymbol{A}$ 的第二列加到第一列得矩阵 $\boldsymbol{B}$,再交换 $\boldsymbol{B}$ 的第二行与第三行得单位矩阵,记 $\boldsymbol{P}_1=\begin{pmatrix}1&0&0\\1&1&0\\0&0&1\end{pmatrix}$,$\boldsymbol{P}_2=\begin{pmatrix}1&0&0\\0&0&1\\0&1&0\end{pmatrix}$,则 $\boldsymbol{A}=$(   ).

A. $\boldsymbol{P}_1\boldsymbol{P}_2$.   B. $\boldsymbol{P}_1^{-1}\boldsymbol{P}_2$.   C. $\boldsymbol{P}_2\boldsymbol{P}_1$.   D. $\boldsymbol{P}_2\boldsymbol{P}_1^{-1}$.

3. (2012 年,数学一)设 $\boldsymbol{A}$ 为三阶矩阵,$\boldsymbol{P}$ 为三阶可逆矩阵,且 $\boldsymbol{P}^{-1}\boldsymbol{A}\boldsymbol{P}=\begin{pmatrix}1&&\\&1&\\&&2\end{pmatrix}$,$\boldsymbol{P}=(\boldsymbol{\alpha}_1,\boldsymbol{\alpha}_2,\boldsymbol{\alpha}_3)$,$\boldsymbol{Q}=(\boldsymbol{\alpha}_1+\boldsymbol{\alpha}_2,\boldsymbol{\alpha}_2,\boldsymbol{\alpha}_3)$,则 $\boldsymbol{Q}^{-1}\boldsymbol{A}\boldsymbol{Q}=$(   ).

A. $\begin{pmatrix}1&&\\&2&\\&&1\end{pmatrix}$ B. $\begin{pmatrix}1&&\\&1&\\&&2\end{pmatrix}$ C. $\begin{pmatrix}2&&\\&1&\\&&2\end{pmatrix}$ D. $\begin{pmatrix}2&&\\&2&\\&&1\end{pmatrix}$

4. (2004 年,数学一)设 $\boldsymbol{A}$ 是三阶方阵,将 $\boldsymbol{A}$ 的第一列与第二列交换得 $\boldsymbol{B}$,再把 $\boldsymbol{B}$ 的第二列加到第三列得 $\boldsymbol{C}$,则满足 $\boldsymbol{A}\boldsymbol{Q}=\boldsymbol{C}$ 的可逆矩阵 $\boldsymbol{Q}$ 为(   ).

A. $\begin{pmatrix}0&1&0\\1&0&0\\1&0&1\end{pmatrix}$ B. $\begin{pmatrix}0&1&0\\1&0&1\\0&0&1\end{pmatrix}$ C. $\begin{pmatrix}0&1&0\\1&0&0\\0&1&1\end{pmatrix}$ D. $\begin{pmatrix}0&1&1\\1&0&0\\0&0&1\end{pmatrix}$

5. (2017 年,数学二)设 $\boldsymbol{A}$ 为三阶矩阵,$\boldsymbol{P}=(\boldsymbol{\alpha}_1,\boldsymbol{\alpha}_2,\boldsymbol{\alpha}_3)$ 为可逆矩阵,使得 $\boldsymbol{P}^{-1}\boldsymbol{A}\boldsymbol{P}=\begin{pmatrix}0&0&0\\0&1&0\\0&0&2\end{pmatrix}$,则 $\boldsymbol{A}(\boldsymbol{\alpha}_1+\boldsymbol{\alpha}_2+\boldsymbol{\alpha}_3)=$(   ).

A. $\boldsymbol{\alpha}_1+\boldsymbol{\alpha}_2$　　B. $\boldsymbol{\alpha}_2+2\boldsymbol{\alpha}_3$　　C. $\boldsymbol{\alpha}_2+\boldsymbol{\alpha}_3$　　D. $\boldsymbol{\alpha}_1+2\boldsymbol{\alpha}_2$

6.(2018 年,数学二)设 $\boldsymbol{A},\boldsymbol{B}$ 为 n 阶矩阵,记 $r(\boldsymbol{X})$ 为矩阵的秩,$(\boldsymbol{X},\boldsymbol{Y})$ 表示分块矩阵,则(　　).

A. $r(\boldsymbol{A},\boldsymbol{AB})=r(\boldsymbol{A})$　　B. $r(\boldsymbol{A},\boldsymbol{BA})=r(\boldsymbol{A})$

C. $r(\boldsymbol{A},\boldsymbol{B})=\max\{r(\boldsymbol{A}),r(\boldsymbol{B})\}$　　D. $r(\boldsymbol{A},\boldsymbol{B})=r(\boldsymbol{A}^{\mathrm{T}},\boldsymbol{B}^{\mathrm{T}})$

三、解答题

1.(2002 年,数学二)已知 $\boldsymbol{A},\boldsymbol{B}$ 为 3 阶矩阵,且满足 $2\boldsymbol{A}^{-1}\boldsymbol{B}=\boldsymbol{B}-4\boldsymbol{E}$,其中 $\boldsymbol{E}$ 是三阶单位矩阵.

(1)证明:矩阵 $\boldsymbol{A}-2\boldsymbol{E}$ 可逆;

(2)若 $\boldsymbol{B}=\begin{pmatrix}1&-2&0\\1&2&0\\0&0&2\end{pmatrix}$,求矩阵 $\boldsymbol{A}$.

2.(2018 年,数学二)已知 a 是常数,且矩阵 $\boldsymbol{A}=\begin{pmatrix}1&2&a\\1&3&0\\2&7&-a\end{pmatrix}$ 可经初等列变换化为矩阵 $\boldsymbol{B}=\begin{pmatrix}1&a&2\\0&1&1\\-1&1&1\end{pmatrix}$,求 a.

第3章 向量与线性方程组

本章要点：讨论线性方程组有解的条件、解的性质和求解方法.为了在理论上深入地讨论上述问题，本章首先引入向量的概念，研究向量空间的线性关系和相关性质.

向量及向量空间是数学中最基本的概念，也是线性代数最核心的内容，其理论与方法在科学技术和经济管理中的许多领域都有广泛的应用.许多实际问题往往可以转化为解线性方程组，借助向量和向量空间可以进一步加深对线性方程组的理解.

本章知识结构导图

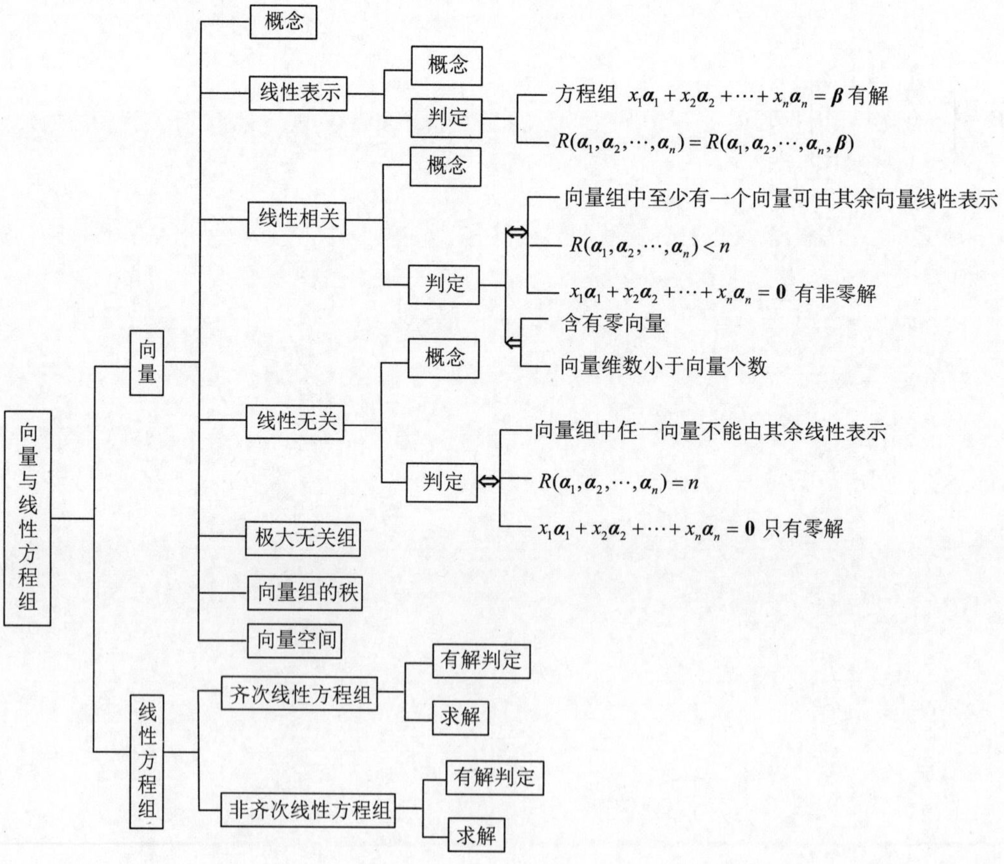

3.1　线性方程组解的判定

本节要求： 通过本节的学习，学生应会用消元法解线性方程组，结合矩阵的初等行变换，得出线性方程组解的判定定理.

3.1.1　线性方程组的求解

关于线性方程组及其解的概念在第 1 章中已有介绍，克拉默法则可以用于线性方程组解的判定和求解，但是它只能解决方程个数与未知数个数相等的，且系数行列式不为零的线性方程组。这里介绍一般的线性方程组，其形式为

$$\begin{cases} a_{11}x_1+a_{12}x_2+\cdots+a_{1n}x_n=b_1 \\ a_{21}x_1+a_{22}x_2+\cdots+a_{2n}x_n=b_2 \\ \quad\vdots \\ a_{m1}x_1+a_{m2}x_2+\cdots+a_{mn}x_n=b_m \end{cases} \tag{3.1.1}$$

按照矩阵乘法可以写成：

$$\begin{pmatrix} a_{11} & a_{12} & \cdots & a_{1n} \\ a_{21} & a_{22} & \cdots & a_{2n} \\ \vdots & \vdots & & \vdots \\ a_{m1} & a_{m2} & \cdots & a_{mn} \end{pmatrix}\begin{pmatrix} x_1 \\ x_2 \\ \vdots \\ x_n \end{pmatrix}=\begin{pmatrix} b_1 \\ b_2 \\ \vdots \\ b_m \end{pmatrix}$$

称矩阵 $\boldsymbol{A}=\begin{pmatrix} a_{11} & a_{12} & \cdots & a_{1n} \\ a_{21} & a_{22} & \cdots & a_{2n} \\ \vdots & \vdots & & \vdots \\ a_{m1} & a_{m2} & \cdots & a_{mn} \end{pmatrix}$ 为系数矩阵，$\boldsymbol{b}=\begin{pmatrix} b_1 \\ b_2 \\ \vdots \\ b_m \end{pmatrix}$ 为常数项矩阵，$\boldsymbol{x}=\begin{pmatrix} x_1 \\ x_2 \\ \vdots \\ x_n \end{pmatrix}$ 为未知量矩阵，则方程组(3.1.1)可以写成如下形式：

$$\boldsymbol{Ax}=\boldsymbol{b} \tag{3.1.2}$$

若 $\boldsymbol{b}=\boldsymbol{0}$，即 $\boldsymbol{Ax}=\boldsymbol{0}$ 称为齐次线性方程组；若 $\boldsymbol{b}\neq\boldsymbol{0}$，$\boldsymbol{Ax}=\boldsymbol{b}$，则称为非齐次线性方程组.记 $\overline{\boldsymbol{A}}=(\boldsymbol{A}\,|\,\boldsymbol{b})$，称 $\overline{\boldsymbol{A}}$ 为方程组(3.1.2)的增广矩阵.

怎样利用增广矩阵来判断线性方程组是否有解呢？为了弄清这个问题，我们先用消元法解线性方程组.

例 3.1.1　解方程组 $\begin{cases} 2x_1-x_2+3x_3=1 \\ 4x_1+2x_2+5x_3=4 \\ 2x_1\qquad\ +2x_3=6 \end{cases}$.

解　把方程组的第二个方程减去第一个方程的 2 倍；第三个方程减去第一个方程，消去两个方程中的变量 x_1 得

$$\begin{cases}2x_1-x_2+3x_3=1\\ \quad 4x_2-x_3=2\\ \quad x_2-x_3=5\end{cases}$$

互换第二个方程及第三个方程的位置得

$$\begin{cases}2x_1-x_2+3x_3=1\\ \quad x_2-x_3=5\\ \quad 4x_2-x_3=2\end{cases}$$

将方程组中的第三个方程减去第二个方程的-4倍，消去第三个方程中的变量x_2得

$$\begin{cases}2x_1-x_2+3x_3=1\\ \quad x_2-x_3=5\\ \quad 3x_3=-18\end{cases}$$

由第三个方程得$x_3=-6$，将其代入第二个方程得$x_2=-1$，再代入第一个方程得$x_1=9$，即

$$\begin{cases}x_1=9\\ x_2=-1\\ x_3=-6\end{cases}$$

用消元法解例 3.1.1 方程组的过程中用到了以下三种变换：

(1) 互换两个方程的位置；

(2) 用非零数乘某个方程；

(3) 将某个方程的若干倍加到另一个方程.

我们把这三种变换称为解线性方程组的**初等变换**.可见，线性方程组的初等变换可以把一个线性方程组变为一个与它同解的线性方程组.

上述利用消元法对线性方程组求解的过程中，实质上对方程组的增广矩阵$\bar{\boldsymbol{A}}$做了如下初等变换：

$$\bar{\boldsymbol{A}}\xrightarrow{r}\left(\begin{array}{ccc:c}2&-1&3&1\\0&1&-1&5\\0&0&3&-18\end{array}\right)\xrightarrow{r}\left(\begin{array}{ccc:c}1&0&0&9\\0&1&0&-1\\0&0&1&-6\end{array}\right)$$

观察增广矩阵的变化不难发现，求解线性方程组的消元法，其实质就是利用矩阵的初等行变换将增广矩阵化为行最简形.

当然，并不是所有的线性方程组都有解，即使有解，其解可能唯一，也可能不唯一.下面介绍线性方程组有解的判断定理.

3.1.2 线性方程组有解的判定定理

利用系数矩阵$\boldsymbol{A}$和增广矩阵$\bar{\boldsymbol{A}}$的秩，可以方便地讨论线性方程组解的状况.

定理 3.1.1 n元线性方程组$\boldsymbol{A}_{m\times n}\boldsymbol{x}=\boldsymbol{b}$：

(1) 有解的充分必要条件是$R(\boldsymbol{A})=R(\bar{\boldsymbol{A}})$，其中若$R(\boldsymbol{A})=R(\bar{\boldsymbol{A}})=n$，则有唯一解；若$R(\boldsymbol{A})=R(\bar{\boldsymbol{A}})<n$，则有无穷多个解.

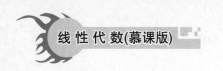

(2) 无解的充分必要条件是 $R(\mathbf{A})<R(\bar{\mathbf{A}})$.

证明 设 $R(\mathbf{A})=r$，且 $\mathbf{A}$ 的左上角 r 阶子式 $D_r\neq 0$，则将 $\mathbf{A}$ 化为行最简形，可得

$$\bar{\mathbf{A}}\xrightarrow{r}\begin{pmatrix}1 & 0 & \cdots & 0 & b_{1,r+1} & \cdots & b_{1n} & d_1\\ 0 & 1 & \cdots & 0 & b_{2,r+1} & \cdots & b_{2n} & d_2\\ \vdots & \vdots & & \vdots & \vdots & & \vdots & \vdots\\ 0 & 0 & \cdots & 1 & b_{r,r+1} & \cdots & b_{rn} & d_r\\ 0 & 0 & \cdots & 0 & 0 & \cdots & 0 & d_{r+1}\\ \vdots & \vdots & & \vdots & \vdots & & \vdots & \vdots\\ 0 & 0 & \cdots & 0 & 0 & \cdots & 0 & 0\end{pmatrix}$$

即 $\mathbf{A}\boldsymbol{x}=\boldsymbol{b}$ 的同解方程组为

$$\begin{cases}x_1+b_{1,r+1}x_{r+1}+\cdots+b_{1n}x_n=d_1\\ x_2+b_{2,r+1}x_{r+1}+\cdots+b_{2n}x_n=d_2\\ \quad\vdots\\ x_r+b_{r,r+1}x_{r+1}+\cdots+b_{rn}x_n=d_r\\ 0=d_{r+1}\end{cases}\tag{3.1.3}$$

若 $d_{r+1}\neq 0$，则 $R(\bar{\mathbf{A}})=r+1>r=R(\mathbf{A})$，方程组(3.1.3)无解；若 $d_{r+1}=0$，则 $R(\bar{\mathbf{A}})=r=R(\mathbf{A})$，方程组(3.1.3)有解. 其中：

(1) 当 $r=n$ 时，方程组(3.1.3)化为

$$x_1=d_1,\ x_2=d_2,\ \cdots,\ x_n=d_n$$

此时方程组有唯一解；

(2) 当 $r<n$ 时，方程组(3.1.3)化为

$$\begin{cases}x_1=d_1-b_{1,r+1}x_{r+1}-\cdots-b_{1n}x_n\\ x_2=d_2-b_{2,r+1}x_{r+1}-\cdots-b_{2n}x_n\\ \quad\vdots\\ x_r=d_r-b_{r,r+1}x_{r+1}-\cdots-b_{rn}x_n\end{cases}$$

此时方程组有一般解，即

$$\begin{cases}x_1 &=d_1-b_{1,r+1}k_1-\cdots-b_{1n}k_{n-r}\\ x_2 &=d_2-b_{2,r+1}k_1-\cdots-b_{2n}k_{n-r}\\ & \quad\vdots\\ x_r &=d_r-b_{r,r+1}k_1-\cdots-b_{rn}k_{n-r}\\ x_{r+1} &= k_1\\ & \quad\vdots\\ x_n &= k_{n-r}\end{cases}$$

其中 $k_1,k_2,\cdots,k_{n-r}$ 为任意常数.

定理 3.1.1 的证明过程同时也给出了求解线性方程组的步骤，现将其归纳如下.

第一步，判断方程组解的情况. 对于 n 元非齐次线性方程组，将其增广矩阵 $\bar{\mathbf{A}}$ 化为行阶梯

形，若 $R(\mathbf{A})<R(\bar{\mathbf{A}})$，方程组无解；若 $R(\mathbf{A})=R(\bar{\mathbf{A}})$，方程组有解，转入下一步.

第二步，求解线性方程组.将上面得到的行阶梯形进一步化成行最简形：

(1) 当 $R(\mathbf{A})=R(\bar{\mathbf{A}})=n$ 时，通过行最简形可直接得到方程组的唯一解；

(2) 当 $R(\mathbf{A})=R(\bar{\mathbf{A}})=r<n$ 时，可将行最简形中的 r 个非零首元所表示的变量取作主变量，其余 $n-r$ 个变量取作自由变量.令自由变量分别为任意常数 $k_1,k_2,\cdots,k_{n-r}$，即可写出方程组的通解.

例 3.1.2 λ 取何值时，非齐次线性方程组

$$\begin{cases}\lambda x_1+x_2+x_3=1\\x_1+\lambda x_2+x_3=\lambda\\x_1+x_2+\lambda x_3=\lambda^2\end{cases}$$

(1) 有唯一解；(2)无解；(3)有无穷多个解.

微课：例 3.1.2

解 (1) 当系数行列式 $\begin{vmatrix}\lambda&1&1\\1&\lambda&1\\1&1&\lambda\end{vmatrix}=(\lambda-1)^2(\lambda+2)\neq 0$ 时，即 $\lambda\neq 1,\lambda\neq -2$ 时方程组有唯一解.

(2) 当 $\lambda=-2$ 时，对增广矩阵做初等行变换：

$$\bar{\mathbf{A}}=\left(\begin{array}{ccc:c}-2&1&1&1\\1&-2&1&-2\\1&1&-2&4\end{array}\right)\xrightarrow{r_1\leftrightarrow r_3}\left(\begin{array}{ccc:c}1&1&-2&4\\1&-2&1&-2\\-2&1&1&1\end{array}\right)$$

$$\xrightarrow[r_3+2r_1]{r_2-r_1}\left(\begin{array}{ccc:c}1&1&-2&4\\0&-3&3&-6\\0&3&-3&9\end{array}\right)\xrightarrow{r_3+r_2}\left(\begin{array}{ccc:c}1&1&-2&4\\0&-3&3&-6\\0&0&0&3\end{array}\right)$$

显然 $R(\mathbf{A})=2<R(\bar{\mathbf{A}})=3$，故方程组无解.

(3) 当 $\lambda=1$ 时，

$$\bar{\mathbf{A}}=\left(\begin{array}{ccc:c}1&1&1&1\\1&1&1&1\\1&1&1&1\end{array}\right)\xrightarrow{r}\left(\begin{array}{ccc:c}1&1&1&1\\0&0&0&0\\0&0&0&0\end{array}\right)$$

显然 $R(\mathbf{A})=R(\bar{\mathbf{A}})=1<3$，故方程组有无穷多个解.

例 3.1.3 求解方程组 $\begin{cases}x_1+2x_2+3x_3+4x_4=5\\2x_1+4x_2+4x_3+6x_4=8\\-x_1-2x_2-\ x_3-2x_4=-3\end{cases}$.

解 用初等行变换将增广矩阵化为行最简形：

$$\bar{\mathbf{A}}=\left(\begin{array}{cccc:c}1&2&3&4&5\\2&4&4&6&8\\-1&-2&-1&-2&-3\end{array}\right)\xrightarrow[r_3+r_1]{r_2-2r_1}\left(\begin{array}{cccc:c}1&2&3&4&5\\0&0&-2&-2&-2\\0&0&2&2&2\end{array}\right)$$

$$\xrightarrow{r_3+r_2}\left(\begin{array}{cccc:c}1&2&3&4&5\\0&0&1&1&1\\0&0&0&0&0\end{array}\right)\xrightarrow{r_1-3r_2}\left(\begin{array}{cccc:c}1&2&0&1&2\\0&0&1&1&1\\0&0&0&0&0\end{array}\right)$$

显然，$R(\boldsymbol{A})=R(\bar{\boldsymbol{A}})=2<4$，所以 $\boldsymbol{A}\boldsymbol{x}=\boldsymbol{b}$ 有无穷多解，其同解方程组为

$$\begin{cases} x_1=2-2x_2-x_4 \\ x_3=1\qquad\quad -x_4 \end{cases}$$

令 $\begin{cases} x_2=k_1 \\ x_4=k_2 \end{cases}$，得到一般解

$$\begin{cases} x_1=2-2k_1-k_2 \\ x_2=k_1 \\ x_3=1\ -k_2 \\ x_4=\ k_2 \end{cases}\qquad (k_1,k_2\ 为任意常数)$$

定理 3.1.2　n 元齐次线性方程组 $\boldsymbol{A}_{m\times n}\boldsymbol{x}=\boldsymbol{0}$：

(1) 有非零解（无穷多解）的充分必要条件是 $R(\boldsymbol{A})<n$；

(2) 只有零解的充分必要条件是 $R(\boldsymbol{A})=n$.

$\boldsymbol{A}_{n\times n}\boldsymbol{x}=\boldsymbol{0}$ 只有零解的充分必要条件请读者自行完成.

类似地，n 元齐次线性方程组的解题步骤可归纳如下.

第一步，判断方程组解的情况.对于 n 元齐次线性方程组，将其系数矩阵 $\boldsymbol{A}$ 化为行阶梯形，若 $R(\boldsymbol{A})=n$，方程组只有零解；若 $R(\boldsymbol{A})<n$，方程组有无穷多解，转入下一步.

第二步，求解线性方程组.将上面得到的行阶梯形进一步化成行最简形，将行最简形中的 r 个非零首元所表示的变量取作主变量，其余 $n-r$ 个变量取作自由变量.令自由变量分别为任意常数 $k_1,k_2,\cdots,k_{n-r}$，即可写出方程组的通解.

例 3.1.4　求解齐次线性方程组 $\begin{cases} x_1+x_2+x_3+x_4+x_5=0 \\ 3x_1+2x_2+x_3\qquad -3x_5=0 \\ \qquad x_2+2x_3+3x_4+6x_5=0 \\ 5x_1+4x_2+3x_3+2x_4+6x_5=0 \end{cases}$.

解　用初等行变换将系数矩阵化为行阶梯形

$$\boldsymbol{A}=\begin{pmatrix} 1 & 1 & 1 & 1 & 1 \\ 3 & 2 & 1 & 0 & -3 \\ 0 & 1 & 2 & 3 & 6 \\ 5 & 4 & 3 & 2 & 6 \end{pmatrix} \xrightarrow[r_4-5r_1]{r_2-3r_1} \begin{pmatrix} 1 & 1 & 1 & 1 & 1 \\ 0 & -1 & -2 & -3 & -6 \\ 0 & 1 & 2 & 3 & 6 \\ 0 & -1 & -2 & -3 & 1 \end{pmatrix}$$

$$\xrightarrow[\substack{r_4-r_2 \\ r_2\times(-1)}]{r_3+r_2} \begin{pmatrix} 1 & 1 & 1 & 1 & 1 \\ 0 & 1 & 2 & 3 & 6 \\ 0 & 0 & 0 & 0 & 0 \\ 0 & 0 & 0 & 0 & 7 \end{pmatrix} \xrightarrow[\substack{r_3\div 7 \\ r_2-6r_3 \\ r_1-r_3}]{r_3\leftrightarrow r_4} \begin{pmatrix} 1 & 1 & 1 & 1 & 0 \\ 0 & 1 & 2 & 3 & 0 \\ 0 & 0 & 0 & 0 & 1 \\ 0 & 0 & 0 & 0 & 0 \end{pmatrix}$$

显然 $R(\boldsymbol{A})=3<5$，所以方程组有无穷多解.将上述行阶梯形继续化成行最简形：

$$\boldsymbol{A}\xrightarrow{r_1-r_2}\begin{pmatrix} 1 & 0 & -1 & -2 & 0 \\ 0 & 1 & 2 & 3 & 0 \\ 0 & 0 & 0 & 0 & 1 \\ 0 & 0 & 0 & 0 & 0 \end{pmatrix}$$

其同解方程组为

$$\begin{cases}x_1=x_3+2x_4\\x_2=-2x_3-3x_4\\x_5=0\end{cases}$$

取自由变量$\begin{cases}x_3=k_1\\x_4=k_2\end{cases}$,得到一般解:

$$\begin{cases}x_1=k_1+2k_2\\x_2=-2k_1-3k_2\\x_3=k_1\\x_4=k_2\\x_5=0\end{cases}\quad(k_1,k_2\text{ 为任意常数})$$

请同学们思考,方程个数小于未知数个数的齐次线性方程组必有无穷多解,是否正确?

3.1.3 同步习题

1. 写出下列方程组的系数矩阵和增广矩阵:

(1) $\begin{cases}x_1-x_2=1\\x_2-x_3=1\\x_3-x_4=1\\x_4-x_1=-1\\x_5=0\end{cases}$;　(2) $\begin{cases}x_1-x_4+2x_5=0\\x_1-x_3+3=1\\x_2+x_3+x_4=1\\x_3+x_4-x_5=-1\\2x_1+x_4-x_5=-1\end{cases}$.

2. 判断下列线性方程组解的情况:

(1) $\begin{cases}x_1-7x_2+2x_3=8\\-5x_2+3x_3=6\\-x_1-7x_2+3x_3=7\end{cases}$;　(2) $\begin{cases}x_1+3x_2=12\\4x_1+7x_2=7\\3x_1+6x_2=9\\2x_1-3x_2=3\end{cases}$;

(3) $\begin{cases}x_1-x_2+3x_3=-1\\2x_1-x_2-x_3=4\\3x_1-2x_2+2x_3=3\\x_1-4x_3=5\end{cases}$;　(4) $\begin{cases}x_1+3x_2+x_4=0\\4x_1+x_2+x_5=0\\x_1-x_3+x_6=0\end{cases}$.

3. 方程组$\begin{cases}x_1+x_2+\lambda x_3=0\\x_1+\lambda x_2+x_3=0\\\lambda x_1+x_2+x_3=0\end{cases}$有非零解的充分必要条件是$\lambda=$________.

4. 解下列方程组:

(1) $\begin{cases}2x_1-3x_2+x_3=-5\\x_1-2x_2-x_3=-2\\4x_1-2x_2+7x_3=-7\\x_1-x_2+2x_3=-3\end{cases}$;　(2) $\begin{cases}x_1-2x_2+x_3+x_4=1\\x_1-2x_2+x_3-x_4=-1\\x_1-2x_2+x_3+5x_4=5\end{cases}$;

(3) $\begin{cases} x_1-2x_2+3x_3-4x_4=0 \\ 2x_2-x_3+x_4=0 \\ x_1+3x_2-3x_4=0 \\ x_1-4x_2+3x_3-2x_4=0 \end{cases}$；(4) $\begin{cases} x_1-x_3+x_5=0 \\ x_2-x_4+x_6=0 \\ x_1-x_2+x_5-x_6=0. \\ x_2-x_3+x_6=0 \\ x_1-x_4+x_5=0 \end{cases}$

3.2　向量及其运算

本节要求： 通过本节的学习，学生应理解向量的概念，掌握向量的加法和数乘运算法则.

在中学阶段，我们就接触过向量的概念，在建立了直角坐标系的平面上，平面上的点与以原点为起点的有向线段(向量)一一对应，平面上的点对应的二元数组称为二维向量.建立了空间直角坐标系后，空间中的有向线段对应的三元数组称为三维向量.实际应用中，有时需要用多个参数来描述物体所处的状态，例如在空中飞行的飞机，需要知道它在某个时刻的位置、速度、仰角、表面温度、压力等参数，这就需要将向量的维数增加，将二维、三维向量推广到 n 维向量.

3.2.1　向量的基本概念

定义 3.2.1　由 n 个数 $a_1,a_2,\cdots,a_n$ 构成的有序数组，称为 n 维向量.这 n 个数称为该向量的 n 个分量，第 i 个数 a_i 称为向量 $\boldsymbol{\alpha}$ 的第 i 个分量. n 维向量可写成一行，记作

$$\boldsymbol{\alpha}=(a_1,a_2,\cdots,a_n)$$

称为 n 维行向量，也就是行矩阵. n 维向量也可写成一列，记作

$$\boldsymbol{\alpha}=\begin{pmatrix} a_1 \\ a_2 \\ \vdots \\ a_n \end{pmatrix}\text{或者}\boldsymbol{\alpha}=(a_1,a_2,\cdots,a_n)^{\mathrm{T}}$$

称为列向量，也就是列矩阵.

当 a_i 均为实数时，称 $\boldsymbol{\alpha}$ 为实向量；a_i 为复数时，称 $\boldsymbol{\alpha}$ 为复向量.本书除特殊说明外，讨论的均为实向量. 本书中，列向量用 $\boldsymbol{\alpha},\boldsymbol{\beta}$ 等表示，行向量用 $\boldsymbol{\alpha}^{\mathrm{T}},\boldsymbol{\beta}^{\mathrm{T}}$ 等来表示，所讨论的向量在没有指明是行向量还是列向量时，默认为列向量.

矩阵 $\boldsymbol{A}=\begin{pmatrix} a_{11} & a_{12} & \cdots & a_{1n} \\ a_{21} & a_{22} & \cdots & a_{2n} \\ \vdots & \vdots & & \vdots \\ a_{m1} & a_{m2} & \cdots & a_{mn} \end{pmatrix}$ 可以看作由 n 个列向量 $\boldsymbol{\alpha}_1=\begin{pmatrix} a_{11} \\ a_{21} \\ \vdots \\ a_{m1} \end{pmatrix},\boldsymbol{\alpha}_2=\begin{pmatrix} a_{12} \\ a_{22} \\ \vdots \\ a_{m2} \end{pmatrix},\cdots,\boldsymbol{\alpha}_n=\begin{pmatrix} a_{1n} \\ a_{2n} \\ \vdots \\ a_{mn} \end{pmatrix}$ 组成，即 $\boldsymbol{A}=(\boldsymbol{\alpha}_1,\boldsymbol{\alpha}_2,\cdots,\boldsymbol{\alpha}_n)$. 也可以看作由 m 个行向量 $\boldsymbol{\beta}_1=(a_{11},a_{12},\cdots,a_{1n})$，

$\boldsymbol{\beta}_2=(a_{21},a_{22},\cdots,a_{2n}),\cdots,\boldsymbol{\beta}_m=(a_{m1},a_{m2},\cdots,a_{mn})$组成，即$\boldsymbol{A}=\begin{pmatrix}\boldsymbol{\beta}_1\\\boldsymbol{\beta}_2\\\vdots\\\boldsymbol{\beta}_m\end{pmatrix}$.

特别地有：

(1) 零向量$\mathbf{0}=\begin{pmatrix}0\\0\\\vdots\\0\end{pmatrix}$；

(2) 负向量$-\boldsymbol{\alpha}=\begin{pmatrix}-a_1\\-a_2\\\vdots\\-a_n\end{pmatrix}$；

(3) 向量相等：设$\boldsymbol{\alpha}=(a_1,a_2,\cdots,a_n)^{\mathrm{T}},\boldsymbol{\beta}=(b_1,b_2,\cdots,b_n)^{\mathrm{T}}$均为$n$维向量，若$a_i=b_i(i=1,2,\cdots,n)$，则称$\boldsymbol{\alpha}=\boldsymbol{\beta}$.

3.2.2 向量的运算

行向量与列向量都按矩阵的运算规则进行运算，下面以列向量为例，介绍向量的线性运算.

定义 3.2.2 向量的加法和数乘运算称为**向量的线性运算**.

设$\boldsymbol{\alpha}=(a_1,a_2,\cdots,a_n)^{\mathrm{T}},\boldsymbol{\beta}=(b_1,b_2,\cdots,b_n)^{\mathrm{T}}$均为$n$维向量，$k$为实数，则向量的线性运算规则如下：

(1) 加法$\boldsymbol{\alpha}+\boldsymbol{\beta}=(a_1+b_1,a_2+b_2,\cdots,a_n+b_n)^{\mathrm{T}}$；

(2) 数乘$k\boldsymbol{\alpha}=(ka_1,ka_2,\cdots,ka_n)^{\mathrm{T}}$.

由负向量可定义向量的减法：

$$\boldsymbol{\alpha}-\boldsymbol{\beta}=\boldsymbol{\alpha}+(-\boldsymbol{\beta})=(a_1-b_1,a_2-b_2,\cdots,a_n-b_n)^{\mathrm{T}}$$

例 3.2.1 某工厂生产3种产品，第一季度每个月的产量(单位：吨)按产品顺序用向量表示：第一个月为$\boldsymbol{\alpha}_1=(10,10,15)^{\mathrm{T}}$，第二个月为$\boldsymbol{\alpha}_2=(6,9,10)^{\mathrm{T}}$，第三个月为$\boldsymbol{\alpha}_3=(6,10,8)^{\mathrm{T}}$. 3种产品的价值(单位：万元/吨)分别为10,8,11，求：

(1) 第一季度各产品的总产量；

(2) 第一季度产品的总产值.

解 (1) 第一季度各产品的总产量为3个向量的和，记为$\boldsymbol{\alpha}$

$$\boldsymbol{\alpha}=\boldsymbol{\alpha}_1+\boldsymbol{\alpha}_2+\boldsymbol{\alpha}_3=(10,10,15)^{\mathrm{T}}+(6,9,10)^{\mathrm{T}}+(6,10,8)^{\mathrm{T}}=(22,29,33)^{\mathrm{T}}$$

即第一季度各产品的总产量分别为22吨、29吨、33吨.

(2) 记3种产品的价值为向量$\boldsymbol{\beta}=(10,8,11)$，则第一季度各产品的总产值为

$$[\boldsymbol{\beta}\boldsymbol{\alpha}]=(10,8,11)(22,29,33)^{\mathrm{T}}=10\times22+8\times29+11\times33=815$$

即第一季度各产品的总产值为815万元.

设$\boldsymbol{\alpha}=(a_1,a_2,\cdots,a_m),\boldsymbol{\beta}=(b_1,b_2,\cdots,b_m),\boldsymbol{\gamma}=(c_1,c_2,\cdots,c_m)$为$m$维向量，$k,l$是实数，

由定义不难验证向量的线性运算满足下列的运算律：

(1) $\boldsymbol{\alpha}+\boldsymbol{\beta}=\boldsymbol{\beta}+\boldsymbol{\alpha}$；　(2) $(\boldsymbol{\alpha}+\boldsymbol{\beta})+\boldsymbol{\gamma}=\boldsymbol{\alpha}+(\boldsymbol{\beta}+\boldsymbol{\gamma})$；

(3) $\boldsymbol{\alpha}+\boldsymbol{0}=\boldsymbol{\alpha}$；　(4) $\boldsymbol{\alpha}+(-\boldsymbol{\alpha})=\boldsymbol{0}$；

(5) $1\boldsymbol{\alpha}=\boldsymbol{\alpha}$；　(6) $k(l\boldsymbol{\alpha})=(kl)\boldsymbol{\alpha}$；

(7) $k(\boldsymbol{\alpha}+\boldsymbol{\beta})=k\boldsymbol{\alpha}+k\boldsymbol{\beta}$；　(8) $(k+l)\boldsymbol{\alpha}=k\boldsymbol{\alpha}+l\boldsymbol{\alpha}$.

以上运算律对有限个向量也成立.

例 3.2.2　设 $\boldsymbol{\alpha}_1=(1,-1,1)^{\mathrm{T}},\boldsymbol{\alpha}_2=(-1,1,1)^{\mathrm{T}}$，求 $2\boldsymbol{\alpha}_1-3\boldsymbol{\alpha}_2$.

解　$2\boldsymbol{\alpha}_1-3\boldsymbol{\alpha}_2=(2,-2,2)^{\mathrm{T}}-(-3,3,3)^{\mathrm{T}}=(5,-5,-1)^{\mathrm{T}}$

例 3.2.3　设 $3(\boldsymbol{\alpha}_1-\boldsymbol{\alpha})+2(\boldsymbol{\alpha}_2+\boldsymbol{\alpha})=5(\boldsymbol{\alpha}_3+\boldsymbol{\alpha})$，其中 $\boldsymbol{\alpha}_1=(2,5,1)^{\mathrm{T}},\boldsymbol{\alpha}_2=(10,1,5)^{\mathrm{T}},\boldsymbol{\alpha}_3=(4,1,-1)^{\mathrm{T}}$，求 $\boldsymbol{\alpha}$.

解　原式可整理为 $3\boldsymbol{\alpha}_1+2\boldsymbol{\alpha}_2-5\boldsymbol{\alpha}_3=6\boldsymbol{\alpha}$，即

$$(6,15,3)^{\mathrm{T}}+(20,2,10)^{\mathrm{T}}-(20,5,-5)^{\mathrm{T}}=(6,12,18)^{\mathrm{T}}=6\boldsymbol{\alpha}$$

故 $\boldsymbol{\alpha}=(1,2,3)^{\mathrm{T}}$.

3.2.3　方程组的向量表示

一般的线性方程组 $\begin{cases}a_{11}x_1+a_{12}x_2+\cdots+a_{1n}x_n=b_1\\ a_{21}x_1+a_{22}x_2+\cdots+a_{2n}x_n=b_2\\ \quad\vdots\\ a_{m1}x_1+a_{m2}x_2+\cdots+a_{mn}x_n=b_m\end{cases}$ 记 $\boldsymbol{\alpha}_1=(a_{11},a_{21},\cdots,a_{m1})^{\mathrm{T}},\boldsymbol{\alpha}_2=(a_{12},a_{22},\cdots,a_{m2})^{\mathrm{T}},\cdots,\boldsymbol{\alpha}_n=(a_{1n},a_{2n},\cdots,a_{mn})^{\mathrm{T}},\boldsymbol{b}=(b_1,b_2,\cdots,b_m)^{\mathrm{T}}$，利用向量的运算律可以表示成 $x_1\boldsymbol{\alpha}_1+x_2\boldsymbol{\alpha}_2+\cdots+x_n\boldsymbol{\alpha}_n=\boldsymbol{b}$.

3.2.4　同步习题

1. 设向量 $\boldsymbol{\alpha}=(1,3,6)^{\mathrm{T}},\boldsymbol{\beta}=(1,6,-3)^{\mathrm{T}}$，已知 $\boldsymbol{\gamma}=2\boldsymbol{\alpha}-\boldsymbol{\beta}$，求向量 $\boldsymbol{\gamma}$.

2. 设向量 $\boldsymbol{\alpha}=(-3,3,6,0)^{\mathrm{T}},\boldsymbol{\beta}=(9,6,-3,18)^{\mathrm{T}}$，已知 $\boldsymbol{\alpha}+3\boldsymbol{\gamma}=\boldsymbol{\beta}$，求向量 $\boldsymbol{\gamma}$.

3. 设向量 $\boldsymbol{\alpha}=(1,-2,3)^{\mathrm{T}}$，已知 $2\boldsymbol{\alpha}+3\boldsymbol{\beta}=\boldsymbol{O}$，求向量 $\boldsymbol{\beta}$.

4. 若向量 $\boldsymbol{\xi}+\boldsymbol{\eta}=(-1,3,2)^{\mathrm{T}},\boldsymbol{\xi}-\boldsymbol{\eta}=(1,1,4)^{\mathrm{T}}$，求向量 $\boldsymbol{\xi}$ 和 $\boldsymbol{\eta}$.

5. 设向量 $\boldsymbol{\alpha}=(2,k,0)^{\mathrm{T}},\boldsymbol{\beta}=(-1,0,\lambda)^{\mathrm{T}},\boldsymbol{\gamma}=(\mu,-5,4)^{\mathrm{T}}$，且有 $\boldsymbol{\alpha}+\boldsymbol{\beta}+\boldsymbol{\gamma}=\boldsymbol{0}$，求参数 k,λ,μ.

6. 设向量 $\boldsymbol{\alpha}=(-1,2,0)^{\mathrm{T}},\boldsymbol{\beta}=(1,0,-3)^{\mathrm{T}},\boldsymbol{\gamma}=(0,0,-3)^{\mathrm{T}},\boldsymbol{b}=(-1,4,0)^{\mathrm{T}}$，且有 $k_1\boldsymbol{\alpha}+k_2\boldsymbol{\beta}+k_3\boldsymbol{\gamma}=\boldsymbol{b}$，求参数 k_1,k_2,k_3.

3.3　向量组的线性相关性

本节要求： 通过本节的学习，学生应理解向量组的线性组合和线性表示方法，掌握向量组的线性相关、线性无关的定义、有关性质和判别方法。

3.3.1 向量组的线性组合

定义 3.3.1 若干个同维数的列向量(或同维数的行向量)所组成的集合称为**向量组**.

例如,一个 $m\times n$ 矩阵的全体列向量是一个含 n 个 m 维列向量的向量组,它的全体行向量是一个含 m 个 n 维行向量的向量组.n 个 m 维列向量所组成的向量组 $\boldsymbol{A}:\boldsymbol{\alpha}_1,\boldsymbol{\alpha}_2,\cdots,\boldsymbol{\alpha}_n$ 构成一个 $m\times n$ 矩阵 $\boldsymbol{A}=(\boldsymbol{\alpha}_1,\boldsymbol{\alpha}_2,\cdots,\boldsymbol{\alpha}_n)$;$n$ 个 m 维行向量所组成的向量组 $\boldsymbol{B}:\boldsymbol{\beta}_1^{\mathrm{T}},\boldsymbol{\beta}_2^{\mathrm{T}},\cdots,\boldsymbol{\beta}_n^{\mathrm{T}}$ 构成一个 $n\times m$ 矩阵 $\boldsymbol{B}=\begin{pmatrix}\boldsymbol{\beta}_1^{\mathrm{T}}\\\boldsymbol{\beta}_2^{\mathrm{T}}\\\vdots\\\boldsymbol{\beta}_n^{\mathrm{T}}\end{pmatrix}$.总之,含有有限个向量的有序向量组与矩阵一一对应.

定义 3.3.2 给定向量组 $\boldsymbol{A}:\boldsymbol{\alpha}_1,\boldsymbol{\alpha}_2,\cdots,\boldsymbol{\alpha}_n$,对于任意一组常数 $k_1,\cdots,k_n$,称 $k_1\boldsymbol{\alpha}_1+k_2\boldsymbol{\alpha}_2+\cdots+k_n\boldsymbol{\alpha}_n$ 为向量组 $\boldsymbol{A}:\boldsymbol{\alpha}_1,\boldsymbol{\alpha}_2,\cdots,\boldsymbol{\alpha}_n$ 的**线性组合**.

定义 3.3.3 给定向量组 $\boldsymbol{A}:\boldsymbol{\alpha}_1,\boldsymbol{\alpha}_2,\cdots,\boldsymbol{\alpha}_n$ 和向量 $\boldsymbol{\beta}$,若存在一组数 $k_1,\cdots,k_n$,使得 $\boldsymbol{\beta}=k_1\boldsymbol{\alpha}_1+\cdots+k_n\boldsymbol{\alpha}_n$,则称 $\boldsymbol{\beta}$ 为 $\boldsymbol{\alpha}_1,\cdots,\boldsymbol{\alpha}_n$ 的**线性组合**,或称 $\boldsymbol{\beta}$ 可由 $\boldsymbol{\alpha}_1,\cdots,\boldsymbol{\alpha}_n$ **线性表示**,称 $k_1,k_2,\cdots,k_n$ 为**组合系数**或**表示系数**.

例如,$\boldsymbol{\alpha}=\begin{pmatrix}1\\1\end{pmatrix}$,$\boldsymbol{\alpha}_1=\begin{pmatrix}1\\0\end{pmatrix}$,$\boldsymbol{\alpha}_2=\begin{pmatrix}0\\1\end{pmatrix}$,则有 $\boldsymbol{\alpha}=\boldsymbol{\alpha}_1+\boldsymbol{\alpha}_2$,则称 $\boldsymbol{\alpha}$ 可由 $\boldsymbol{\alpha}_1,\boldsymbol{\alpha}_2$ 线性表示,表示系数为 1,1.

不难看出,定义 3.3.3 中的表达式 $\boldsymbol{\beta}=k_1\boldsymbol{\alpha}_1+\cdots+k_n\boldsymbol{\alpha}_n$ 也可以表示为

$$\boldsymbol{\beta}=(\boldsymbol{\alpha}_1,\boldsymbol{\alpha}_2,\cdots,\boldsymbol{\alpha}_n)\begin{pmatrix}k_1\\k_2\\\vdots\\k_n\end{pmatrix}=\boldsymbol{A}\boldsymbol{k},\text{其中 }\boldsymbol{k}=\begin{pmatrix}k_1\\k_2\\\vdots\\k_n\end{pmatrix}$$

可见,$\boldsymbol{\beta}$ 可由向量组 $\boldsymbol{\alpha}_1,\cdots,\boldsymbol{\alpha}_n$ 线性表示相当于方程组 $\boldsymbol{A}\boldsymbol{x}=\boldsymbol{\beta}$ 有解.

定理 3.3.1 向量 $\boldsymbol{\beta}$ 可由向量组 $\boldsymbol{\alpha}_1,\cdots,\boldsymbol{\alpha}_n$ 线性表示的充分必要条件是 $R(\boldsymbol{A})=R(\boldsymbol{A},\boldsymbol{\beta})$,其中 $\boldsymbol{A}=(\boldsymbol{\alpha}_1,\cdots,\boldsymbol{\alpha}_n)$.

例 3.3.1 设向量 $\boldsymbol{\alpha}_1=(1,1,1)^{\mathrm{T}}$,$\boldsymbol{\alpha}_2=(0,1,1)^{\mathrm{T}}$,$\boldsymbol{\alpha}_3=(0,0,1)^{\mathrm{T}}$,$\boldsymbol{\beta}=(1,3,4)^{\mathrm{T}}$,问 $\boldsymbol{\beta}$ 能否由 $\boldsymbol{\alpha}_1,\boldsymbol{\alpha}_2,\boldsymbol{\alpha}_3$ 线性表示?

解法一 由定义 3.3.2 可知,$\boldsymbol{\beta}$ 能由 $\boldsymbol{\alpha}_1,\boldsymbol{\alpha}_2,\boldsymbol{\alpha}_3$ 线性表示的充分必要条件是存在 k_1,k_2,k_3 使得 $\boldsymbol{\beta}=k_1\boldsymbol{\alpha}_1+k_2\boldsymbol{\alpha}_2+k_3\boldsymbol{\alpha}_3$ 成立,即

$$\begin{cases}k_1=1\\k_1+k_2=3\\k_1+k_2+k_3=4\end{cases}$$

解得 $k_1=1,k_2=2,k_3=1$.故 $\boldsymbol{\beta}$ 能由 $\boldsymbol{\alpha}_1,\boldsymbol{\alpha}_2,\boldsymbol{\alpha}_3$ 线性表示.

解法二 由定理 3.3.1 可知,$\boldsymbol{\beta}$ 能由 $\boldsymbol{\alpha}_1,\boldsymbol{\alpha}_2,\boldsymbol{\alpha}_3$ 线性表示的充分必要条件是 $R(\boldsymbol{A})=R(\boldsymbol{A},\boldsymbol{\beta})$,即

$$(\boldsymbol{A},\boldsymbol{\beta})=(\boldsymbol{\alpha}_1,\boldsymbol{\alpha}_2,\boldsymbol{\alpha}_3,\boldsymbol{\beta})=\begin{pmatrix}1&0&0&1\\1&1&0&3\\1&1&1&4\end{pmatrix},$$

显然，$R(\boldsymbol{A})=R(\boldsymbol{A},\boldsymbol{\beta})=3$，故 $\boldsymbol{\beta}$ 能由 $\boldsymbol{\alpha}_1,\boldsymbol{\alpha}_2,\boldsymbol{\alpha}_3$ 线性表示.

例 3.3.2　向量 $\boldsymbol{\beta}_1=(1,0,0)^{\mathrm{T}}$，$\boldsymbol{\beta}_2=(2,0,0)^{\mathrm{T}}$，$\boldsymbol{\beta}_3=(1,1,0)^{\mathrm{T}}$，$\boldsymbol{\beta}_4=(1,1,1)^{\mathrm{T}}$，判断 $\boldsymbol{\beta}_4$ 能否由 $\boldsymbol{\beta}_1,\boldsymbol{\beta}_2,\boldsymbol{\beta}_3$ 线性表示？

解　令 $\boldsymbol{A}=(\boldsymbol{\beta}_1,\boldsymbol{\beta}_2,\boldsymbol{\beta}_3)$，则

$$(\boldsymbol{A},\boldsymbol{\beta}_4)=\left(\begin{array}{ccc:c}1&2&1&1\\0&0&1&1\\0&0&0&1\end{array}\right)$$

显然，$R(\boldsymbol{A})=2<R(\boldsymbol{A},\boldsymbol{\beta}_4)=3$，故 $\boldsymbol{\beta}_4$ 不能由 $\boldsymbol{\beta}_1,\boldsymbol{\beta}_2,\boldsymbol{\beta}_3$ 线性表示.

3.3.2　向量组的线性相关与线性无关

定义 3.3.4　对向量组 $\boldsymbol{A}:\boldsymbol{\alpha}_1,\cdots,\boldsymbol{\alpha}_n$，若存在不全为 0 的数 $k_1,k_2,\cdots,k_n$ 使得

$$k_1\boldsymbol{\alpha}_1+k_2\boldsymbol{\alpha}_2+\cdots+k_n\boldsymbol{\alpha}_n=\boldsymbol{0}$$

则称向量组 $\boldsymbol{A}:\boldsymbol{\alpha}_1,\cdots,\boldsymbol{\alpha}_n$ **线性相关**，否则称它**线性无关**，也称**线性独立**.

这里线性无关可以解释为：对向量组 $\boldsymbol{A}:\boldsymbol{\alpha}_1,\cdots,\boldsymbol{\alpha}_n$，当且仅当 $k_1,k_2,\cdots,k_n$ 全为 0 时，才有

$$k_1\boldsymbol{\alpha}_1+k_2\boldsymbol{\alpha}_2+\cdots+k_n\boldsymbol{\alpha}_n=\boldsymbol{0}$$

成立，则称向量组 $\boldsymbol{A}:\boldsymbol{\alpha}_1,\cdots,\boldsymbol{\alpha}_n$ 线性无关.

例如，向量组 $\boldsymbol{\alpha}_1=(3,-1,0)^{\mathrm{T}}$，$\boldsymbol{\alpha}_2=(1,0,-1)^{\mathrm{T}}$，$\boldsymbol{\alpha}_3=(2,-1,1)^{\mathrm{T}}$，由于 $\boldsymbol{\alpha}_1-\boldsymbol{\alpha}_2-\boldsymbol{\alpha}_3=\boldsymbol{0}$，由定义可知，向量组 $\boldsymbol{\alpha}_1,\boldsymbol{\alpha}_2,\boldsymbol{\alpha}_3$ 线性相关.

特别地，当向量组中只含有一个向量 $\boldsymbol{\alpha}$ 时，若 $\boldsymbol{\alpha}=\boldsymbol{0}$，线性相关；若 $\boldsymbol{\alpha}\neq\boldsymbol{0}$，线性无关.两个向量线性相关的充要条件是这两个向量的分量对应成比例.

事实上，判断向量组 $\boldsymbol{A}:\boldsymbol{\alpha}_1,\cdots,\boldsymbol{\alpha}_n$ 是否线性相关，可将该问题看作一个关于未知数 $x_1,x_2,\cdots,x_n$ 的齐次线性方程组 $x_1\boldsymbol{\alpha}_1+x_2\boldsymbol{\alpha}_2+\cdots+x_n\boldsymbol{\alpha}_n=\boldsymbol{0}$ 是否有非零解的问题.记 $\boldsymbol{A}=(\boldsymbol{\alpha}_1,\cdots,\boldsymbol{\alpha}_n)$，$\boldsymbol{x}=\begin{pmatrix}x_1\\x_2\\\vdots\\x_s\end{pmatrix}$，亦即齐次方程组 $\boldsymbol{Ax}=\boldsymbol{0}$ 是否有非零解的问题.有了这种对应，判断一个向量组是否线性相关可通过判断齐次线性方程组是否有非零解得到.

定理 3.3.2　向量组 $\boldsymbol{\alpha}_1,\boldsymbol{\alpha}_2,\cdots,\boldsymbol{\alpha}_n$ 线性相关的充分必要条件是它所构成的矩阵 $\boldsymbol{A}=(\boldsymbol{\alpha}_1,\boldsymbol{\alpha}_2,\cdots,\boldsymbol{\alpha}_n)$ 的秩小于向量的个数 $n(R(\boldsymbol{A})<n)$；向量组 $\boldsymbol{\alpha}_1,\boldsymbol{\alpha}_2,\cdots,\boldsymbol{\alpha}_n$ 线性无关的充分必要条件是它所构成的矩阵 $\boldsymbol{A}=(\boldsymbol{\alpha}_1,\boldsymbol{\alpha}_2,\cdots,\boldsymbol{\alpha}_n)$ 的秩等于向量的个数 $n(R(\boldsymbol{A})=n)$.

推论 1　n 维向量组 $\boldsymbol{\alpha}_1,\boldsymbol{\alpha}_2,\cdots,\boldsymbol{\alpha}_n$ 线性相关的充分必要条件是 $|\boldsymbol{A}|=0$；n 维向量组 $\boldsymbol{\alpha}_1,\boldsymbol{\alpha}_2,\cdots,\boldsymbol{\alpha}_n$ 线性无关的充分必要条件是 $|\boldsymbol{A}|\neq0$.

推论 2　当向量维数 m 小于向量个数 n 时，必有 m 维向量组 $\boldsymbol{\alpha}_1,\boldsymbol{\alpha}_2,\cdots,\boldsymbol{\alpha}_n$ 线性相关.

例 3.3.3　已知向量 $\boldsymbol{\beta}_1=(1,0,-1)^{\mathrm{T}}$，$\boldsymbol{\beta}_2=(1,1,1)^{\mathrm{T}}$，$\boldsymbol{\beta}_3=(3,1,-1)^{\mathrm{T}}$，$\boldsymbol{\beta}_4=(5,3,1)^{\mathrm{T}}$，判

断向量组 $\boldsymbol{\beta}_1,\boldsymbol{\beta}_2,\boldsymbol{\beta}_3,\boldsymbol{\beta}_4$ 的线性相关性.

解 由于向量维数 3 小于向量个数 4,故 $\boldsymbol{\beta}_1,\boldsymbol{\beta}_2,\boldsymbol{\beta}_3,\boldsymbol{\beta}_4$ 线性相关.

例 3.3.4 已知 $\boldsymbol{\alpha}_1=(1,-1,0,0)^{\mathrm{T}}$, $\boldsymbol{\alpha}_2=(0,1,1,-1)^{\mathrm{T}}$, $\boldsymbol{\alpha}_3=(-1,3,2,1)^{\mathrm{T}}$, $\boldsymbol{\alpha}_4=(-2,6,4,1)^{\mathrm{T}}$,讨论向量组 $\boldsymbol{\alpha}_1,\boldsymbol{\alpha}_2,\boldsymbol{\alpha}_3,\boldsymbol{\alpha}_4$ 及向量组 $\boldsymbol{\alpha}_1,\boldsymbol{\alpha}_2,\boldsymbol{\alpha}_3$ 的线性相关性.

解 对矩阵$(\boldsymbol{\alpha}_1,\boldsymbol{\alpha}_2,\boldsymbol{\alpha}_3,\boldsymbol{\alpha}_4)$施行初等行变换化成行阶梯形矩阵:

$$(\boldsymbol{\alpha}_1,\boldsymbol{\alpha}_2,\boldsymbol{\alpha}_3,\boldsymbol{\alpha}_4)=\begin{pmatrix}1&0&-1&-2\\-1&1&3&6\\0&1&2&4\\0&-1&1&1\end{pmatrix}\xrightarrow[\substack{r_3-r_2\\r_4+r_2}]{r_2+r_1}\begin{pmatrix}1&0&-1&-2\\0&1&2&4\\0&0&0&0\\0&0&3&5\end{pmatrix}$$

$$\xrightarrow{r_3\leftrightarrow r_4}\begin{pmatrix}1&0&-1&-2\\0&1&2&4\\0&0&3&5\\0&0&0&0\end{pmatrix}$$

可见 $R(\boldsymbol{\alpha}_1,\boldsymbol{\alpha}_2,\boldsymbol{\alpha}_3,\boldsymbol{\alpha}_4)=3<4$,向量组 $\boldsymbol{\alpha}_1,\boldsymbol{\alpha}_2,\boldsymbol{\alpha}_3,\boldsymbol{\alpha}_4$ 线性相关.而向量组 $\boldsymbol{\alpha}_1,\boldsymbol{\alpha}_2,\boldsymbol{\alpha}_3$ 线性无关.

定理 3.3.3 向量组 $\boldsymbol{\alpha}_1,\cdots,\boldsymbol{\alpha}_n(n\geqslant 2)$线性相关的充分必要条件是向量组 $\boldsymbol{\alpha}_1,\cdots,\boldsymbol{\alpha}_n$ 中至少有一个向量可由其余向量线性表示.

证明 必要性:设向量组 $\boldsymbol{\alpha}_1,\cdots,\boldsymbol{\alpha}_n$ 线性相关,由定义 3.3.3 可知,存在不全为 0 的数组 k_1, $k_2,\cdots,k_n$,使得 $k_1\boldsymbol{\alpha}_1+k_2\boldsymbol{\alpha}_2+\cdots+k_n\boldsymbol{\alpha}_n=\mathbf{0}$,若 $k_i\neq 0$,则有 $\boldsymbol{\alpha}_i=-\frac{k_1}{k_i}\boldsymbol{\alpha}_1-\cdots-\frac{k_{i-1}}{k_i}\boldsymbol{\alpha}_{i-1}-\frac{k_{i+1}}{k_i}\boldsymbol{\alpha}_{i+1}-\cdots-\frac{k_n}{k_i}\boldsymbol{\alpha}_n$,即向量 $\boldsymbol{\alpha}_i$ 可由向量组中其余向量线性表示.

充分性:设向量组 $\boldsymbol{\alpha}_1,\cdots,\boldsymbol{\alpha}_n$ 中有一个向量 $\boldsymbol{\alpha}_i$ 可由其余向量线性表示,即 $\boldsymbol{\alpha}_i=l_1\boldsymbol{\alpha}_1+\cdots+l_{i-1}\boldsymbol{\alpha}_{i-1}+l_{i+1}\boldsymbol{\alpha}_{i+1}+\cdots+l_n\boldsymbol{\alpha}_n$,于是 $l_1\boldsymbol{\alpha}_1+\cdots l_{i-1}\boldsymbol{\alpha}_{i-1}-\boldsymbol{\alpha}_i+l_{i+1}\boldsymbol{\alpha}_{i+1}+\cdots+l_n\boldsymbol{\alpha}_n=\mathbf{0}$.

显然,系数 $l_1,\cdots,l_{i-1},-1,l_{i+1},\cdots,l_n$ 不全为 0,故向量组 $\boldsymbol{\alpha}_1,\cdots,\boldsymbol{\alpha}_n$ 线性相关.

例 3.3.5 证明:含零向量的向量组线性相关.

证明 设含零向量的向量组为 $\mathbf{0},\boldsymbol{\alpha}_1,\cdots,\boldsymbol{\alpha}_n$,显然

$$\mathbf{0}=0\cdot\boldsymbol{\alpha}_1+\cdots+0\cdot\boldsymbol{\alpha}_n$$

即

$$0\cdot\boldsymbol{\alpha}_1+\cdots+0\cdot\boldsymbol{\alpha}_n+1\cdot\mathbf{0}=\mathbf{0}$$

由于系数 $0,\cdots,0,1$ 不全为 0,故向量组 $\mathbf{0},\boldsymbol{\alpha}_1,\cdots,\boldsymbol{\alpha}_n$ 线性相关.

例 3.3.6 已知向量组 $\boldsymbol{\alpha}_1,\boldsymbol{\alpha}_2,\boldsymbol{\alpha}_3$ 线性无关,证明向量组 $\boldsymbol{\beta}_1=\boldsymbol{\alpha}_1+\boldsymbol{\alpha}_2$, $\boldsymbol{\beta}_2=\boldsymbol{\alpha}_2+\boldsymbol{\alpha}_3$, $\boldsymbol{\beta}_3=\boldsymbol{\alpha}_3+\boldsymbol{\alpha}_1$ 线性无关.

证明 设 $k_1\boldsymbol{\beta}_1+k_2\boldsymbol{\beta}_2+k_3\boldsymbol{\beta}_3=\mathbf{0}$, 则有$(k_1+k_3)\boldsymbol{\alpha}_1+(k_1+k_2)\boldsymbol{\alpha}_2+(k_2+k_3)\boldsymbol{\alpha}_3=\mathbf{0}$.

因为 $\boldsymbol{\alpha}_1,\boldsymbol{\alpha}_2,\boldsymbol{\alpha}_3$ 线性无关, 所以$\begin{cases}k_1+k_3=0\\k_1+k_2=0\\k_2+k_3=0\end{cases}$, 即 $\begin{pmatrix}1&0&1\\1&1&0\\0&1&1\end{pmatrix}\begin{pmatrix}k_1\\k_2\\k_3\end{pmatrix}=\begin{pmatrix}0\\0\\0\end{pmatrix}$.

系数行列式 $\begin{vmatrix}1&0&1\\1&1&0\\0&1&1\end{vmatrix}=2\neq 0$，该齐次方程组只有零解，即 $k_1=k_2=k_3=0$，故 $\boldsymbol{\beta}_1,\boldsymbol{\beta}_2,\boldsymbol{\beta}_3$ 线性无关.

定理 3.3.4　若向量组 $\boldsymbol{\alpha}_1,\boldsymbol{\alpha}_2,\cdots,\boldsymbol{\alpha}_m$ 线性无关，$\boldsymbol{\alpha}_1,\boldsymbol{\alpha}_2,\cdots,\boldsymbol{\alpha}_m,\boldsymbol{\beta}$ 线性相关，则 $\boldsymbol{\beta}$ 可由 $\boldsymbol{\alpha}_1,\boldsymbol{\alpha}_2,\cdots,\boldsymbol{\alpha}_m$ 线性表示，且表示式唯一.

证明　因为 $\boldsymbol{\alpha}_1,\boldsymbol{\alpha}_2,\cdots,\boldsymbol{\alpha}_m,\boldsymbol{\beta}$ 线性相关，所以存在不全为零的数 $k_1,\cdots,k_m,k$，使得 $k_1\boldsymbol{\alpha}_1+\cdots+k_m\boldsymbol{\alpha}_m+k\boldsymbol{\beta}=\mathbf{0}$.

若 $k=0$，则有 $k_1\boldsymbol{\alpha}_1+\cdots+k_m\boldsymbol{\alpha}_m=0\Rightarrow k_1=0,\cdots,k_m=0$，这与 $\boldsymbol{\alpha}_1,\boldsymbol{\alpha}_2,\cdots,\boldsymbol{\alpha}_m,\boldsymbol{\beta}$ 线性相关矛盾.故 $k\neq 0$，从而有 $\boldsymbol{\beta}=\left(-\dfrac{k_1}{k}\right)\boldsymbol{\alpha}_1+\cdots+\left(-\dfrac{k_m}{k}\right)\boldsymbol{\alpha}_m$.

下面证明表示式唯一.

若 $\boldsymbol{\beta}=k_1\boldsymbol{\alpha}_1+\cdots+k_m\boldsymbol{\alpha}_m,\boldsymbol{\beta}=l_1\boldsymbol{\alpha}_1+\cdots+l_m\boldsymbol{\alpha}_m$，则有 $(k_1-l_1)\boldsymbol{\alpha}_1+\cdots+(k_m-l_m)\boldsymbol{\alpha}_m=\mathbf{0}$.因为 $\boldsymbol{\alpha}_1,\boldsymbol{\alpha}_2,\cdots,\boldsymbol{\alpha}_m$ 线性无关，所以 $k_1-l_1=0,\cdots,k_m-l_m=0\Rightarrow k_1=l_1,\cdots,k_m=l_m$，即 $\boldsymbol{\beta}$ 的表示式唯一.

关于向量组的线性相关性有很多重要结论，下面不加证明地给出几条重要性质.

性质 3.3.1　若向量组 $\boldsymbol{\alpha}_1,\boldsymbol{\alpha}_2,\cdots,\boldsymbol{\alpha}_n$ 的一个部分组线性相关，则 $\boldsymbol{\alpha}_1,\boldsymbol{\alpha}_2,\cdots,\boldsymbol{\alpha}_n$ 必线性相关；反之，若 $\boldsymbol{\alpha}_1,\boldsymbol{\alpha}_2,\cdots,\boldsymbol{\alpha}_n$ 线性无关，则其任一部分组线性无关.

性质 3.3.2　设 $\boldsymbol{\alpha}_1,\boldsymbol{\alpha}_2,\cdots,\boldsymbol{\alpha}_s$ 是 m 维向量，$\boldsymbol{\beta}_1,\boldsymbol{\beta}_2,\cdots,\boldsymbol{\beta}_s$ 是 n 维向量，令

$$\boldsymbol{\gamma}_1=\begin{pmatrix}\boldsymbol{\alpha}_1\\\boldsymbol{\beta}_1\end{pmatrix},\boldsymbol{\gamma}_2=\begin{pmatrix}\boldsymbol{\alpha}_2\\\boldsymbol{\beta}_2\end{pmatrix},\cdots,\boldsymbol{\gamma}_s=\begin{pmatrix}\boldsymbol{\alpha}_s\\\boldsymbol{\beta}_s\end{pmatrix}$$

$\boldsymbol{\gamma}_1,\boldsymbol{\gamma}_2,\cdots,\boldsymbol{\gamma}_s$ 为 $m+n$ 维向量.若 $\boldsymbol{\alpha}_1,\boldsymbol{\alpha}_2,\cdots,\boldsymbol{\alpha}_s$ 线性无关，则 $\boldsymbol{\gamma}_1,\boldsymbol{\gamma}_2,\cdots,\boldsymbol{\gamma}_s$ 线性无关；反之，若 $\boldsymbol{\gamma}_1,\boldsymbol{\gamma}_2,\cdots,\boldsymbol{\gamma}_s$ 线性相关，则 $\boldsymbol{\alpha}_1,\boldsymbol{\alpha}_2,\cdots,\boldsymbol{\alpha}_s$ 线性相关.

性质 3.3.3　如果向量组 $\boldsymbol{\beta}_1,\boldsymbol{\beta}_2,\cdots,\boldsymbol{\beta}_s$ 可由向量组 $\boldsymbol{\alpha}_1,\boldsymbol{\alpha}_2,\cdots,\boldsymbol{\alpha}_n$ 线性表示，且 $s>n$，则 $\boldsymbol{\beta}_1,\boldsymbol{\beta}_2,\cdots,\boldsymbol{\beta}_s$ 线性相关.即如果多数向量能用少数向量线性表示，则多数向量一定线性相关.

例 3.3.7　判断下列向量组的线性相关性：

(1) $\boldsymbol{\alpha}_1=(1,0,0,1)^{\mathrm{T}},\boldsymbol{\alpha}_2=(0,1,0,3)^{\mathrm{T}},\boldsymbol{\alpha}_3=(0,0,1,4)^{\mathrm{T}}$；

(2) $\boldsymbol{\alpha}_1=(1,2,3)^{\mathrm{T}},\boldsymbol{\alpha}_2=(1,3,5)^{\mathrm{T}},\boldsymbol{\alpha}_3=(4,8,12)^{\mathrm{T}}$.

解　(1) 由于向量组 $\begin{pmatrix}1\\0\\0\end{pmatrix},\begin{pmatrix}0\\1\\0\end{pmatrix},\begin{pmatrix}0\\0\\1\end{pmatrix}$ 线性无关，由性质 3.3.2 可知，$\boldsymbol{\alpha}_1,\boldsymbol{\alpha}_2,\boldsymbol{\alpha}_3$ 也线性无关；

(2) 显然 $\boldsymbol{\alpha}_3=4\boldsymbol{\alpha}_1$，故 $\boldsymbol{\alpha}_1$ 与 $\boldsymbol{\alpha}_3$ 线性相关，由性质 3.3.1 可知，$\boldsymbol{\alpha}_1,\boldsymbol{\alpha}_2,\boldsymbol{\alpha}_3$ 必线性相关.

例 3.3.8　设向量组 $\boldsymbol{\alpha}_1,\boldsymbol{\alpha}_2,\boldsymbol{\alpha}_3$ 线性相关，向量组 $\boldsymbol{\alpha}_2,\boldsymbol{\alpha}_3,\boldsymbol{\alpha}_4$ 线性无关，证明：

(1) $\boldsymbol{\alpha}_1$ 能由 $\boldsymbol{\alpha}_2,\boldsymbol{\alpha}_3$ 线性表示；

(2) $\boldsymbol{\alpha}_4$ 不能由 $\boldsymbol{\alpha}_1,\boldsymbol{\alpha}_2,\boldsymbol{\alpha}_3$ 线性表示.

证明　(1) $\boldsymbol{\alpha}_2,\boldsymbol{\alpha}_3,\boldsymbol{\alpha}_4$ 线性无关，由性质 3.3.1 可知 $\boldsymbol{\alpha}_2,\boldsymbol{\alpha}_3$ 线性无关，而 $\boldsymbol{\alpha}_1,\boldsymbol{\alpha}_2,\boldsymbol{\alpha}_3$ 线性相关，由定理 3.3.4 可知 $\boldsymbol{\alpha}_1$ 能由 $\boldsymbol{\alpha}_2,\boldsymbol{\alpha}_3$ 线性表示.

(2) 用反证法.假设 $\boldsymbol{\alpha}_4$ 能由 $\boldsymbol{\alpha}_1,\boldsymbol{\alpha}_2,\boldsymbol{\alpha}_3$ 线性表示,同时由(1)知 $\boldsymbol{\alpha}_1$ 能由 $\boldsymbol{\alpha}_2,\boldsymbol{\alpha}_3$ 线性表示,故 $\boldsymbol{\alpha}_4$ 能由 $\boldsymbol{\alpha}_2,\boldsymbol{\alpha}_3$ 线性表示,这与 $\boldsymbol{\alpha}_2,\boldsymbol{\alpha}_3,\boldsymbol{\alpha}_4$ 线性无关矛盾.

3.3.3 同步习题

1. 判断向量 $\boldsymbol{\beta}$ 能否由向量组 $\boldsymbol{\alpha}_1,\boldsymbol{\alpha}_2,\boldsymbol{\alpha}_3$ 线性表示,其中 $\boldsymbol{\alpha}_1=(1,1,1)^{\mathrm{T}},\boldsymbol{\alpha}_2=(0,1,1)^{\mathrm{T}},\boldsymbol{\alpha}_3=(0,0,1)^{\mathrm{T}},\boldsymbol{\beta}=(1,3,4)^{\mathrm{T}}$.

2. 判断向量 $\boldsymbol{\beta}$ 能否由向量组 $\boldsymbol{\alpha}_1,\boldsymbol{\alpha}_2,\boldsymbol{\alpha}_3$ 线性表示. 其中 $\boldsymbol{\alpha}_1=(1,2,1,1)^{\mathrm{T}},\boldsymbol{\alpha}_2=(1,1,1,2)^{\mathrm{T}},\boldsymbol{\alpha}_3=(-3,-2,1,-3)^{\mathrm{T}},\boldsymbol{\beta}=(-1,1,3,1)^{\mathrm{T}}$.

3. 设向量 $\boldsymbol{\alpha}_1=(1,2,-1)^{\mathrm{T}},\boldsymbol{\alpha}_2=(2,3,0)^{\mathrm{T}},\boldsymbol{\alpha}_3=(-1,0,3)^{\mathrm{T}},\boldsymbol{\alpha}_4=(-2,-2,4)^{\mathrm{T}}$, 判断 $\boldsymbol{\alpha}_4$ 是否可由向量组 $\boldsymbol{\alpha}_1,\boldsymbol{\alpha}_2,\boldsymbol{\alpha}_3$ 线性表示,若可以,求其表示式.

4. 判断下列向量组是否线性相关:

(1) $\boldsymbol{\alpha}_1=(2,1)^{\mathrm{T}}$, $\boldsymbol{\alpha}_2=(1,-1)^{\mathrm{T}}$, $\boldsymbol{\alpha}_3=(-2,5)^{\mathrm{T}}$;

(2) $\boldsymbol{\alpha}_1=(1,2,-1)^{\mathrm{T}},\boldsymbol{\alpha}_2=(2,3,0)^{\mathrm{T}},\boldsymbol{\alpha}_3=(-1,0,3)^{\mathrm{T}}$;

(3) $\boldsymbol{\alpha}_1=(1,0,1,0)^{\mathrm{T}},\boldsymbol{\alpha}_2=(0,1,0,1)^{\mathrm{T}}$, $\boldsymbol{\alpha}_3=(0,0,1,1)^{\mathrm{T}},\boldsymbol{\alpha}_4=(1,1,0,0)^{\mathrm{T}}$.

5. 判断下列向量组是线性相关还是线性无关:

(1) $\begin{pmatrix}-1\\3\\1\end{pmatrix},\begin{pmatrix}2\\1\\0\end{pmatrix},\begin{pmatrix}1\\4\\1\end{pmatrix}$;　　(2) $\begin{pmatrix}2\\3\\0\end{pmatrix},\begin{pmatrix}-1\\4\\0\end{pmatrix},\begin{pmatrix}0\\0\\2\end{pmatrix}$.

3.4 向量组的极大无关组与向量组的秩

本节要求:通过本节的学习,学生应理解向量组的极大线性无关组和向量组的秩的概念,会求向量组的极大线性无关组及向量组的秩。

因为有限个向量组成的向量组与矩阵一一对应,上一节在讨论向量组的线性组合和线性相关时,矩阵的秩起到了十分重要的作用,下面把秩的概念引入向量组,探讨向量组中到底有多少个向量线性无关,其余的向量如何由这些线性无关的向量表示出来.

3.4.1 向量组的极大无关组与向量组的秩的定义

定义 3.4.1 设有向量组 $\boldsymbol{A}$, 如果:

(1) $\boldsymbol{A}$ 中有 r 个向量 $\boldsymbol{\alpha}_{i_1},\boldsymbol{\alpha}_{i_2},\cdots,\boldsymbol{\alpha}_{i_r}$ 线性无关;

(2) $\boldsymbol{A}$ 中任意 $r+1$ 个(如果有 $r+1$ 个)向量线性相关.

则称 $\boldsymbol{\alpha}_{i_1},\boldsymbol{\alpha}_{i_2},\cdots,\boldsymbol{\alpha}_{i_r}$ 为向量组 $\boldsymbol{A}$ 的一个极大线性无关组, 简称极大无关组. 极大无关组中向量的个数称为向量组 $\boldsymbol{A}$ 的秩, 记作 $R(\boldsymbol{A})$或 $R_{\boldsymbol{A}}$.

由定义可以得出,当 $R(\boldsymbol{A})=r$ 时, $\boldsymbol{A}$ 中任意 r 个线性无关的向量都是 $\boldsymbol{A}$ 的一个极大无关组,这说明向量组的极大无关组可以不唯一,但极大无关组中所含向量个数是固定的,这个固定的数就是向量组的秩.

特别地，若向量组 $\boldsymbol{A}$ 本身线性无关，则 $\boldsymbol{A}$ 本身就是其一个极大无关组；只含零向量的向量组没有极大无关组，规定其秩为 0.

例如，向量组 $\boldsymbol{\alpha}_1=\begin{pmatrix}1\\0\end{pmatrix}$，$\boldsymbol{\alpha}_2=\begin{pmatrix}0\\1\end{pmatrix}$，$\boldsymbol{\alpha}_3=\begin{pmatrix}1\\1\end{pmatrix}$，$\boldsymbol{\alpha}_4=\begin{pmatrix}2\\2\end{pmatrix}$的秩为 2，其中 $\boldsymbol{\alpha}_1,\boldsymbol{\alpha}_2$、$\boldsymbol{\alpha}_1,\boldsymbol{\alpha}_3$ 和 $\boldsymbol{\alpha}_1,\boldsymbol{\alpha}_4$ 都是它的极大无关组.若选定 $\boldsymbol{\alpha}_1,\boldsymbol{\alpha}_2$ 为极大无关组，则剩余向量 $\boldsymbol{\alpha}_3=\boldsymbol{\alpha}_1+\boldsymbol{\alpha}_2$，$\boldsymbol{\alpha}_4=2\boldsymbol{\alpha}_1+2\boldsymbol{\alpha}_2$.

上述向量组的极大无关组的定义还可以表述如下.

定义 3.4.1′　设向量组 $\boldsymbol{A}$，若 $\boldsymbol{A}$ 中有 r 个向量 $\boldsymbol{\alpha}_{i_1},\boldsymbol{\alpha}_{i_2},\cdots,\boldsymbol{\alpha}_{i_r}$ 满足：

(1) 向量组 $\boldsymbol{\alpha}_{i_1},\boldsymbol{\alpha}_{i_2},\cdots,\boldsymbol{\alpha}_{i_r}$ 线性无关；

(2) 向量组 $\boldsymbol{A}$ 中任意一个向量都可以由向量组 $\boldsymbol{\alpha}_{i_1},\boldsymbol{\alpha}_{i_2},\cdots,\boldsymbol{\alpha}_{i_r}$ 线性表示，则称向量组 $\boldsymbol{\alpha}_{i_1},\boldsymbol{\alpha}_{i_2},\cdots,\boldsymbol{\alpha}_{i_r}$ 是向量组 $\boldsymbol{A}$ 的一个**极大线性无关组**.

思考：向量组和它的极大无关组之间存在怎样的关系？

3.4.2　向量组等价的定义与判定

定义 3.4.2　若向量组 $\boldsymbol{A}:\boldsymbol{\alpha}_1,\boldsymbol{\alpha}_2,\cdots,\boldsymbol{\alpha}_m$ 中的每一个向量 $\boldsymbol{\alpha}_i$ 均可由向量组 $\boldsymbol{B}:\boldsymbol{\beta}_1,\boldsymbol{\beta}_2,\cdots,\boldsymbol{\beta}_t$ 线性表示，则称**向量组 $\boldsymbol{A}$ 可由向量组 $\boldsymbol{B}$ 线性表示**.若向量组 $\boldsymbol{A}$ 与向量组 $\boldsymbol{B}$ 可互相线性表示，则称**向量组 $\boldsymbol{A}$ 与向量组 $\boldsymbol{B}$ 等价**.

等价具有以下性质：

(1) 反身性：向量组与其本身等价；

(2) 对称性：若向量组 $\boldsymbol{A}$ 与向量组 $\boldsymbol{B}$ 等价，则向量组 $\boldsymbol{B}$ 与向量组 $\boldsymbol{A}$ 等价；

(3) 传递性：若向量组 $\boldsymbol{A}$ 与向量组 $\boldsymbol{B}$ 等价，向量组 $\boldsymbol{B}$ 与向量组 $\boldsymbol{C}$ 等价，则向量组 $\boldsymbol{A}$ 与向量组 $\boldsymbol{C}$ 等价.

向量组 $\boldsymbol{A}$ 可由向量组 $\boldsymbol{B}$ 线性表示，对 $\boldsymbol{A}$ 中的每个向量 $\boldsymbol{\alpha}_i(i=1,2,\cdots,m)$：

$$\boldsymbol{\alpha}_i=c_{1i}\boldsymbol{\beta}_1+c_{2i}\boldsymbol{\beta}_2+\cdots+c_{ti}\boldsymbol{\beta}_t=(\boldsymbol{\beta}_1,\boldsymbol{\beta}_2,\cdots,\boldsymbol{\beta}_t)\begin{pmatrix}c_{1i}\\c_{2i}\\\vdots\\c_{ti}\end{pmatrix}$$

即有

$$(\boldsymbol{\alpha}_1,\boldsymbol{\alpha}_2,\cdots,\boldsymbol{\alpha}_m)=(\boldsymbol{\beta}_1,\boldsymbol{\beta}_2,\cdots,\boldsymbol{\beta}_t)\begin{pmatrix}c_{11}&c_{12}&\cdots&c_{1m}\\c_{21}&c_{22}&\cdots&c_{2m}\\\vdots&\vdots&&\vdots\\c_{t1}&c_{t2}&\cdots&c_{tm}\end{pmatrix}$$

记 $\boldsymbol{A}_{n\times m}=(\boldsymbol{\alpha}_1,\boldsymbol{\alpha}_2,\cdots,\boldsymbol{\alpha}_m)$，$\boldsymbol{B}_{n\times t}=(\boldsymbol{\beta}_1,\boldsymbol{\beta}_2,\cdots,\boldsymbol{\beta}_t)$，向量组 $\boldsymbol{A}$ 可由向量组 $\boldsymbol{B}$ 线性表示，即存在矩阵 $\boldsymbol{C}$，使得 $\boldsymbol{A}_{n\times m}=\boldsymbol{B}_{n\times t}\boldsymbol{C}_{t\times m}$，这一结论成立的充分必要条件是 $R(\boldsymbol{A})=R(\boldsymbol{A},\boldsymbol{B})$.同理，向量组 $\boldsymbol{B}$ 可由向量组 $\boldsymbol{A}$ 线性表示的充分必要条件是 $R(\boldsymbol{B})=R(\boldsymbol{B},\boldsymbol{A})$，由此可得向量组 $\boldsymbol{A}$ 与向量组 $\boldsymbol{B}$ 可相互线性表示，即向量组 $\boldsymbol{A}$ 与向量组 $\boldsymbol{B}$ 等价的判断依据.

定理 3.4.1　向量组 $\boldsymbol{A}$ 与 $\boldsymbol{B}$ 等价的充分必要条件是 $R(\boldsymbol{A})=R(\boldsymbol{B})=R(\boldsymbol{A},\boldsymbol{B})$.(证明略)

根据定义 3.4.1′很容易证明，向量组 $\boldsymbol{A}$ 与它的极大无关组 $\boldsymbol{\alpha}_{i_1},\boldsymbol{\alpha}_{i_2},\cdots,\boldsymbol{\alpha}_{i_r}$ 可以互相线性表示.

定理 3.4.2 向量组与其任何一个极大无关组等价.

证明 设向量组 $\boldsymbol{A}$ 的秩为 r，$\boldsymbol{A}$ 的一个极大无关组为 $\boldsymbol{A}_1:\boldsymbol{\alpha}_{i_1},\boldsymbol{\alpha}_{i_2},\cdots,\boldsymbol{\alpha}_{i_r}$. 根据向量组等价的定义，两者等价即两者可以互相线性表示.

由于 $\boldsymbol{A}_1$ 中的向量都是 $\boldsymbol{A}$ 中的向量，显然 $\boldsymbol{A}_1$ 可由 $\boldsymbol{A}$ 线性表示. 又由定义 3.4.1′知，$\boldsymbol{A}$ 中任一向量均可由 $\boldsymbol{A}_1$ 线性表示，即向量组 $\boldsymbol{A}$ 可由 $\boldsymbol{A}_1$ 线性表示. 因此，$\boldsymbol{A}$ 与 $\boldsymbol{A}_1$ 等价.

推论 1 向量组的任意两个极大无关组等价.

定理 3.4.2 表明，在讨论向量组之间的一些关系时，可以用极大无关组来代替向量组，使问题的讨论更加简化.

推论 2 向量组的任意两个极大无关组所含的向量个数相等.

3.4.3 向量组的极大无关组与向量组的秩的求法

极大无关组中向量的个数即为向量组的秩，由于有限个向量组成的向量组 $\boldsymbol{A}:\boldsymbol{\alpha}_1,\boldsymbol{\alpha}_2,\cdots,\boldsymbol{\alpha}_m$ 与矩阵 $\boldsymbol{A}=(\boldsymbol{\alpha}_1,\boldsymbol{\alpha}_2,\cdots,\boldsymbol{\alpha}_m)$ 存在一一对应的关系，可见向量组 $\boldsymbol{A}$ 的秩就等于该向量组所组成的矩阵的秩.

定理 3.4.3 矩阵的秩等于它的行向量组的秩，也等于它的列向量组的秩.

这个定理给出了一种求向量组的秩的方法，即可以利用矩阵的秩来求向量组的秩.

例 3.4.1 向量组 $\boldsymbol{A}:\boldsymbol{\alpha}_1=(1,0,-2)^{\mathrm{T}}$，$\boldsymbol{\alpha}_2=(3,2,0)^{\mathrm{T}}$，$\boldsymbol{\alpha}_3=(-2,-1,1)^{\mathrm{T}}$，$\boldsymbol{\alpha}_4=(2,3,5)^{\mathrm{T}}$，求向量组 $\boldsymbol{A}$ 的秩.

解 构造矩阵 $\boldsymbol{A}=(\boldsymbol{\alpha}_1,\boldsymbol{\alpha}_2,\boldsymbol{\alpha}_3,\boldsymbol{\alpha}_4)=\begin{pmatrix}1&3&-2&2\\0&2&-1&3\\-2&0&1&5\end{pmatrix}$ 对其施行初等行变换：

$$\begin{pmatrix}1&3&-2&2\\0&2&-1&3\\-2&0&1&5\end{pmatrix}\xrightarrow{r_3+2r_1}\begin{pmatrix}1&3&-2&2\\0&2&-1&3\\0&6&-3&9\end{pmatrix}\xrightarrow{r_3-3r_2}\begin{pmatrix}1&3&-2&2\\0&2&-1&3\\0&0&0&0\end{pmatrix}$$

求得 $R(\boldsymbol{A})=2$，因此向量组 $\boldsymbol{A}$ 的秩也为 2.

显然，例 3.4.1 中向量组 $\boldsymbol{A}$ 的极大无关组应含有两个线性无关的向量，如何便捷地求出这两个向量呢？

定理 3.4.4 初等行变换不改变矩阵列向量组的线性相关性，初等列变换不改变矩阵行向量组的线性相关性.

证明 设矩阵 $\boldsymbol{A}$ 经过一系列初等行变换得到矩阵 $\boldsymbol{B}$，由 2.5 节的定理 2.5.2 和定理 2.5.3 可知，存在可逆矩阵 $\boldsymbol{P}$，使得 $\boldsymbol{PA}=\boldsymbol{B}$. 记 $\boldsymbol{A}=(\boldsymbol{\alpha}_1,\boldsymbol{\alpha}_2,\cdots,\boldsymbol{\alpha}_n)$，$\boldsymbol{B}=(\boldsymbol{\beta}_1,\boldsymbol{\beta}_2,\cdots,\boldsymbol{\beta}_n)$，从而，

$$\boldsymbol{P\alpha}_j=\boldsymbol{\beta}_j,\ j=1,2,\cdots,n$$

任取 $\boldsymbol{A}_1=(\boldsymbol{\alpha}_{i_1},\boldsymbol{\alpha}_{i_2},\cdots,\boldsymbol{\alpha}_{i_r})$，$\boldsymbol{B}_1=(\boldsymbol{\beta}_{i_1},\boldsymbol{\beta}_{i_2},\cdots,\boldsymbol{\beta}_{i_r})$，则 $\boldsymbol{PA}_1=\boldsymbol{B}_1$. 显然方程组 $\boldsymbol{A}_1\boldsymbol{x}=\boldsymbol{0}$ 与 $\boldsymbol{B}_1\boldsymbol{x}=\boldsymbol{0}$ 是同解方程组，因此 $\boldsymbol{A}_1$ 与 $\boldsymbol{B}_1$ 的列向量组有相同的线性相关性，即初等行变换不改变列向量组的线性相关性. 同理可证初等列变换不改变矩阵的行向量组的线性相关性.

定理 3.4.4 提供了求列(行)向量组的极大无关组的一种有效的方法，即对列(行)向量组组

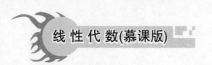

成的矩阵进行初等行(列)变换,变换为行(列)阶梯形或行(列)最简形,非零行的行数即为向量组的秩,非零行的非零首元(非零行的第一个非零元素)所在列对应的向量即构成原向量组的极大无关组.

例 3.4.2　求例 3.4.1 中向量组 $\boldsymbol{A}$ 的一个极大无关组.

解　例 3.4.1 中对矩阵 $\boldsymbol{A}$ 作初等行变换已经得到

$$\boldsymbol{A}\to\begin{pmatrix}1 & 3 & -2 & 2\\0 & 2 & -1 & 3\\0 & 0 & 0 & 0\end{pmatrix}=(\boldsymbol{\beta}_1,\boldsymbol{\beta}_2,\boldsymbol{\beta}_3,\boldsymbol{\beta}_4)=\boldsymbol{B}$$

显然,矩阵 $\boldsymbol{A}$ 的秩与矩阵 $\boldsymbol{B}$ 的秩相等为 2,非零行的非零首元位于第一列和第二列,向量组 $\boldsymbol{\beta}_1$,$\boldsymbol{\beta}_2$ 线性无关.由定理 3.4.4 知,初等行变换不改变列向量组的线性相关性,故 $\boldsymbol{\alpha}_1,\boldsymbol{\alpha}_2$ 也线性无关,所以 $\boldsymbol{\alpha}_1,\boldsymbol{\alpha}_2$ 是向量组 $\boldsymbol{A}$ 的一个极大无关组.

请读者想一想还有没有其他的极大无关组?

设有 n 维向量组 $\boldsymbol{A}:\boldsymbol{\alpha}_1,\boldsymbol{\alpha}_2,\cdots,\boldsymbol{\alpha}_m$,求向量组 $\boldsymbol{A}$ 的秩和极大无关组的步骤如下。

第一步,构造矩阵 $\boldsymbol{A}=(\boldsymbol{\alpha}_1,\boldsymbol{\alpha}_2,\cdots,\boldsymbol{\alpha}_m)$,通过初等行变换化矩阵 $\boldsymbol{A}$ 为行阶梯形矩阵 $\boldsymbol{B}$,则 $R(\boldsymbol{A})=R(\boldsymbol{B})=r$,$r$ 为 $\boldsymbol{B}$ 的非零行数;

第二步,若 $R(\boldsymbol{A})=r$,设在阶梯形矩阵 $\boldsymbol{B}$ 中,非零首元所在的列的序号为 $j_1,j_2,\cdots,j_r$,那么 $\boldsymbol{\alpha}_{j_1},\boldsymbol{\alpha}_{j_2},\cdots,\boldsymbol{\alpha}_{j_r}$ 就是向量组 $\boldsymbol{A}:\boldsymbol{\alpha}_1,\boldsymbol{\alpha}_2,\cdots,\boldsymbol{\alpha}_m$ 的一个极大无关组.

例 3.4.3　已知向量组 $\boldsymbol{\alpha}_1=(1,-1,0,0)^{\mathrm{T}}$,$\boldsymbol{\alpha}_2=(-1,2,1,-1)^{\mathrm{T}}$,$\boldsymbol{\alpha}_3=(0,1,1,-1)^{\mathrm{T}}$,$\boldsymbol{\alpha}_4=(-1,3,2,1)^{\mathrm{T}}$,求它的一个极大无关组,并将剩余向量用极大无关组线性表示.

微课:例 3.4.3

解　以各向量为列作矩阵 $\boldsymbol{A}=(\boldsymbol{\alpha}_1,\boldsymbol{\alpha}_2,\boldsymbol{\alpha}_3,\boldsymbol{\alpha}_4)$,对 $\boldsymbol{A}$ 作初等行变换

$$\boldsymbol{A}=\begin{pmatrix}1 & -1 & 0 & -1\\-1 & 2 & 1 & 3\\0 & 1 & 1 & 2\\0 & -1 & -1 & 1\end{pmatrix}\xrightarrow{r}\begin{pmatrix}1 & 0 & 1 & 1\\0 & 1 & 1 & 2\\0 & 0 & 0 & 0\\0 & 0 & 0 & 3\end{pmatrix}\xrightarrow{r}\begin{pmatrix}1 & 0 & 1 & 0\\0 & 1 & 1 & 0\\0 & 0 & 0 & 1\\0 & 0 & 0 & 0\end{pmatrix}$$

可以看到非零首元所在的列分别为 1,2,4 列,所以 $\boldsymbol{\alpha}_1,\boldsymbol{\alpha}_2,\boldsymbol{\alpha}_4$ 为原向量组的一个极大无关组.从行最简形矩阵中可以得到 $\boldsymbol{\alpha}_3=\boldsymbol{\alpha}_1+\boldsymbol{\alpha}_2$.

3.4.4　同步习题

1. 证明向量组 $\boldsymbol{\alpha}_1=(1,2)^{\mathrm{T}}$,$\boldsymbol{\alpha}_2=(1,1)^{\mathrm{T}}$ 与向量组 $\boldsymbol{\varepsilon}_1=(1,0)^{\mathrm{T}}$,$\boldsymbol{\varepsilon}_2=(0,1)^{\mathrm{T}}$ 等价.

2. 已知向量组 $\boldsymbol{A}:\boldsymbol{\alpha}_1=(1,-1,1,-1)^{\mathrm{T}}$,$\boldsymbol{\alpha}_2=(3,1,1,3)^{\mathrm{T}}$ 和 $\boldsymbol{B}:\boldsymbol{\beta}_1=(2,0,1,1)^{\mathrm{T}}$,$\boldsymbol{\beta}_2=(1,1,0,2)^{\mathrm{T}}$,$\boldsymbol{\beta}_3=(3,-1,2,0)^{\mathrm{T}}$,证明:向量组 $\boldsymbol{A}$ 与向量组 $\boldsymbol{B}$ 等价.

3. 求下列向量组的秩和一个极大无关组,并用该极大无关组表示其余向量:

(1) $\boldsymbol{\alpha}_1=(1,1,0,0)^{\mathrm{T}}$,$\boldsymbol{\alpha}_2=(1,0,1,1)^{\mathrm{T}}$,$\boldsymbol{\alpha}_3=(2,-1,3,3)^{\mathrm{T}}$;

(2) $\boldsymbol{\beta}_1=(1,0,1,0)^{\mathrm{T}}$,$\boldsymbol{\beta}_2=(2,1,-1,-3)^{\mathrm{T}}$,$\boldsymbol{\beta}_3=(1,0,-3,-1)^{\mathrm{T}}$,$\boldsymbol{\beta}_4=(0,2,-6,3)^{\mathrm{T}}$;

(3) $\boldsymbol{\gamma}_1=(1,-1,2,4)^{\mathrm{T}}$,$\boldsymbol{\gamma}_2=(0,3,1,2)^{\mathrm{T}}$,$\boldsymbol{\gamma}_3=(3,0,7,14)^{\mathrm{T}}$,$\boldsymbol{\gamma}_4=(1,-1,2,0)^{\mathrm{T}}$,$\boldsymbol{\gamma}_5=(2,1,5,6)^{\mathrm{T}}$.

4. 求下列向量组的秩,并判断该向量组是否线性相关.

(1) $\boldsymbol{\alpha}_1=(1,0,-2)^{\mathrm{T}},\boldsymbol{\alpha}_2=(3,2,0)^{\mathrm{T}},\boldsymbol{\alpha}_3=(-2,-1,1)^{\mathrm{T}},\boldsymbol{\alpha}_4=(2,3,5)^{\mathrm{T}}$;

(2) $\boldsymbol{\alpha}_1=(1,-1,2,3,4)^{\mathrm{T}},\boldsymbol{\alpha}_2=(3,-7,8,9,13)^{\mathrm{T}},\boldsymbol{\alpha}_3=(-1,-3,0,-3,-3)^{\mathrm{T}},\boldsymbol{\alpha}_4=(1,-9,6,3,6)^{\mathrm{T}}$;

(3) $\boldsymbol{\beta}_1=(1,-3,2,-1)^{\mathrm{T}},\boldsymbol{\beta}_2=(-2,1,5,3)^{\mathrm{T}},\boldsymbol{\beta}_3=(4,-3,7,1)^{\mathrm{T}},\boldsymbol{\beta}_4=(-1,-11,8,-3)^{\mathrm{T}},\boldsymbol{\beta}_5=(2,-12,30,6)^{\mathrm{T}}$.

5. 已知向量组 $\boldsymbol{\alpha}_1=(1,2,-1,1)^{\mathrm{T}},\boldsymbol{\alpha}_2=(2,0,t,0)^{\mathrm{T}},\boldsymbol{\alpha}_3=(0,-4,5,-2)^{\mathrm{T}}$ 的秩为 2,则 $t=$________.

6. 设向量组 $\boldsymbol{\alpha}_1=(1,1,1,3)^{\mathrm{T}},\boldsymbol{\alpha}_2=(-1,-3,5,1)^{\mathrm{T}},\boldsymbol{\alpha}_3=(3,2,-1,p+2)^{\mathrm{T}},\boldsymbol{\alpha}_4=(-2,-6,10,p)^{\mathrm{T}}$.

(1) p 为何值时,该向量组线性无关? 并在此时将向量 $\boldsymbol{\alpha}=(4,1,6,10)^{\mathrm{T}}$ 用 $\boldsymbol{\alpha}_1,\boldsymbol{\alpha}_2,\boldsymbol{\alpha}_3,\boldsymbol{\alpha}_4$ 线性表示;

(2) p 为何值时,该向量组线性相关? 并在此时求出它的秩和一个极大无关组.

*3.5 向量空间

本节要求: 通过本节的学习,学生应了解向量空间的概念,会求向量空间的基、基下的坐标,以及基与基之间的过渡矩阵。

向量空间又称线性空间,是线性代数的中心内容和基本概念之一。在解析几何里引入向量的概念后,可以使许多问题的处理变得更为简洁和清晰,在此基础上将向量的概念进一步抽象化,形成了与域相联系的向量空间的概念。

3.5.1 向量空间的概念

定义 3.5.1 设 $\boldsymbol{V}$ 为 n 维向量的集合,如果集合 $\boldsymbol{V}$ 非空,且集合 $\boldsymbol{V}$ 对于加法及数乘两种运算封闭,那么就称集合 $\boldsymbol{V}$ 为向量空间.

这里,集合 $\boldsymbol{V}$ 对于加法及数乘两种运算封闭:若 $\boldsymbol{\alpha}\in\boldsymbol{V},\boldsymbol{\beta}\in\boldsymbol{V}$,则 $\boldsymbol{\alpha}+\boldsymbol{\beta}\in\boldsymbol{V}$;若 $\boldsymbol{\alpha}\in\boldsymbol{V},\lambda\in\boldsymbol{R}$,则 $\lambda\boldsymbol{\alpha}\in\boldsymbol{V}$.

注意

(1) 只含零向量的集合是向量空间,称为零空间.

(2) n 维向量的集合是向量空间,记作 $\boldsymbol{R}^n$.特别地,$\boldsymbol{R}^1$ 在几何上表示一条直线;$\boldsymbol{R}^2$ 在几何上表示一个平面;$\boldsymbol{R}^3$ 在几何上表示空间.当 $n>3$ 时,$\boldsymbol{R}^n$ 没有几何意义.

(3) 齐次线性方程组的解集 $\boldsymbol{S}=\{\boldsymbol{x}\mid\boldsymbol{Ax}=\boldsymbol{0}\}$,对向量的线性运算封闭,故 $\boldsymbol{S}$ 是一个向量空间,称为齐次线性方程组的解空间.

(4) 非齐次线性方程组的解集 $\boldsymbol{S}=\{\boldsymbol{x}\mid\boldsymbol{Ax}=\boldsymbol{b}\}$,不是线性空间.这是因为,当 $\boldsymbol{S}$ 为空集时,$\boldsymbol{S}$ 不是向量空间;当 $\boldsymbol{S}$ 非空时,若 $\boldsymbol{\xi}\in\boldsymbol{S}$,则 $\boldsymbol{A}(2\boldsymbol{\xi})=2\boldsymbol{b}\neq\boldsymbol{b}$,即 $2\boldsymbol{\xi}\notin\boldsymbol{S}$.

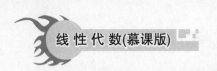

例 3.5.1　判断下列集合是否为向量空间：

(1)　$\boldsymbol{V}_1=\{\boldsymbol{x}=(0,x_2,\cdots,x_n)^{\mathrm{T}}\quad x_2,\cdots,x_n\in\mathbf{R}\}$；

(2)　$\boldsymbol{V}_2=\{\boldsymbol{x}=(1,x_2,\cdots,x_n)^{\mathrm{T}}\quad x_2,\cdots,x_n\in\mathbf{R}\}$.

解　(1) $\boldsymbol{V}_1$ 是向量空间.因为对于 $\boldsymbol{V}_1$ 的任意两个元素 $\boldsymbol{\alpha}=(0,a_2,\cdots,a_n)^{\mathrm{T}},\boldsymbol{\beta}=(0,b_2,\cdots,b_n)^{\mathrm{T}}\in\boldsymbol{V}_1$，

有 $\boldsymbol{\alpha}+\boldsymbol{\beta}=(0,a_2+b_2,\cdots,a_n+b_n)^{\mathrm{T}}\in\boldsymbol{V}_1,\lambda\boldsymbol{\alpha}=(0,\lambda a_2,\cdots,\lambda a_n)^{\mathrm{T}}\in\boldsymbol{V}_1$.

(2) $\boldsymbol{V}_2$ 不是向量空间.因为若 $\boldsymbol{\alpha}=(1,a_2,\cdots,a_n)^{\mathrm{T}}\in\boldsymbol{V}_2$，则 $2\boldsymbol{\alpha}=(2,2a_2,\cdots,2a_n)^{\mathrm{T}}\notin\boldsymbol{V}_2$.

例 3.5.2　设 $\boldsymbol{a},\boldsymbol{b}$ 为两个已知的 n 维向量，集合 $\boldsymbol{V}=\{\boldsymbol{x}=\lambda\boldsymbol{a}+\mu\boldsymbol{b}\mid\lambda,\mu\in\mathbf{R}\}$，试判断集合是否为向量空间.

解　$\boldsymbol{V}$ 是一个向量空间，因为若 $\boldsymbol{x}_1=\lambda_1\boldsymbol{a}+\mu_1\boldsymbol{b},\boldsymbol{x}_2=\lambda_2\boldsymbol{a}+\mu_2\boldsymbol{b}$，则有

$$\boldsymbol{x}_1+\boldsymbol{x}_2=(\lambda_1+\lambda_2)\boldsymbol{a}+(\mu_1+\mu_2)\boldsymbol{b}\in\boldsymbol{V}$$

$$k\boldsymbol{x}_1=(k\lambda_1)\boldsymbol{a}+(k\mu_1)\boldsymbol{b}\in\boldsymbol{V}$$

这个向量空间称为由向量 $\boldsymbol{a},\boldsymbol{b}$ 所生成的向量空间.

一般地，由向量 $\boldsymbol{a}_1,\boldsymbol{a}_2,\cdots,\boldsymbol{a}_m$ 所生成的向量空间

$$\boldsymbol{V}=\{\boldsymbol{x}=\lambda_1\boldsymbol{a}_1+\lambda_2\boldsymbol{a}_2+\cdots+\lambda_m\boldsymbol{a}_m\mid\lambda_1,\lambda_2,\cdots,\lambda_m\in\mathbf{R}\}.$$

定义 3.5.2　设有向量空间 $\boldsymbol{V}_1$ 及 $\boldsymbol{V}_2$，若向量空间 $\boldsymbol{V}_1\subset\boldsymbol{V}_2$，就说 $\boldsymbol{V}_1$ 是 $\boldsymbol{V}_2$ 的子空间.

例如，设 $\boldsymbol{V}$ 是由 n 维向量所组成的向量空间，显然 $\boldsymbol{V}\subset\boldsymbol{R}^n$，所以 $\boldsymbol{V}$ 总是 $\boldsymbol{R}^n$ 的子空间.

显然，若 $\boldsymbol{V}_1$ 是 $\boldsymbol{V}_2$ 的子空间，同时 $\boldsymbol{V}_2$ 也是 $\boldsymbol{V}_1$ 的子空间，则 $\boldsymbol{V}_1=\boldsymbol{V}_2$.

例 3.5.3　设向量组 $\boldsymbol{a}_1,\boldsymbol{a}_2,\cdots,\boldsymbol{a}_m$ 与向量组 $\boldsymbol{b}_1,\boldsymbol{b}_2,\cdots,\boldsymbol{b}_s$ 等价，若

$$\boldsymbol{V}_1=\{\boldsymbol{x}=\lambda_1\boldsymbol{a}_1+\lambda_2\boldsymbol{a}_2+\cdots+\lambda_m\boldsymbol{a}_m\mid\lambda_1,\lambda_2,\cdots,\lambda_m\in\mathbf{R}\}$$

$$\boldsymbol{V}_2=\{\boldsymbol{x}=\mu_1\boldsymbol{b}_1+\mu_2\boldsymbol{b}_2+\cdots+\mu_s\boldsymbol{b}_s\mid\mu_1,\mu_2,\cdots,\mu_s\in\mathbf{R}\}$$

则 $\boldsymbol{V}_1=\boldsymbol{V}_2$.

证明　设 $\boldsymbol{x}\in\boldsymbol{V}_1$，则 $\boldsymbol{x}$ 可由 $\boldsymbol{a}_1,\cdots,\boldsymbol{a}_m$ 线性表示.因 $\boldsymbol{a}_1,\cdots,\boldsymbol{a}_m$ 可由 $\boldsymbol{b}_1,\boldsymbol{b}_2,\cdots,\boldsymbol{b}_s$ 线性表示，故 $\boldsymbol{x}$ 可由 $\boldsymbol{b}_1,\boldsymbol{b}_2,\cdots,\boldsymbol{b}_s$ 线性表示，所以 $\boldsymbol{x}\in\boldsymbol{V}_2$.即若 $\boldsymbol{x}\in\boldsymbol{V}_1$，则 $\boldsymbol{x}\in\boldsymbol{V}_2$，因此 $\boldsymbol{V}_1\subset\boldsymbol{V}_2$.类似地可证，若 $\boldsymbol{x}\in\boldsymbol{V}_2$，则 $\boldsymbol{x}\in\boldsymbol{V}_1$，因此 $\boldsymbol{V}_2\subset\boldsymbol{V}_1$.

因为 $\boldsymbol{V}_1\subset\boldsymbol{V}_2,\boldsymbol{V}_2\subset\boldsymbol{V}_1$，所以 $\boldsymbol{V}_1=\boldsymbol{V}_2$.

3.5.2　向量空间的基与维数

定义 3.5.3　设 $\boldsymbol{V}$ 是向量空间，如果 $\boldsymbol{V}$ 中 r 个向量 $\boldsymbol{\alpha}_1,\boldsymbol{\alpha}_2,\cdots,\boldsymbol{\alpha}_r$ 满足：

(1) $\boldsymbol{\alpha}_1,\boldsymbol{\alpha}_2,\cdots,\boldsymbol{\alpha}_r$ 线性无关；

(2) $\boldsymbol{V}$ 中任一向量都可由 $\boldsymbol{\alpha}_1,\boldsymbol{\alpha}_2,\cdots,\boldsymbol{\alpha}_r$ 线性表示，那么，向量组 $\boldsymbol{\alpha}_1,\boldsymbol{\alpha}_2,\cdots,\boldsymbol{\alpha}_r$ 称为向量空间 $\boldsymbol{V}$ 的一个基，r 称为向量空间的维数，记作 $\dim\boldsymbol{V}=m$，并称 $\boldsymbol{V}$ 为 r 维向量空间.

注意

(1) 只含有零向量的向量空间称为 0 维向量空间，因此它没有基.

(2) 若把向量空间 $\mathbf{V}$ 看作向量组，那么 $\mathbf{V}$ 的基就是向量组的极大无关组，$\mathbf{V}$ 的维数就是向量组的秩.

(3) 若向量组 $\boldsymbol{\alpha}_1,\boldsymbol{\alpha}_2,\cdots,\boldsymbol{\alpha}_r$ 是向量空间 $\mathbf{V}$ 的一个基，则 $\mathbf{V}$ 可表示为

$$\mathbf{V}=\{\boldsymbol{x}=\lambda_1\boldsymbol{\alpha}_1+\lambda_2\boldsymbol{\alpha}_2+\cdots+\lambda_r\boldsymbol{\alpha}_r \quad \lambda_1,\cdots,\lambda_r\in\mathbf{R}\}$$

由向量组 $\boldsymbol{\alpha}_1,\boldsymbol{\alpha}_2,\cdots,\boldsymbol{\alpha}_r$ 生成的向量空间为

$$\mathbf{V}=\{\boldsymbol{x}=\lambda_1\boldsymbol{\alpha}_1+\lambda_2\boldsymbol{\alpha}_2+\cdots+\lambda_r\boldsymbol{\alpha}_r \quad \lambda_1,\cdots,\lambda_r\in\mathbf{R}\}$$

显然向量空间 $\mathbf{V}$ 与向量组 $\boldsymbol{\alpha}_1,\boldsymbol{\alpha}_2,\cdots,\boldsymbol{\alpha}_r$ 等价，所以向量组 $\boldsymbol{\alpha}_1,\boldsymbol{\alpha}_2,\cdots,\boldsymbol{\alpha}_r$ 的极大无关组就是 $\mathbf{V}$ 的一个基，向量组 $\boldsymbol{\alpha}_1,\boldsymbol{\alpha}_2,\cdots,\boldsymbol{\alpha}_r$ 的秩就是 $\mathbf{V}$ 的维数.从而可以用求极大无关组的方法来求向量空间的基和维数.

例 3.5.4 已知向量组 $\boldsymbol{\alpha}_1=(2,1,3,-1)^{\mathrm{T}},\boldsymbol{\alpha}_2=(3,-1,2,0)^{\mathrm{T}},\boldsymbol{\alpha}_3=(1,3,4,-2)^{\mathrm{T}},\boldsymbol{\alpha}_4=(4,-3,1,1)^{\mathrm{T}}$，$\mathbf{V}=\{\lambda_1\boldsymbol{\alpha}_1+\lambda_2\boldsymbol{\alpha}_2+\lambda_3\boldsymbol{\alpha}_3+\lambda_4\boldsymbol{\alpha}_4 \quad \lambda_1,\lambda_2,\lambda_3,\lambda_4\in\mathbf{R}\}$，求 $\mathbf{V}$ 的一个基和 $\mathbf{V}$ 的维数.

解
$$(\boldsymbol{\alpha}_1,\boldsymbol{\alpha}_2,\boldsymbol{\alpha}_3,\boldsymbol{\alpha}_4)=\begin{pmatrix}2&3&1&4\\1&-1&3&-3\\3&2&4&1\\-1&0&-2&1\end{pmatrix}\to\begin{pmatrix}1&0&2&-1\\0&1&-1&2\\0&0&0&0\\0&0&0&0\end{pmatrix}$$

所以 $\boldsymbol{\alpha}_1,\boldsymbol{\alpha}_2$ 是 $\mathbf{V}$ 的一个基，$\mathbf{V}$ 的维数为 2.

设 $\boldsymbol{\alpha}_1,\boldsymbol{\alpha}_2,\cdots,\boldsymbol{\alpha}_r$ 是 n 维向量空间 $\mathbf{V}$ 的一组基，则它们线性无关，且对于任一 $\boldsymbol{\alpha}\in\mathbf{V}$，$\boldsymbol{\alpha}_1,\boldsymbol{\alpha}_2,\cdots,\boldsymbol{\alpha}_r,\boldsymbol{\alpha}$ 线性相关，即 $\boldsymbol{\alpha}$ 可由 $\boldsymbol{\alpha}_1,\boldsymbol{\alpha}_2,\cdots,\boldsymbol{\alpha}_r$ 线性表示，于是可以引出坐标的概念.

定义 3.5.4 设 $\boldsymbol{\alpha}_1,\boldsymbol{\alpha}_2,\cdots,\boldsymbol{\alpha}_r$ 是向量空间 $\mathbf{V}$ 的一组基，对于任一 $\boldsymbol{\alpha}\in\mathbf{V}$，有且仅有一组有序数组 $\lambda_1,\lambda_2,\cdots,\lambda_r$，使得 $\boldsymbol{\alpha}=\lambda_1\boldsymbol{\alpha}_1+\lambda_2\boldsymbol{\alpha}_2+\cdots+\lambda_r\boldsymbol{\alpha}_r$，有序数组 $\lambda_1,\lambda_2,\cdots,\lambda_r$ 称为向量 $\boldsymbol{\alpha}$ 在基 $\boldsymbol{\alpha}_1,\boldsymbol{\alpha}_2,\cdots,\boldsymbol{\alpha}_r$ 下的**坐标**，记作 $(\lambda_1,\lambda_2,\cdots,\lambda_r)$.

特别地，若取单位坐标向量组

$$\boldsymbol{e}_1=\begin{pmatrix}1\\0\\\vdots\\0\end{pmatrix},\boldsymbol{e}_2=\begin{pmatrix}0\\1\\\vdots\\0\end{pmatrix},\cdots,\boldsymbol{e}_n=\begin{pmatrix}0\\0\\\vdots\\1\end{pmatrix}$$

为 n 维向量空间 $\boldsymbol{R}^n$ 下的一组基，则对于 $\boldsymbol{R}^n$ 中的任一向量 $\boldsymbol{x}=(x_1,x_2,\cdots,x_n)^{\mathrm{T}}$，有

$$\boldsymbol{x}=x_1\boldsymbol{e}_1+x_2\boldsymbol{e}_2+\cdots+x_n\boldsymbol{e}_n$$

则向量 $\boldsymbol{x}$ 在基 $\boldsymbol{e}_1,\boldsymbol{e}_2,\cdots,\boldsymbol{e}_n$ 下的坐标为 $(x_1,x_2,\cdots,x_n)$.

可见，向量在基 $\boldsymbol{e}_1,\boldsymbol{e}_2,\cdots,\boldsymbol{e}_n$ 下的坐标就是该向量的分量，因此，$\boldsymbol{e}_1,\boldsymbol{e}_2,\cdots,\boldsymbol{e}_n$ 叫作 $\boldsymbol{R}^n$ 的自然基.

例 3.5.5 已知三维向量空间的一个基为 $\boldsymbol{\alpha}_1=(1,1,0)^{\mathrm{T}},\boldsymbol{\alpha}_2=(1,0,1)^{\mathrm{T}},\boldsymbol{\alpha}_3=(0,1,1)^{\mathrm{T}}$，求向量 $\boldsymbol{x}=(2,0,0)^{\mathrm{T}}$ 在上述基下的坐标.

解 令 $\boldsymbol{x}=(2,0,0)^{\mathrm{T}}$ 在给定基下的坐标为 (x_1,x_2,x_3)，则 $\boldsymbol{x}=x_1\boldsymbol{\alpha}_1+x_2\boldsymbol{\alpha}_2+x_3\boldsymbol{\alpha}_3$，于是

$$\begin{cases} x_1+x_2 \qquad =2 \\ x_1 \qquad +x_3=0 \\ \qquad x_2+x_3=0 \end{cases}$$

解得 $x_1=1, x_2=1, x_3=-1$，故向量 $\boldsymbol{x}$ 在基 $\boldsymbol{\alpha}_1,\boldsymbol{\alpha}_2,\boldsymbol{\alpha}_3$ 下的坐标是 $(1,1,-1)$.

3.5.3 过渡矩阵

事实上，在 n 维向量空间中，任意 n 个线性无关的向量都可以取作向量空间的基，同一向量在不同基下的坐标通常是不同的.那么，同一向量在不同基下的坐标有怎样的关系呢？

定义 3.5.5 设 $\boldsymbol{\alpha}_1,\boldsymbol{\alpha}_2,\cdots,\boldsymbol{\alpha}_n$ 与 $\boldsymbol{\beta}_1,\boldsymbol{\beta}_2,\cdots,\boldsymbol{\beta}_n$ 是 n 维向量空间的两组基，若

$$\begin{cases} \boldsymbol{\beta}_1=x_{11}\boldsymbol{\alpha}_1+x_{21}\boldsymbol{\alpha}_2+\cdots+x_{n1}\boldsymbol{\alpha}_n \\ \boldsymbol{\beta}_2=x_{12}\boldsymbol{\alpha}_1+x_{22}\boldsymbol{\alpha}_2+\cdots+x_{n2}\boldsymbol{\alpha}_n \\ \qquad\vdots \\ \boldsymbol{\beta}_n=x_{1n}\boldsymbol{\alpha}_1+x_{2n}\boldsymbol{\alpha}_2+\cdots+x_{nn}\boldsymbol{\alpha}_n \end{cases}$$

即

$$(\boldsymbol{\beta}_1,\boldsymbol{\beta}_2,\cdots,\boldsymbol{\beta}_n)=(\boldsymbol{\alpha}_1,\boldsymbol{\alpha}_2,\cdots,\boldsymbol{\alpha}_n)\boldsymbol{X}$$

其中

$$\boldsymbol{X}=\begin{pmatrix} x_{11} & x_{12} & \cdots & x_{1n} \\ x_{21} & x_{22} & \cdots & x_{2n} \\ \vdots & \vdots & & \vdots \\ x_{n1} & x_{n2} & \cdots & x_{nn} \end{pmatrix}$$

称为由基 $\boldsymbol{\alpha}_1,\boldsymbol{\alpha}_2,\cdots,\boldsymbol{\alpha}_n$ 到 $\boldsymbol{\beta}_1,\boldsymbol{\beta}_2,\cdots,\boldsymbol{\beta}_n$ 的过渡矩阵.

例如，$\boldsymbol{\alpha}_1=\begin{pmatrix}1\\0\end{pmatrix}$，$\boldsymbol{\alpha}_2=\begin{pmatrix}1\\-1\end{pmatrix}$ 与 $\boldsymbol{\beta}_1=\begin{pmatrix}1\\1\end{pmatrix}$，$\boldsymbol{\beta}_2=\begin{pmatrix}1\\2\end{pmatrix}$ 为 $\boldsymbol{R}^2$ 下的两组基，由于

$$\begin{cases} \boldsymbol{\beta}_1=2\boldsymbol{\alpha}_1-\boldsymbol{\alpha}_2 \\ \boldsymbol{\beta}_2=3\boldsymbol{\alpha}_1-2\boldsymbol{\alpha}_2 \end{cases}$$

因此，从基 $\boldsymbol{\alpha}_1,\boldsymbol{\alpha}_2$ 到基 $\boldsymbol{\beta}_1,\boldsymbol{\beta}_2$ 的过渡矩阵为

$$\boldsymbol{X}=\begin{pmatrix} 2 & 3 \\ -1 & -2 \end{pmatrix}$$

3.5.4 同步习题

1. 验证下列向量集合是否构成线性空间：

(1) $\mathbf{V}_1=\{x_1,0,\cdots,0,x_n \mid x_1,x_n\in\mathbf{R}\}$；

(2) $\mathbf{V}_2=\{x_1,x_2,\cdots,x_n \mid x_1+x_2+\cdots+x_n=0, x_i\in\mathbf{R}\}$；

(3) $\mathbf{V}_3=\{x_1,x_2,\cdots,x_n \mid x_1+x_2+\cdots+x_n=1, x_i\in\mathbf{R}\}$.

2. 在 $\boldsymbol{P}^4$ 中求向量 $\boldsymbol{\xi}$ 关于 $\boldsymbol{\varepsilon}_1,\boldsymbol{\varepsilon}_2,\boldsymbol{\varepsilon}_3,\boldsymbol{\varepsilon}_4$ 的坐标，其中 $\boldsymbol{\xi}=(1,2,-2,-1)^{\mathrm{T}}$，$\boldsymbol{\varepsilon}_1=(1,1,1,1)^{\mathrm{T}}$，$\boldsymbol{\varepsilon}_2=(1,1,-1,-1)^{\mathrm{T}}$，$\boldsymbol{\varepsilon}_3=(1,-1,1,-1)^{\mathrm{T}}$，$\boldsymbol{\varepsilon}_4=(1,-1,-1,1)^{\mathrm{T}}$.

3. 检验数域 $\boldsymbol{P}$ 上线性空间 $\boldsymbol{P}^4$ 的子集是否是 $\boldsymbol{P}^4$ 的线性空间.如果 $\boldsymbol{W}$ 是子空间,求其维数和一组基:

(1) $\boldsymbol{W}=\{(a_1,a_2,a_3,a_4)\,|\,a_1+a_2+a_3=a_4\}$;

(2) $\boldsymbol{W}=\{(a_1,a_2,a_3,a_4)\,|\,a_1^2=a_2\}$.

4. 在 $\boldsymbol{P}^4$ 中求由向量 $\boldsymbol{\alpha}_1,\boldsymbol{\alpha}_2,\boldsymbol{\alpha}_3,\boldsymbol{\alpha}_4$ 生成的子空间的维数和一组基:

(1) $\boldsymbol{\alpha}_1=(2,1,3,1)^{\mathrm{T}},\boldsymbol{\alpha}_2=(-1,1,2,3)^{\mathrm{T}},\boldsymbol{\alpha}_3=(0,1,2,1)^{\mathrm{T}},\boldsymbol{\alpha}_4=(1,1,3,-1)^{\mathrm{T}}$;

(2) $\boldsymbol{\alpha}_1=(2,1,3,-1),\boldsymbol{\alpha}_2=(1,-1,3,-1),\boldsymbol{\alpha}_3=(4,-1,9,-3),\boldsymbol{\alpha}_4=(1,5,-3,-1)$;

(3) $\boldsymbol{\alpha}_1=(2,1,3,-1),\boldsymbol{\alpha}_2=(1,-1,3,-1),\boldsymbol{\alpha}_3=(4,5,3,-1),\boldsymbol{\alpha}_4=(1,5,-3,1)$.

5. 设 $\boldsymbol{V}_r$ 是 n 维线性空间 $\boldsymbol{V}_n$ 的一个子空间,$\boldsymbol{\alpha}_1,\cdots,\boldsymbol{\alpha}_r$ 是 $\boldsymbol{V}_r$ 的一个基.试证:$\boldsymbol{V}_n$ 中存在元素 $\boldsymbol{\alpha}_{r+1},\cdots,\boldsymbol{\alpha}_n$ 使 $\boldsymbol{\alpha}_1,\cdots,\boldsymbol{\alpha}_r,\boldsymbol{\alpha}_{r+1},\cdots,\boldsymbol{\alpha}_n$ 成为 $\boldsymbol{V}_n$ 的一个基.

3.6 线性方程组解的结构

本节要求:通过本节的学习,学生应理解齐次和非齐次线性方程组的基础解系和通解的概念,掌握齐次线性方程组基础解系的求法,理解非齐次线性方程组解的结构和通解的求法。

我们已经学习了线性方程组的求解方法,下面利用向量这个工具,对方程组解的结构做进一步解释.

3.6.1 齐次线性方程组解的结构

一般地,齐次线性方程组的解向量具有如下性质:

性质 3.6.1 若 $\boldsymbol{x}=\boldsymbol{\xi}_1,\boldsymbol{x}=\boldsymbol{\xi}_2$ 均为 $\boldsymbol{Ax}=\boldsymbol{0}$ 的解,则 $\boldsymbol{x}=\boldsymbol{\xi}_1+\boldsymbol{\xi}_2$ 也是 $\boldsymbol{Ax}=\boldsymbol{0}$ 的解.

性质 3.6.2 若 $\boldsymbol{x}=\boldsymbol{\xi}$ 为 $\boldsymbol{Ax}=\boldsymbol{0}$ 的解,k 为实数,则 $\boldsymbol{x}=k\boldsymbol{\xi}$ 也是 $Ax=\boldsymbol{0}$ 的解.

证明请读者自行完成.

容易看出,齐次线性方程组必有零解.由上述性质可知,若 $\boldsymbol{\eta}_1,\boldsymbol{\eta}_2,\cdots,\boldsymbol{\eta}_t$ 是齐次线性方程组的解,则 $k_1\boldsymbol{\eta}_1+k_2\boldsymbol{\eta}_2+\cdots+k_t\boldsymbol{\eta}_t$ 也是其解.即若齐次线性方程组有非零解,则其解一定有无穷多个.如何表示这无穷多个解呢?

定义 3.6.1 如果 $\boldsymbol{\eta}_1,\boldsymbol{\eta}_2,\cdots,\boldsymbol{\eta}_t$ 满足:

(1) $\boldsymbol{\eta}_1,\boldsymbol{\eta}_2,\cdots,\boldsymbol{\eta}_t$ 是 $\boldsymbol{Ax}=\boldsymbol{0}$ 的解;

(2) $\boldsymbol{\eta}_1,\boldsymbol{\eta}_2,\cdots,\boldsymbol{\eta}_t$ 线性无关;

(3) $\boldsymbol{Ax}=\boldsymbol{0}$ 的任一解都可以由 $\boldsymbol{\eta}_1,\boldsymbol{\eta}_2,\cdots,\boldsymbol{\eta}_t$ 线性表示,则称 $\boldsymbol{\eta}_1,\boldsymbol{\eta}_2,\cdots,\boldsymbol{\eta}_t$ 为齐次线性方程组 $\boldsymbol{Ax}=\boldsymbol{0}$ 的基础解系.

简言之,基础解系即为解向量组的极大无关组.

定理 3.6.1 对于 n 元齐次线性方程组 $\boldsymbol{A}_{m\times n}\boldsymbol{x}=\boldsymbol{0}$,若 $R(\boldsymbol{A})=r<n$,则 $\boldsymbol{A}_{m\times n}\boldsymbol{x}=\boldsymbol{0}$ 必有基础解系,且任一基础解系中必含有 $n-r$ 个解向量.

证明　因为 $R(\boldsymbol{A})=r<n$，不妨设 $\boldsymbol{A}$ 的前 r 个列向量线性无关，于是，$\boldsymbol{A}$ 的行最简形为

$$\boldsymbol{A}\rightarrow\begin{pmatrix}1 & 0 & \cdots & 0 & b_{11} & \cdots & b_{1,n-r}\\ 0 & 1 & \cdots & 0 & b_{21} & \cdots & b_{2,n-r}\\ \vdots & \vdots & & \vdots & \vdots & & \vdots\\ 0 & 0 & \cdots & 1 & b_{r1} & \cdots & b_{r,n-r}\\ 0 & 0 & \cdots & 0 & 0 & \cdots & 0\\ \vdots & \vdots & & \vdots & \vdots & & \vdots\\ 0 & 0 & \cdots & 0 & 0 & \cdots & 0\end{pmatrix}=\boldsymbol{B}$$

则原方程组的同解方程组为

$$\begin{cases}x_1=-b_{11}x_{r+1}-\cdots-b_{1,n-r}x_n\\ x_2=-b_{21}x_{r+1}-\cdots-b_{2,n-r}x_n\\ \qquad\vdots\\ x_r=-b_{r1}x_{r+1}-\cdots-b_{r,n-r}x_n\end{cases}\tag{3.6.1}$$

任意取定 $x_{r+1},x_{r+2},\cdots,x_n$ 的一组值，可唯一确定方程组(3.6.1)的解，即原方程组的一组解.

现分别取 $x_{r+1},x_{r+2},\cdots,x_n$ 为

$$\begin{pmatrix}x_{r+1}\\ x_{r+2}\\ \vdots\\ x_n\end{pmatrix}=\begin{pmatrix}1\\0\\ \vdots\\0\end{pmatrix},\begin{pmatrix}0\\1\\ \vdots\\0\end{pmatrix},\cdots,\begin{pmatrix}0\\0\\ \vdots\\1\end{pmatrix}$$

代入方程组(3.6.1)，依次可得

$$\begin{pmatrix}x_1\\ x_2\\ \vdots\\ x_r\end{pmatrix}=\begin{pmatrix}-b_{11}\\-b_{21}\\ \vdots\\-b_{r1}\end{pmatrix},\begin{pmatrix}-b_{12}\\-b_{22}\\ \vdots\\-b_{r2}\end{pmatrix},\cdots,\begin{pmatrix}-b_{1,n-r}\\-b_{2,n-r}\\ \vdots\\-b_{r,n-r}\end{pmatrix}$$

从而得到方程组(3.6.1)(也就是原方程组)的 $n-r$ 个解，记为 $\boldsymbol{\xi}_1,\boldsymbol{\xi}_2,\cdots,\boldsymbol{\xi}_{n-r}$.

下面证明 $\boldsymbol{\xi}_1,\boldsymbol{\xi}_2,\cdots,\boldsymbol{\xi}_{n-r}$ 是原方程组的一个基础解系.

首先，由于 $\begin{pmatrix}1\\0\\ \vdots\\0\end{pmatrix},\begin{pmatrix}0\\1\\ \vdots\\0\end{pmatrix},\cdots,\begin{pmatrix}0\\0\\ \vdots\\1\end{pmatrix}$ 线性无关，添加分量后 $\boldsymbol{\xi}_1,\boldsymbol{\xi}_2,\cdots,\boldsymbol{\xi}_{n-r}$ 也是线性无关的；

其次，设原方程组的任意解为 $\boldsymbol{\xi}=(\lambda_1,\cdots,\lambda_r,\lambda_{r+1},\cdots,\lambda_n)^{\mathrm{T}}$，它也是方程组(3.6.1)的一个解.

考虑向量

$$\boldsymbol{\eta}=\lambda_{r+1}\boldsymbol{\xi}_1+\lambda_{r+2}\boldsymbol{\xi}_2+\cdots+\lambda_n\boldsymbol{\xi}_{n-r}=(*,\cdots,*,\lambda_{r+1},\cdots,\lambda_n)^{\mathrm{T}}$$

$\boldsymbol{\eta}$ 是方程组(3.6.1)的一个解.由于方程组(3.6.1)的任一个解的前 r 个坐标由后 $n-r$ 个坐标唯一确定，而 $\boldsymbol{\eta}$ 与 $\boldsymbol{\xi}$ 的后 $n-r$ 个坐标相等，所以 $\boldsymbol{\eta}$ 与 $\boldsymbol{\xi}$ 的前 r 个坐标也相等，即

$$\boldsymbol{\xi}=\boldsymbol{\eta}=\lambda_{r+1}\boldsymbol{\xi}_1+\lambda_{r+2}\boldsymbol{\xi}_2+\cdots+\lambda_n\boldsymbol{\xi}_{n-r}$$

从而方程组的任一个解可由 $\boldsymbol{\xi}_1,\boldsymbol{\xi}_2,\cdots,\boldsymbol{\xi}_{n-r}$ 线性表示，即 $\boldsymbol{\xi}_1,\boldsymbol{\xi}_2,\cdots,\boldsymbol{\xi}_{n-r}$ 是原方程组的一个基础解系.证毕.

从而当 $R(\mathbf{A})=r<n$ 时，方程组 $\mathbf{A}\boldsymbol{x}=\mathbf{0}$ 的基础解系中必含有 $n-r$ 个向量 $\boldsymbol{\xi}_1,\boldsymbol{\xi}_2,\cdots,\boldsymbol{\xi}_{n-r}$，此时，方程组的通解可表示为

$$\boldsymbol{x}=k_1\boldsymbol{\xi}_1+k_2\boldsymbol{\xi}_2+\cdots+k_{n-r}\boldsymbol{\xi}_{n-r}$$

其中 $k_1,k_2,\cdots,k_{n-r}\in\mathbf{R}$.

根据上述讨论，可将求解方程组 $\mathbf{A}\boldsymbol{x}=\mathbf{0}$ 的基础解系的步骤归纳如下：

第一步，对系数矩阵 $\mathbf{A}$ 施行初等行变换，将其化为行最简形 $\boldsymbol{B}$，可得到 $R(\mathbf{A})$.

当 $R(\mathbf{A})=n$ 时，方程组 $\mathbf{A}_{m\times n}\boldsymbol{x}=\mathbf{0}$ 只有零解，故没有基础解系；

当 $R(\mathbf{A})=r<n$ 时，方程组 $\mathbf{A}_{m\times n}\boldsymbol{x}=\mathbf{0}$ 的基础解系中必含有 $n-r$ 个向量.

第二步，在行最简形中选择非零首元所在列对应的 r 个变量为主变量，其余 $n-r$ 个为自由变量.写出与行最简形等价的方程组，并用自由变量表示主变量.

第三步，令这 $n-r$ 个自由变量依次取 1，其余取 0，把它们代入上述方程组中，就得到方程组的 $n-r$ 个解向量，这 $n-r$ 个解向量就构成方程组的一个基础解系.

例 3.6.1 求齐次线性方程组

$$\begin{cases}x_1+x_2-x_3-x_4=0\\2x_1-5x_2+3x_3+2x_4=0\\7x_1-7x_2+3x_3+x_4=0\end{cases}$$

的基础解系与通解.

微课：例 3.6.1

解 对系数矩阵 $\mathbf{A}$ 作初等行变换，变为行最简矩阵，有

$$\mathbf{A}=\begin{pmatrix}1&1&-1&-1\\2&-5&3&2\\7&-7&3&1\end{pmatrix}\xrightarrow{r}\begin{pmatrix}1&0&-2/7&-3/7\\0&1&-5/7&-4/7\\0&0&0&0\end{pmatrix}$$

可见 $R(\mathbf{A})=2<4$，故方程组有无穷多解，而 $n-r=4-2=2$，所以基础解系中有 2 个线性无关的解向量.由系数矩阵 $\mathbf{A}$ 初等行变换的结果可得同解方程组

$$\begin{cases}x_1=\dfrac{2}{7}x_3+\dfrac{3}{7}x_4\\[2mm]x_2=\dfrac{5}{7}x_3+\dfrac{4}{7}x_4\end{cases}$$

令 $\begin{pmatrix}x_3\\x_4\end{pmatrix}=\begin{pmatrix}7\\0\end{pmatrix}$ 及 $\begin{pmatrix}0\\7\end{pmatrix}$，对应有 $\begin{pmatrix}x_1\\x_2\end{pmatrix}=\begin{pmatrix}2\\5\end{pmatrix}$ 及 $\begin{pmatrix}3\\4\end{pmatrix}$，即得基础解系

$$\boldsymbol{\eta}_1=\begin{pmatrix}2\\5\\7\\0\end{pmatrix},\boldsymbol{\eta}_2=\begin{pmatrix}3\\4\\0\\7\end{pmatrix}$$

并由此得到通解

$$\begin{pmatrix}x_1\\x_2\\x_3\\x_4\end{pmatrix}=c_1\begin{pmatrix}2\\5\\7\\0\end{pmatrix}+c_2\begin{pmatrix}3\\4\\0\\7\end{pmatrix},(c_1,c_2\in\mathbf{R})$$

例 3.6.2　求解线性方程组

$$\begin{cases}x_1+x_2+x_3+4x_4-3x_5=0\\2x_1+x_2+3x_3+5x_4-5x_5=0\\x_1-x_2+3x_3-2x_4-x_5=0\\3x_1+x_2+5x_3+6x_4-7x_5=0\end{cases}.$$

解　对系数矩阵施行初等行变换

$$\boldsymbol{A}=\begin{pmatrix}1&1&1&4&-3\\2&1&3&5&-5\\1&-1&3&-2&-1\\3&1&5&6&-7\end{pmatrix}\xrightarrow{r}\begin{pmatrix}1&1&1&4&-3\\0&-1&1&-3&1\\0&-2&2&-6&2\\0&-2&2&-6&2\end{pmatrix}$$

$$\xrightarrow{r}\begin{pmatrix}1&1&1&4&-3\\0&-1&1&-3&1\\0&0&0&0&0\\0&0&0&0&0\end{pmatrix}\xrightarrow{r}\begin{pmatrix}1&0&2&1&-2\\0&1&-1&3&-1\\0&0&0&0&0\\0&0&0&0&0\end{pmatrix}$$

可见 $R(\boldsymbol{A})=r=2<5=n$ 故方程组有无穷多解，而 $n-r=3$，其基础解系中有三个线性无关的解向量.

令 $\begin{pmatrix}x_3\\x_4\\x_5\end{pmatrix}=\begin{pmatrix}1\\0\\0\end{pmatrix},\begin{pmatrix}0\\1\\0\end{pmatrix},\begin{pmatrix}0\\0\\1\end{pmatrix}$，将其代入方程组

$$\begin{cases}x_1=-2x_3-x_4+2x_5\\x_2=x_3-3x_4+x_5\\x_3=x_3\\x_4=x_4\\x_5=x_5\end{cases}$$

依次得 $\begin{pmatrix}x_1\\x_2\end{pmatrix}=\begin{pmatrix}-2\\1\end{pmatrix},\begin{pmatrix}-1\\-3\end{pmatrix},\begin{pmatrix}2\\1\end{pmatrix}$.所以原方程组的一个基础解系为

$$\boldsymbol{\xi}_1=\begin{pmatrix}-2\\1\\1\\0\\0\end{pmatrix},\boldsymbol{\xi}_2=\begin{pmatrix}-1\\-3\\0\\1\\0\end{pmatrix},\boldsymbol{\xi}_3=\begin{pmatrix}2\\1\\0\\0\\1\end{pmatrix}$$

故原方程组的通解为 $\boldsymbol{x}=k_1\boldsymbol{\xi}_1+k_2\boldsymbol{\xi}_2+k_3\boldsymbol{\xi}_3$，其中 k_1,k_2,k_3 为任意常数.

3.6.2　非齐次线性方程组解的结构

一般地，非齐次线性方程组的解向量具有如下性质.

性质 3.6.3　设 $\boldsymbol{x}=\boldsymbol{\eta}_1$ 及 $\boldsymbol{x}=\boldsymbol{\eta}_2$ 都是方程组 $\boldsymbol{Ax}=\boldsymbol{b}$ 的解，则 $\boldsymbol{x}=\boldsymbol{\eta}_1-\boldsymbol{\eta}_2$ 为对应的齐次方程组 $\boldsymbol{Ax}=\boldsymbol{0}$ 的解.

性质 3.6.4　设 $\boldsymbol{x}=\boldsymbol{\eta}$ 是方程组 $\boldsymbol{Ax}=\boldsymbol{b}$ 的解，$\boldsymbol{x}=\boldsymbol{\xi}$ 是 $\boldsymbol{Ax}=\boldsymbol{0}$ 的解，则 $\boldsymbol{x}=\boldsymbol{\xi}+\boldsymbol{\eta}$ 仍旧是 $\boldsymbol{Ax}=\boldsymbol{b}$ 的解.

请读者自行证明.

由非齐次线性方程组解的性质不难得出：若 n 元非齐次线性方程组 $\boldsymbol{Ax}=\boldsymbol{b}$ 满足 $R(\boldsymbol{A})=R(\bar{\boldsymbol{A}})=r<n$，此时 $\boldsymbol{Ax}=\boldsymbol{b}$ 有无穷多解.它的通解可表示为

$$\boldsymbol{x}=k_1\boldsymbol{\xi}_1+\cdots+k_{n-r}\boldsymbol{\xi}_{n-r}+\boldsymbol{\eta}^*$$

其中 $k_1\boldsymbol{\xi}_1+k_2\boldsymbol{\xi}_2+\cdots+k_{n-r}\boldsymbol{\xi}_{n-r}$ 为对应齐次线性方程组的通解，$\boldsymbol{\eta}^*$ 为非齐次线性方程组的任意一个特解.

例 3.6.3　求解线性方程组

$$\begin{cases} x_1-x_2-x_3+x_4=0 \\ x_1-x_2+x_3-3x_4=1 \\ x_1-x_2-2x_3+3x_4=-1/2 \end{cases}.$$

解　对增广矩阵 $\bar{\boldsymbol{A}}$ 实施初等行变换

$$\bar{\boldsymbol{A}}=\left(\begin{array}{cccc:c} 1 & -1 & -1 & 1 & 0 \\ 1 & -1 & 1 & -3 & 1 \\ 1 & -1 & -2 & 3 & -1/2 \end{array}\right)\xrightarrow{r}\left(\begin{array}{cccc:c} 1 & -1 & 0 & -1 & 1/2 \\ 0 & 0 & 1 & -2 & 1/2 \\ 0 & 0 & 0 & 0 & 0 \end{array}\right)$$

可见 $R(\boldsymbol{A})=R(\bar{\boldsymbol{A}})=2$.故方程组有解.并有

$$\begin{cases} x_1=x_2+x_4+1/2 \\ x_3=\quad 2x_4+1/2 \end{cases}$$

取 $x_2=x_4=0$，则 $x_1=x_3=\dfrac{1}{2}$，即得方程组的一个解

$$\boldsymbol{\eta}^*=\begin{pmatrix} 1/2 \\ 0 \\ 1/2 \\ 0 \end{pmatrix}$$

在对应的齐次线性方程组 $\begin{cases} x_1=x_2+x_4, \\ x_3=\quad 2x_4 \end{cases}$ 中，取 $\begin{pmatrix} x_2 \\ x_4 \end{pmatrix}=\begin{pmatrix} 1 \\ 0 \end{pmatrix}$ 及 $\begin{pmatrix} 0 \\ 1 \end{pmatrix}$，则

$$\begin{pmatrix} x_1 \\ x_3 \end{pmatrix}=\begin{pmatrix} 1 \\ 0 \end{pmatrix},\begin{pmatrix} 1 \\ 2 \end{pmatrix}$$

对应的齐次线性方程组的基础解系为

$$\boldsymbol{\xi}_1=\begin{pmatrix} 1 \\ 1 \\ 0 \\ 0 \end{pmatrix},\boldsymbol{\xi}_2=\begin{pmatrix} 1 \\ 0 \\ 2 \\ 1 \end{pmatrix},$$

于是所求的通解为 $\begin{pmatrix} x_1 \\ x_2 \\ x_3 \\ x_4 \end{pmatrix}=c_1\begin{pmatrix} 1 \\ 1 \\ 0 \\ 0 \end{pmatrix}+c_2\begin{pmatrix} 1 \\ 0 \\ 2 \\ 1 \end{pmatrix}+\begin{pmatrix} 1/2 \\ 0 \\ 1/2 \\ 0 \end{pmatrix}$，$(c_1,c_2\in\mathbf{R})$.

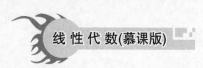

微课：例 3.6.4

例 3.6.4　非齐次线性方程组

$$\begin{cases}-2x_1+x_2+x_3=-2\\ x_1-2x_2+x_3=\lambda\\ x_1+x_2-2x_3=\lambda^2\end{cases}$$

当 λ 取何值时有解？并求出它的解.

解　$\overline{\boldsymbol{A}}=\left(\begin{array}{ccc|c}-2 & 1 & 1 & -2\\ 1 & -2 & 1 & \lambda\\ 1 & 1 & -2 & \lambda^2\end{array}\right)\xrightarrow{r}\left(\begin{array}{ccc|c}1 & -2 & 1 & \lambda\\ 0 & 1 & -1 & -\dfrac{2}{3}(\lambda-1)\\ 0 & 0 & 0 & (\lambda-1)(\lambda+2)\end{array}\right)$

当 $(1-\lambda)(\lambda+2)=0$ 时，$R(\boldsymbol{A})=R(\overline{\boldsymbol{A}})$，方程组有解.解得 $\lambda=1,\lambda=-2$.

当 $\lambda=1$ 时，$\overline{\boldsymbol{A}}\xrightarrow{r}\left(\begin{array}{ccc|c}1 & -2 & 1 & 1\\ 0 & 1 & -1 & 0\\ 0 & 0 & 0 & 0\end{array}\right)\xrightarrow{r}\left(\begin{array}{ccc|c}1 & 0 & -1 & 1\\ 0 & 1 & -1 & 0\\ 0 & 0 & 0 & 0\end{array}\right)$，同解方程组为 $\begin{cases}x_1=x_3+1\\ x_2=x_3\\ x_3=x_3\end{cases}$.

取 $x_3=0$，求得该方程组的一个特解 $\boldsymbol{\eta}^*=\begin{pmatrix}1\\0\\0\end{pmatrix}$，对应的齐次方程组为 $\begin{cases}x_1=x_3\\ x_2=x_3\\ x_3=x_3\end{cases}$，取 $x_3=1$，得齐次方程组的基础解系 $\boldsymbol{\xi}=\begin{pmatrix}1\\1\\1\end{pmatrix}$.

故当 $\lambda=1$ 时，方程组的通解为 $\begin{pmatrix}x_1\\x_2\\x_3\end{pmatrix}=k\begin{pmatrix}1\\1\\1\end{pmatrix}+\begin{pmatrix}1\\0\\0\end{pmatrix}(k\in\mathbf{R})$.

当 $\lambda=-2$ 时，参考上面的过程，可得方程组的通解为

$$\begin{pmatrix}x_1\\x_2\\x_3\end{pmatrix}=k\begin{pmatrix}1\\1\\1\end{pmatrix}+\begin{pmatrix}2\\2\\0\end{pmatrix}(k\in\mathbf{R}),$$

3.6.3　同步习题

1. 解下列方程组：

(1) 设系数矩阵 $\boldsymbol{A}=\begin{pmatrix}1 & 2 & 2 & 0\\ 1 & 3 & 4 & -2\\ 1 & 1 & 0 & 2\end{pmatrix}$，求 $\boldsymbol{Ax}=\boldsymbol{0}$ 的一个基础解系；

(2) 求齐次线性方程组 $\begin{cases}x_1+x_2-x_3+x_4=0\\ x_1-x_2+2x_3-x_4=0\\ 3x_1+x_2+x_4=0\end{cases}$ 的一个基础解系，并用此基础解系表示方程组的全部解；

(3) 求齐次线性方程组 $\begin{cases} x_1 - x_2 + 5x_3 - x_4 = 0 \\ x_1 + x_2 - 2x_3 + 3x_4 = 0 \\ 3x_1 - x_2 + 8x_3 + x_4 = 0 \\ x_1 + 3x_2 - 9x_3 + 7x_4 = 0 \end{cases}$ 的一个基础解系和通解.

2. 解下列方程组:

(1) 设 $\boldsymbol{A} = \begin{pmatrix} 1 & 2 & 2 & 0 \\ 1 & 3 & 4 & -2 \\ 1 & 1 & 0 & 2 \end{pmatrix}$, $\boldsymbol{b} = \begin{pmatrix} 5 \\ 6 \\ 4 \end{pmatrix}$, 求 $\boldsymbol{Ax} = \boldsymbol{b}$ 的通解;

(2)求方程组 $\begin{cases} x_1 + x_2 + x_3 + x_4 + x_5 = 2 \\ 2x_1 + 3x_2 + x_3 + x_4 - 3x_5 = 0 \\ x_1 \qquad + 2x_3 + 2x_4 + 6x_5 = 6 \\ 4x_1 + 5x_2 + 3x_3 + 3x_4 - x_5 = 4 \end{cases}$ 的一般解;

(3) 求解线性方程组

$$\begin{cases} x_1 - 2x_2 + 3x_3 + x_4 + x_5 = 7 \\ x_1 + x_2 - x_3 - x_4 - 2x_5 = 2 \\ 2x_1 - x_2 + x_3 \qquad - 2x_5 = 7 \\ 2x_1 + 2x_2 + 5x_3 - x_4 + x_5 = 18 \end{cases}.$$

3. 问 λ 取何值时,方程组 $\begin{cases} x_1 + 2x_2 + \lambda x_3 = 2 \\ 2x_1 + \frac{4}{3}\lambda x_2 + 6x_3 = 4 \\ \lambda x_1 + 6x_2 + 9x_3 = 6 \end{cases}$

(1) 无解;(2)有唯一解;(3)有无穷多解.

4. 讨论 a,b 取何值时,方程组 $\begin{cases} x_1 + 2x_2 + 3x_3 - x_4 = 1 \\ x_1 + x_2 + 2x_3 + 3x_4 = 1 \\ 3x_1 - x_2 - x_3 - 2x_4 = a \\ 2x_1 + 3x_2 - x_3 + bx_4 = -6 \end{cases}$

(1) 有唯一解;(2)无解;(3)有无穷多解.

5. 当 a,b 为何值时,线性方程组

$$\begin{cases} x_1 + x_2 \qquad + x_3 + x_4 = 0 \\ \qquad x_2 \qquad + 2x_3 + 2x_4 = 1 \\ \qquad -x_2 + (a-3)x_3 - 2x_4 = b \\ 3x_1 + 2x_2 \qquad + x_3 + ax_4 = -1 \end{cases}$$

有唯一解、无解、有无穷多组解.并求出有无穷多解时的通解.

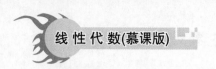

3.7　MATLAB 数学实验

3.7.1　求向量组的秩

直接使用命令语句 rank(A).

例 3.7.1　已知 $\boldsymbol{A}=\begin{pmatrix}1 & 2\\ 3 & 4\end{pmatrix}$,求 $R(\boldsymbol{A})$.

输入:

```
A= [1 2;3 4];
rank(A)
```

输出:

```
ans= 2
```

3.7.2　求向量组的极大无关组

先把向量按列向量构造矩阵 $\boldsymbol{A}$,用函数 rref(A)将矩阵化成行阶梯形矩阵,可得极大无关组.

例 3.7.2　求向量组 $\boldsymbol{\alpha}_1=(1,-1,2,4)$,$\boldsymbol{\alpha}_2=(0,3,1,2)$,$\boldsymbol{\alpha}_3=(3,0,7,14)$,$\boldsymbol{\alpha}_4=(1,-1,2,0)$,$\boldsymbol{\alpha}_5=(2,1,5,0)$的极大线性无关组.

在命令窗口输入:

```
A= [1 - 1 2 4;0 3 1 2;3 0 7 14;1 - 1  2 0;2 1 5 0];
B= transpose(A);
 rref(B)←┘
ans =  1.0000       0          3.0000         0          - 0.5000
        0         1.0000     1.0000         0           1.0000
        0           0          0          1.0000        2.5000
        0           0          0            0             0
```

可以从中看出 $\boldsymbol{\alpha}_1,\boldsymbol{\alpha}_2,\boldsymbol{\alpha}_4$;$\boldsymbol{\alpha}_1,\boldsymbol{\alpha}_2,\boldsymbol{\alpha}_5$;$\boldsymbol{\alpha}_1,\boldsymbol{\alpha}_3,\boldsymbol{\alpha}_4$ 或 $\boldsymbol{\alpha}_1,\boldsymbol{\alpha}_3,\boldsymbol{\alpha}_5$ 均为极大线性无关组.

3.7.3　求解线性方程组

1. 利用除法 \ 和 null 函数

例 3.7.3　解方程组 $\begin{cases}x_1+x_2-x_3-x_4=5\\ 2x_1-5x_2+3x_3+2x_4=-4.\\ 7x_1-7x_2+3x_3+x_4=7\end{cases}$

在命令窗口输入：

```
A= [1 1 - 1 - 1;2 - 5 3 2;7 - 7 3 1];
b= [5; - 4; 7];
format rat←┘
x1= A\b                    % 求得非齐次方程组 Ax= b 的一个特解 x1
Y= null(A,'r')             % 求得齐次方程组 Ax= 0 的基础解系 Y
```

符号%后为解释说明，实际中可不输入

2. 利用 rref 函数

在命令窗口输入以下命令：

```
format rat
A= [1 1 - 1 - 1;2 - 5 3 2;7 - 7 3 1];
b= [5; - 4; 7];
```

T=rref([Ab]) %用初等行变换将增广矩阵 $[\boldsymbol{A}\ \boldsymbol{b}]$ 化成行阶梯形，见例 3.7.2.

课程思政

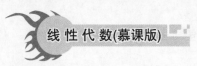

苏步青　中国科学院院士，中国数学家、教育家，世界著名微分几何学家，射影微分几何学派的开拓者.他在仿射微分几何学和射影微分几何学、高维空间共轭理论等方面取得了突出成就，被誉为“东方国度上灿烂的数学明星”“东方第一几何学家”“数学之王”. 他为中国数学走向现代化做出了巨大贡献.

总复习题

第一部分：基础题

一、填空题

1. 已知线性方程组 $\begin{cases} x+y=0 \\ -2x+3y=5 \\ 2x+y=a \end{cases}$ 有解，则 $a=$________.

2. n 元线性方程组 $\boldsymbol{Ax}=\boldsymbol{b}$ 有无穷多解的充分必要条件是 $R(\boldsymbol{A})$________$R(\boldsymbol{A}|\boldsymbol{b})$________$n$；(在横线上填写“>”“<”“=”).

3. 向量$\boldsymbol{\alpha}=(1,a,2)$与$\boldsymbol{\beta}=(2,4,b)$线性相关，则$a=$________ $b=$________.

4. 设$x_1+2x_2+\cdots+nx_n=0$，则它的基础解系中所含向量的个数为________.

5. 设$\boldsymbol{\alpha}_1,\boldsymbol{\alpha}_2,\boldsymbol{\alpha}_3$均为三维列向量，且行列式$|\boldsymbol{\alpha}_1,\boldsymbol{\alpha}_2,\boldsymbol{\alpha}_3|=0$，则方程组$\boldsymbol{\alpha}_1x_1+\boldsymbol{\alpha}_2x_2+\boldsymbol{\alpha}_3x_3=0$有________解，而向量组$\boldsymbol{\alpha}_1,\boldsymbol{\alpha}_2,\boldsymbol{\alpha}_3$线性________.

6. 如果向量$\boldsymbol{\alpha}_1,\boldsymbol{\alpha}_2,\boldsymbol{\alpha}_3$线性无关，则$\boldsymbol{\alpha}_1+\boldsymbol{\alpha}_2,\boldsymbol{\alpha}_2+\boldsymbol{\alpha}_3,\boldsymbol{\alpha}_3+\boldsymbol{\alpha}_1$的线性关系是________.

7. 设$\boldsymbol{A},\boldsymbol{B}$为四阶方阵，且满足$\boldsymbol{AB}=\boldsymbol{0}$，$R(\boldsymbol{A})=2$，则$R(\boldsymbol{B})\leqslant$________.

8. 设n阶矩阵$\boldsymbol{A}$的各行元素之和均为0，且$R(\boldsymbol{A})=n-1$，则线性方程组$\boldsymbol{Ax}=\boldsymbol{0}$的通解为________.

9. 已知向量组$\boldsymbol{\alpha}_1=(1,2,3,4)^{\mathrm{T}},\boldsymbol{\alpha}_2=(2,3,4,5)^{\mathrm{T}},\boldsymbol{\alpha}_3=(3,4,5,6)^{\mathrm{T}},\boldsymbol{\alpha}_4=(4,5,6,7)^{\mathrm{T}}$，则该向量组的秩是________.

10. 设向量组$\boldsymbol{\alpha}_1=(a,0,c)^{\mathrm{T}},\boldsymbol{\alpha}_2=(b,c,0)^{\mathrm{T}},\boldsymbol{\alpha}_3=(0,a,b)^{\mathrm{T}}$线性无关，则$a,b,c$满足关系式________.

二、单项选择题

1. 设矩阵$\boldsymbol{A}=(a_{ij})_{m\times n}$，$\boldsymbol{Ax}=\boldsymbol{0}$仅有零解的充分必要条件是(　　).

A. $\boldsymbol{A}$的行向量组线性无关　　B. $\boldsymbol{A}$的行向量组线性相关

C. $\boldsymbol{A}$的列向量组线性无关　　D. $\boldsymbol{A}$的列向量组线性相关

2. 非齐次线性方程组$\boldsymbol{Ax}=\boldsymbol{b}$的对应的齐次线性方程组$\boldsymbol{Ax}=\boldsymbol{0}$，则(　　).

A. $\boldsymbol{Ax}=\boldsymbol{0}$只有零解时，$\boldsymbol{Ax}=\boldsymbol{b}$有唯一解

B. $\boldsymbol{Ax}=\boldsymbol{0}$有非零解时，$\boldsymbol{Ax}=\boldsymbol{b}$有无穷多解

C. $\boldsymbol{Ax}=\boldsymbol{b}$有非零解时，$\boldsymbol{Ax}=\boldsymbol{0}$只有零解

D. $\boldsymbol{Ax}=\boldsymbol{b}$有无穷多解时，$\boldsymbol{Ax}=\boldsymbol{0}$有非零解

3. 若向量组$\boldsymbol{\alpha},\boldsymbol{\beta},\boldsymbol{\gamma}$线性无关，$\boldsymbol{\alpha},\boldsymbol{\beta},\boldsymbol{\delta}$线性相关，则(　　).

A. $\boldsymbol{\alpha}$必可以由$\boldsymbol{\beta},\boldsymbol{\gamma},\boldsymbol{\delta}$线性表示

B. $\boldsymbol{\beta}$必不可以由$\boldsymbol{\alpha},\boldsymbol{\gamma},\boldsymbol{\delta}$线性表示

C. $\boldsymbol{\delta}$必可以由$\boldsymbol{\alpha},\boldsymbol{\beta},\boldsymbol{\gamma}$线性表示

D. $\boldsymbol{\delta}$必不可以由$\boldsymbol{\alpha},\boldsymbol{\beta},\boldsymbol{\gamma}$线性表示

4. 设$\boldsymbol{A}$是n阶方阵，如果$R(\boldsymbol{A})<n$，则(　　).

A. $\boldsymbol{A}$的任意一个行(列)向量都是其余行(列)向量的线性组合

B. $\boldsymbol{A}$的行向量中至少有一个为零向量

C. $\boldsymbol{A}$的行(列)向量组中必有一个行(列)向量是其余行(列)向量的线性组合

D. $\boldsymbol{A}$的行(列)向量组中必有两行(列)向量对应元素成比例

5. 设向量组$\boldsymbol{\alpha}_1,\boldsymbol{\alpha}_2,\cdots,\boldsymbol{\alpha}_s$线性无关的充分必要条件是(　　).

A. $\boldsymbol{\alpha}_1,\boldsymbol{\alpha}_2,\cdots,\boldsymbol{\alpha}_s$均不为零向量

B. $\boldsymbol{\alpha}_1,\boldsymbol{\alpha}_2,\cdots,\boldsymbol{\alpha}_s$中任意两个向量的对应分量不成比例

C. $\boldsymbol{\alpha}_1,\boldsymbol{\alpha}_2,\cdots,\boldsymbol{\alpha}_s$中有一个部分组线性无关

D. $\boldsymbol{\alpha}_1,\boldsymbol{\alpha}_2,\cdots,\boldsymbol{\alpha}_s$中任意一个向量都不能由其余$s-1$个向量线性表示

三、计算题

1. 设向量组 $\boldsymbol{A}:\boldsymbol{\alpha}_1=\begin{pmatrix}1\\1\\1\\3\end{pmatrix}$，$\boldsymbol{\alpha}_2=\begin{pmatrix}-1\\-3\\5\\1\end{pmatrix}$，$\boldsymbol{\alpha}_3=\begin{pmatrix}3\\2\\-1\\4\end{pmatrix}$，$\boldsymbol{\alpha}_4=\begin{pmatrix}-2\\-6\\10\\2\end{pmatrix}$，求向量组 $\boldsymbol{A}$ 的一个极大无关组.

2. 设向量组 $\boldsymbol{\alpha}_1=(a,2,1)^{\mathrm{T}}$，$\boldsymbol{\alpha}_2=(2,a,0)^{\mathrm{T}}$，$\boldsymbol{\alpha}_3=(1,-1,1)^{\mathrm{T}}$，试确定 a 的值，使向量组线性相关.

3. 求齐次线性方程组 $\begin{cases}x_1+x_2-x_3-x_4=0\\2x_1-5x_2+3x_3+2x_4=0\\7x_1-7x_2+3x_3+x_4=0\\x_1+x_3+x_4=0\end{cases}$ 的基础解系与通解.

4. 已知四阶矩阵 $\boldsymbol{A}=(\boldsymbol{\alpha}_1,\boldsymbol{\alpha}_2,\boldsymbol{\alpha}_3,\boldsymbol{\alpha}_4)$，且 $\boldsymbol{\alpha}_1,\boldsymbol{\alpha}_2,\boldsymbol{\alpha}_3,\boldsymbol{\alpha}_4$ 均为四维列向量，其中 $\boldsymbol{\alpha}_2,\boldsymbol{\alpha}_3,\boldsymbol{\alpha}_4$ 线性无关，$\boldsymbol{\alpha}_1=2\boldsymbol{\alpha}_2-\boldsymbol{\alpha}_3$，如果 $\boldsymbol{\beta}=\boldsymbol{\alpha}_1+\boldsymbol{\alpha}_2+\boldsymbol{\alpha}_3+\boldsymbol{\alpha}_4$，求线性方程组 $\boldsymbol{Ax}=\boldsymbol{\beta}$ 的全部解.

5. 已知向量组 $\boldsymbol{\alpha}_1=(1,2,-3)^{\mathrm{T}}$，$\boldsymbol{\alpha}_2=(3,0,1)^{\mathrm{T}}$，$\boldsymbol{\alpha}_3=(9,6,-7)^{\mathrm{T}}$ 与向量组 $\boldsymbol{\beta}_1=(0,1,-1)^{\mathrm{T}}$，$\boldsymbol{\beta}_2=(a,2,1)^{\mathrm{T}}$，$\boldsymbol{\beta}_3=(b,1,0)^{\mathrm{T}}$ 有相同的秩，且 $\boldsymbol{\beta}_3$ 可由 $\boldsymbol{\alpha}_1,\boldsymbol{\alpha}_2,\boldsymbol{\alpha}_3$ 线性表出，求 a,b 的值.

四、解答题

1. 设向量组 $\boldsymbol{A}:\boldsymbol{\alpha}_1=\begin{pmatrix}a\\2\\10\end{pmatrix}$，$\boldsymbol{\alpha}_2=\begin{pmatrix}-2\\1\\5\end{pmatrix}$，$\boldsymbol{\alpha}_3=\begin{pmatrix}-1\\1\\4\end{pmatrix}$，向量 $\boldsymbol{\beta}=\begin{pmatrix}1\\b\\c\end{pmatrix}$. 试问当 a,b,c 满足什么条件时：

(1) $\boldsymbol{\beta}$ 可由 $\boldsymbol{\alpha}_1,\boldsymbol{\alpha}_2,\boldsymbol{\alpha}_3$ 线性表示，且表示式唯一；

(2) $\boldsymbol{\beta}$ 不能由 $\boldsymbol{\alpha}_1,\boldsymbol{\alpha}_2,\boldsymbol{\alpha}_3$ 线性表示.

(3) $\boldsymbol{\beta}$ 可由 $\boldsymbol{\alpha}_1,\boldsymbol{\alpha}_2,\boldsymbol{\alpha}_3$ 线性表示，但不唯一，并求一般表达式.

2. λ 取何值时，线性方程组 $\begin{cases}2x_1-x_2+x_3+x_4=1\\x_1+2x_2-x_3+4x_4=2\\x_1+7x_2-4x_3+11x_4=\lambda\end{cases}$ 有解，并求出所有解.

五、证明题

1. 已知 $\boldsymbol{\alpha}_1,\boldsymbol{\alpha}_2,\boldsymbol{\alpha}_3$ 是线性无关的向量组，且 $\boldsymbol{\beta}_1=\boldsymbol{\alpha}_1+\boldsymbol{\alpha}_2$，$\boldsymbol{\beta}_2=\boldsymbol{\alpha}_2+2\boldsymbol{\alpha}_3$，$\boldsymbol{\beta}_3=3\boldsymbol{\alpha}_1+\boldsymbol{\alpha}_3$，证明向量组 $\boldsymbol{\beta}_1,\boldsymbol{\beta}_2,\boldsymbol{\beta}_3$ 线性无关.

2. 设 $\begin{cases}\boldsymbol{\beta}_1=\boldsymbol{\alpha}_2+\boldsymbol{\alpha}_3+\cdots+\boldsymbol{\alpha}_n\\\boldsymbol{\beta}_2=\boldsymbol{\alpha}_1+\boldsymbol{\alpha}_3+\cdots+\boldsymbol{\alpha}_n\\\quad\vdots\\\boldsymbol{\beta}_n=\boldsymbol{\alpha}_1+\boldsymbol{\alpha}_2+\cdots+\boldsymbol{\alpha}_{n-1}\end{cases}$，证明向量组 $\boldsymbol{A}:\boldsymbol{\alpha}_1,\boldsymbol{\alpha}_2,\cdots,\boldsymbol{\alpha}_n$ 与向量组 $\boldsymbol{B}:\boldsymbol{\beta}_1,\boldsymbol{\beta}_2,\cdots,\boldsymbol{\beta}_n$ 等价.

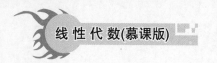

第二部分：拓展题

1. 设 $\boldsymbol{A}=(\boldsymbol{\alpha}_1,\boldsymbol{\alpha}_2,\boldsymbol{\alpha}_3,\boldsymbol{\alpha}_4)$是四阶矩阵，$\boldsymbol{A}^*$ 是 $\boldsymbol{A}$ 的伴随矩阵，若$(1,0,1,0)^{\mathrm{T}}$ 是方程组 $\boldsymbol{Ax}=\boldsymbol{0}$ 的一个基础解系，则 $\boldsymbol{A^*x}=\boldsymbol{0}$ 的基础解系可为(　　).

A. $\boldsymbol{\alpha}_1,\boldsymbol{\alpha}_3$　　B. $\boldsymbol{\alpha}_1,\boldsymbol{\alpha}_2$　　C. $\boldsymbol{\alpha}_1,\boldsymbol{\alpha}_2,\boldsymbol{\alpha}_3$　　D. $\boldsymbol{\alpha}_2,\boldsymbol{\alpha}_3,\boldsymbol{\alpha}_4$

2. 设$\boldsymbol{\alpha}_1=\begin{pmatrix}0\\0\\c_1\end{pmatrix},\boldsymbol{\alpha}_2=\begin{pmatrix}0\\1\\c_2\end{pmatrix},\boldsymbol{\alpha}_3=\begin{pmatrix}1\\-1\\c_3\end{pmatrix},\boldsymbol{\alpha}_4=\begin{pmatrix}-1\\1\\c_4\end{pmatrix}$，其中 c_1,c_2,c_3,c_4 为任意常数，则下列向量组线性相关的为(　　).

A. $\boldsymbol{\alpha}_1,\boldsymbol{\alpha}_2,\boldsymbol{\alpha}_3$　　B. $\boldsymbol{\alpha}_1,\boldsymbol{\alpha}_2,\boldsymbol{\alpha}_4$　　C. $\boldsymbol{\alpha}_1,\boldsymbol{\alpha}_3,\boldsymbol{\alpha}_4$　　D. $\boldsymbol{\alpha}_2,\boldsymbol{\alpha}_3,\boldsymbol{\alpha}_4$

3. 设矩阵 $\boldsymbol{A}=\begin{pmatrix}1&-1&-1\\-1&1&1\\0&-4&-2\end{pmatrix},\boldsymbol{\xi}_1=\begin{pmatrix}-1\\1\\-2\end{pmatrix}$.

(1) 求满足 $\boldsymbol{A\xi}_2=\boldsymbol{\xi}_1,\boldsymbol{A}^2\boldsymbol{\xi}_3=\boldsymbol{\xi}_1$ 的所有向量 $\boldsymbol{\xi}_2,\boldsymbol{\xi}_3$；

(2) 对(1)中的任一向量 $\boldsymbol{\xi}_2,\boldsymbol{\xi}_3$，证明 $\boldsymbol{\xi}_1,\boldsymbol{\xi}_2,\boldsymbol{\xi}_3$ 线性无关.

4. 设 $\boldsymbol{A}=\begin{pmatrix}1&a&0&0\\0&1&a&0\\0&0&1&a\\a&0&0&1\end{pmatrix},\boldsymbol{\beta}=\begin{pmatrix}1\\-1\\0\\0\end{pmatrix}$.

(1) 计算行列式$|\boldsymbol{A}|$.

(2) 当实数 a 为何值时，方程组 $\boldsymbol{Ax}=\boldsymbol{\beta}$ 有无穷多解，并求其通解.

5. 设 $\boldsymbol{A}=\begin{pmatrix}\lambda&1&1\\0&\lambda-1&0\\1&1&\lambda\end{pmatrix},\boldsymbol{b}=\begin{pmatrix}a\\1\\1\end{pmatrix}$，已知线性方程组 $\boldsymbol{Ax}=\boldsymbol{b}$ 存在两个不同的解，

(1) 求 λ 和 a；

(2) 求方程组 $\boldsymbol{Ax}=\boldsymbol{b}$ 的通解.

第三部分：考研真题

一、填空题

1. (2017 年，数学三)设矩阵 $\boldsymbol{A}=\begin{pmatrix}1&0&1\\1&1&2\\0&1&1\end{pmatrix}$，$\boldsymbol{\alpha}_1,\boldsymbol{\alpha}_2,\boldsymbol{\alpha}_3$ 为线性无关的三维列向量组，则向量组 $\boldsymbol{A\alpha}_1,\boldsymbol{A\alpha}_2,\boldsymbol{A\alpha}_3$ 的秩为________.

2. (2018 年，数学三)设 $\boldsymbol{A}$ 为三阶矩阵，$\boldsymbol{a}_1,\boldsymbol{a}_2,\boldsymbol{a}_3$ 是线性无关的向量组，若 $\boldsymbol{Aa}_1=\boldsymbol{a}_1+\boldsymbol{a}_2$，$\boldsymbol{Aa}_2=\boldsymbol{a}_2+\boldsymbol{a}_3,\boldsymbol{Aa}_3=\boldsymbol{a}_1+\boldsymbol{a}_3$，则$|\boldsymbol{A}|=$________.

3. (2019 年，数学一)设 $\boldsymbol{A}=(\boldsymbol{\alpha}_1,\boldsymbol{\alpha}_2,\boldsymbol{\alpha}_3)$ 为三阶矩阵，若 $\boldsymbol{\alpha}_1,\boldsymbol{\alpha}_2$ 线性无关，且 $\boldsymbol{\alpha}_3=-\boldsymbol{\alpha}_1+2\boldsymbol{\alpha}_2$，则线性方程组 $\boldsymbol{Ax}=\boldsymbol{0}$ 的通解为________.

4. (2019 年,数学三)已知矩阵 $\boldsymbol{A}=\begin{pmatrix}1 & 0 & -1\\1 & 1 & -1\\0 & 1 & a^2-1\end{pmatrix}$,$\boldsymbol{b}=\begin{pmatrix}0\\1\\a\end{pmatrix}$.若线性方程组 $\boldsymbol{Ax}=\boldsymbol{b}$ 有无穷多解,则 $a=$________.

二、单项选择题

1. (2004 年,数学一)设 $\boldsymbol{A},\boldsymbol{B}$ 为满足 $\boldsymbol{AB}=\boldsymbol{0}$ 的任意两个非零矩阵,则必有(　　).

A. $\boldsymbol{A}$ 的列向量组线性相关,$\boldsymbol{B}$ 的行向量组线性相关

B. $\boldsymbol{A}$ 的列向量组线性相关,$\boldsymbol{B}$ 的列向量组线性相关

C. $\boldsymbol{A}$ 的行向量组线性相关,$\boldsymbol{B}$ 的列向量组线性相关

D. $\boldsymbol{A}$ 的行向量组线性相关,$\boldsymbol{B}$ 的行向量组线性相关

2. (2015 年,数学三)设矩阵 $\boldsymbol{A}=\begin{pmatrix}1 & 1 & 1\\1 & 2 & a\\1 & 4 & a^2\end{pmatrix}$,$\boldsymbol{b}=\begin{pmatrix}1\\d\\d^2\end{pmatrix}$.若集合 $\Omega=\{1,2\}$,则线性方程组 $\boldsymbol{Ax}=\boldsymbol{b}$ 有无穷多解的充分必要条件为(　　).

A. $a\notin\Omega,d\notin\Omega$　　　　B. $a\notin\Omega,d\in\Omega$

C. $a\in\Omega,d\notin\Omega$　　　　D. $a\in\Omega,d\in\Omega$

3. (2019 年,数学二)设 $\boldsymbol{A}$ 是四阶矩阵,$\boldsymbol{A}^*$ 是 $\boldsymbol{A}$ 的伴随矩阵,若线性方程组 $\boldsymbol{Ax}=\boldsymbol{0}$ 的基础解系中只有 2 个向量,则 $\boldsymbol{A}^*$ 的秩是(　　).

A. 0　　B. 1　　C. 2　　D. 3

4. (2020 年,数学一)已知直线 l_1:$\dfrac{x-a_2}{a_1}=\dfrac{y-b_2}{b_1}=\dfrac{z-c_2}{c_1}$ 与直线 l_2:$\dfrac{x-a_3}{a_2}=\dfrac{y-b_3}{b_2}=\dfrac{z-c_3}{c_2}$ 相交于一点,记向量 $\boldsymbol{\alpha}_i=\begin{pmatrix}a_i\\b_i\\c_i\end{pmatrix}$,$i=1,2,3$,则(　　).

A. $\boldsymbol{\alpha}_1$ 可由 $\boldsymbol{\alpha}_2,\boldsymbol{\alpha}_3$ 线性表示　　　　B. $\boldsymbol{\alpha}_2$ 可由 $\boldsymbol{\alpha}_1,\boldsymbol{\alpha}_3$ 线性表示

C. $\boldsymbol{\alpha}_3$ 可由 $\boldsymbol{\alpha}_1,\boldsymbol{\alpha}_2$ 线性表示　　　　D. $\boldsymbol{\alpha}_1,\boldsymbol{\alpha}_2,\boldsymbol{\alpha}_3$ 线性无关

5. (2020 年,数学二)四阶矩阵 $\boldsymbol{A}$ 不可逆,$\boldsymbol{A}_{12}\neq 0$,$\boldsymbol{\alpha}_1,\boldsymbol{\alpha}_2,\boldsymbol{\alpha}_3,\boldsymbol{\alpha}_4$ 为矩阵 $\boldsymbol{A}$ 的列向量组,则 $\boldsymbol{A}^*\boldsymbol{x}=\boldsymbol{0}$ 的通解为(　　).

A. $x=k_1\boldsymbol{\alpha}_1+k_2\boldsymbol{\alpha}_2+k_3\boldsymbol{\alpha}_3$　　　　B. $x=k_1\boldsymbol{\alpha}_1+k_2\boldsymbol{\alpha}_2+k_3\boldsymbol{\alpha}_4$

C. $x=k_1\boldsymbol{\alpha}_1+k_2\boldsymbol{\alpha}_3+k_3\boldsymbol{\alpha}_4$　　　　D. $x=k_1\boldsymbol{\alpha}_2+k_2\boldsymbol{\alpha}_3+k_3\boldsymbol{\alpha}_4$

6. (2021 年,数学一)设 $\boldsymbol{A},\boldsymbol{B}$ 为 n 阶实矩阵,下列不成立的是(　　).

A. $r\begin{pmatrix}\boldsymbol{A} & \boldsymbol{O}\\\boldsymbol{O} & \boldsymbol{A}^{\mathrm{T}}\boldsymbol{A}\end{pmatrix}=2r(\boldsymbol{A})$　　　　B. $r\begin{pmatrix}\boldsymbol{A} & \boldsymbol{AB}\\\boldsymbol{O} & \boldsymbol{A}^{\mathrm{T}}\end{pmatrix}=2r(\boldsymbol{A})$

C. $r\begin{pmatrix}\boldsymbol{A} & \boldsymbol{BA}\\\boldsymbol{O} & \boldsymbol{A}^{\mathrm{T}}\end{pmatrix}=2r(\boldsymbol{A})$　　　　D. $r\begin{pmatrix}\boldsymbol{A} & \boldsymbol{O}\\\boldsymbol{BA} & \boldsymbol{A}^{\mathrm{T}}\end{pmatrix}=2r(\boldsymbol{A})$

7.(2021年，数学二)设三阶矩阵 $\boldsymbol{A}=(\boldsymbol{\alpha}_1,\boldsymbol{\alpha}_2,\boldsymbol{\alpha}_3)$，$\boldsymbol{B}=(\boldsymbol{\beta}_1,\boldsymbol{\beta}_2,\boldsymbol{\beta}_3)$，若向量组 $\boldsymbol{\alpha}_1,\boldsymbol{\alpha}_2,\boldsymbol{\alpha}_3$ 可由向量组 $\boldsymbol{\beta}_1,\boldsymbol{\beta}_2,\boldsymbol{\beta}_3$ 线性表出，则(　　).

A. $\boldsymbol{Ax}=\boldsymbol{0}$ 的解均为 $\boldsymbol{Bx}=\boldsymbol{0}$ 的解　　B. $\boldsymbol{A}^{\mathrm{T}}\boldsymbol{x}=\boldsymbol{0}$ 的解均为 $\boldsymbol{B}^{\mathrm{T}}\boldsymbol{x}=\boldsymbol{0}$ 的解

C. $\boldsymbol{Bx}=\boldsymbol{0}$ 的解均为 $\boldsymbol{Ax}=\boldsymbol{0}$ 的解　　D. $\boldsymbol{B}^{\mathrm{T}}\boldsymbol{x}=\boldsymbol{0}$ 的解均为 $\boldsymbol{A}^{\mathrm{T}}\boldsymbol{x}=\boldsymbol{0}$ 的解

三、解答题

1.(2005年，数学三)齐次方程组 $\begin{cases}x_1+2x_2+3x_3=0\\2x_1+3x_2+5x_3=0\\x_1+x_2+ax_3=0\end{cases}$ 和 $\begin{cases}x_1+bx_2+cx_3=0\\2x_1+b^2x_2+(c+1)x_3=0\end{cases}$ 同解，求 a,b,c.

2.(2016年，数学三)设矩阵 $\boldsymbol{A}=\begin{pmatrix}1&1&1-a\\1&0&a\\a+1&1&a+1\end{pmatrix}$，$\boldsymbol{\beta}=\begin{pmatrix}0\\1\\2a-2\end{pmatrix}$，且方程组 $\boldsymbol{Ax}=\boldsymbol{\beta}$ 无解.

(1) 求 a 的值；

(2) 求方程组 $\boldsymbol{A}^{\mathrm{T}}\boldsymbol{Ax}=\boldsymbol{A}^{\mathrm{T}}\boldsymbol{\beta}$ 的通解.

3.(2018年，数学一)已知 a 是常数，且矩阵 $\boldsymbol{A}=\begin{pmatrix}1&2&a\\1&3&0\\2&7&-a\end{pmatrix}$ 可经初等列变换化为矩阵 $\boldsymbol{B}=\begin{pmatrix}1&a&2\\0&1&1\\-1&1&1\end{pmatrix}$.

(1)求 a；

(2)求满足 $\boldsymbol{AP}=\boldsymbol{B}$ 的可逆矩阵 $\boldsymbol{P}$.

4.(2019年，数学二)已知向量组Ⅰ：$\boldsymbol{\alpha}_1=\begin{pmatrix}1\\1\\4\end{pmatrix}$，$\boldsymbol{\alpha}_2=\begin{pmatrix}1\\0\\4\end{pmatrix}$，$\boldsymbol{\alpha}_3=\begin{pmatrix}1\\2\\a^2+3\end{pmatrix}$，Ⅱ：$\boldsymbol{\beta}_1=\begin{pmatrix}1\\1\\a+3\end{pmatrix}$，$\boldsymbol{\beta}_2=\begin{pmatrix}0\\2\\1-a\end{pmatrix}$，$\boldsymbol{\beta}_3=\begin{pmatrix}1\\3\\a^2+3\end{pmatrix}$，若向量组Ⅰ和向量组Ⅱ等价，求 a 的值，并用 $\boldsymbol{\alpha}_1,\boldsymbol{\alpha}_2,\boldsymbol{\alpha}_3$ 表示 $\boldsymbol{\beta}_3$.

5.(2019年，数学一)设向量组 $\boldsymbol{\alpha}_1=(1,2,1)^{\mathrm{T}}$，$\boldsymbol{\alpha}_2=(1,3,2)^{\mathrm{T}}$，$\boldsymbol{\alpha}_3=(1,a,3)^{\mathrm{T}}$ 为 $\boldsymbol{R}^3$ 的一组基，$\boldsymbol{\beta}=(1,1,1)^{\mathrm{T}}$ 在基下的坐标为 $(b,c,1)^{\mathrm{T}}$.

(1)求 a,b,c；

(2)证明 $\boldsymbol{\alpha}_2,\boldsymbol{\alpha}_3,\boldsymbol{\beta}$ 为 $\boldsymbol{R}^3$ 的一组基，并求 $\boldsymbol{\alpha}_2,\boldsymbol{\alpha}_3,\boldsymbol{\beta}$ 到 $\boldsymbol{\alpha}_1,\boldsymbol{\alpha}_2,\boldsymbol{\alpha}_3$ 的过渡矩阵.

第 4 章　特征值、特征向量与矩阵的对角化

本章要点：首先介绍特征值与特征向量理论的预备知识——向量的内积，接着从实例入手，引入特征值与特征向量的概念和有关理论，而后讨论方阵对角化的问题.

矩阵的特征值与特征向量在线性代数体系中占有重要地位.不仅如此，特征值与特征向量在数学的某些分支以及工程技术、经济管理、数量分析等许多领域也有广泛的应用.

本章知识结构导图

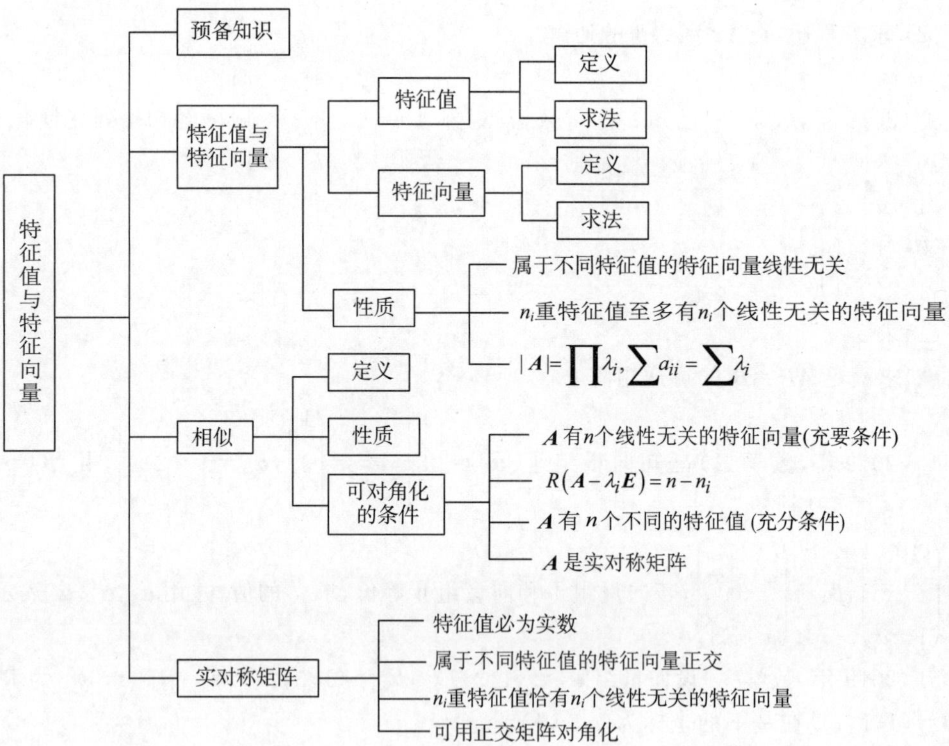

4.1　预备知识

本节要求：通过本节的学习，学生应了解内积、内积的性质，掌握柯西-施瓦茨不等式、向量长度、单位向量、正交、向量夹角等概念.

第 3 章已经介绍了向量的一些知识，为了引入特征值与特征向量的概念，本节介绍向量内积的相关知识.

4.1.1　向量的内积与长度

定义 4.1.1　设有 n 维向量

$$\boldsymbol{\alpha}=\begin{pmatrix}a_1\\a_2\\\vdots\\a_n\end{pmatrix},\boldsymbol{\beta}=\begin{pmatrix}b_1\\b_2\\\vdots\\b_n\end{pmatrix}$$

称数 $a_1b_1+a_2b_2+\cdots+a_nb_n$ 为向量 $\boldsymbol{\alpha}$ 与 $\boldsymbol{\beta}$ 的内积，记作 $[\boldsymbol{\alpha},\boldsymbol{\beta}]$，即

$$[\boldsymbol{\alpha},\boldsymbol{\beta}]=a_1b_1+a_2b_2+\cdots+a_nb_n=\boldsymbol{\alpha}^{\mathrm{T}}\boldsymbol{\beta}=\boldsymbol{\beta}^{\mathrm{T}}\boldsymbol{\alpha}$$

注意　当 $\boldsymbol{\alpha},\boldsymbol{\beta}$ 为 n 维行向量时，即

$$\boldsymbol{\alpha}=(a_1,a_2,\cdots,a_n),\boldsymbol{\beta}=(b_1,b_2,\cdots,b_n)$$

$\boldsymbol{\alpha}$ 与 $\boldsymbol{\beta}$ 的内积 $[\boldsymbol{\alpha},\boldsymbol{\beta}]=a_1b_1+a_2b_2+\cdots+a_nb_n=\boldsymbol{\alpha}\boldsymbol{\beta}^{\mathrm{T}}=\boldsymbol{\beta}\boldsymbol{\alpha}^{\mathrm{T}}$.

内积具有下列性质(其中 $\boldsymbol{\alpha},\boldsymbol{\beta},\boldsymbol{\gamma}$ 为 n 维向量，λ 为任意实数)：

(1) 对称性：$[\boldsymbol{\alpha},\boldsymbol{\beta}]=[\boldsymbol{\beta},\boldsymbol{\alpha}]$.

(2) 非负性：当 $\boldsymbol{\alpha}\neq 0$ 时，$[\boldsymbol{\alpha},\boldsymbol{\alpha}]>0$.事实上，$[\boldsymbol{\alpha},\boldsymbol{\alpha}]=0$ 的充分必要条件是 $\boldsymbol{\alpha}=0$.

(3) 线性性：$[\boldsymbol{\alpha}+\boldsymbol{\beta},\boldsymbol{\gamma}]=[\boldsymbol{\alpha},\boldsymbol{\gamma}]+[\boldsymbol{\beta},\boldsymbol{\gamma}]$；$[\lambda\boldsymbol{\alpha},\boldsymbol{\beta}]=\lambda[\boldsymbol{\alpha},\boldsymbol{\beta}]$.

定义 4.1.2　对于任意一个 n 维向量 $\boldsymbol{\alpha}=(a_1,a_2,\cdots,a_n)^{\mathrm{T}}$，称 $\sqrt{[\boldsymbol{\alpha},\boldsymbol{\alpha}]}$ 为向量 $\boldsymbol{\alpha}$ 的长度，记作 $\|\boldsymbol{\alpha}\|$，即

$$\|\boldsymbol{\alpha}\|=\sqrt{[\boldsymbol{\alpha},\boldsymbol{\alpha}]}=\sqrt{a_1^2+a_2^2+\cdots+a_n^2}$$

向量的长度具有如下性质(其中 $\boldsymbol{\alpha},\boldsymbol{\beta}$ 为 n 维向量，λ 为任意实数)：

(1) 非负性：$\|\boldsymbol{\alpha}\|\geqslant 0$，当且仅当 $\boldsymbol{\alpha}=\mathbf{0}$ 时 $\|\boldsymbol{\alpha}\|=0$.

(2) 齐次性：$\|\lambda\boldsymbol{\alpha}\|=|\lambda|\,\|\boldsymbol{\alpha}\|$.

(3) 三角不等式：$\|\boldsymbol{\alpha}+\boldsymbol{\beta}\|\leqslant\|\boldsymbol{\alpha}\|+\|\boldsymbol{\beta}\|$.

长度为 1 的向量称为单位向量.

显然，当 $\boldsymbol{\alpha}\neq 0$ 时，$\boldsymbol{e}_{\alpha}=\dfrac{\boldsymbol{\alpha}}{\|\boldsymbol{\alpha}\|}$ 为单位向量.由向量 $\boldsymbol{\alpha}$ 得到单位向量 $\boldsymbol{e}_{\alpha}$ 的过程称为将非零向量 $\boldsymbol{\alpha}$ 单位化.

容易证明，对于任意两个向量 $\boldsymbol{\alpha},\boldsymbol{\beta}$，总有

$$[\boldsymbol{\alpha},\boldsymbol{\beta}]^2\leqslant[\boldsymbol{\alpha},\boldsymbol{\alpha}]\,[\boldsymbol{\beta},\boldsymbol{\beta}]\ (\text{或}\ |[\boldsymbol{\alpha},\boldsymbol{\beta}]|\leqslant\|\boldsymbol{\alpha}\|\,\|\boldsymbol{\beta}\|)\qquad(4.1.1)$$

式(4.1.1)称为柯西-施瓦茨(Cauchy-Schwarz)不等式，由此可得

$$\left|\frac{[\boldsymbol{\alpha},\boldsymbol{\beta}]}{\|\boldsymbol{\alpha}\|\,\|\boldsymbol{\beta}\|}\right|\leqslant 1$$

于是，对于两个非零向量 $\boldsymbol{\alpha},\boldsymbol{\beta}$，称 $\theta=\arccos\dfrac{[\boldsymbol{\alpha},\boldsymbol{\beta}]}{\|\boldsymbol{\alpha}\|\,\|\boldsymbol{\beta}\|}$ 为向量 $\boldsymbol{\alpha},\boldsymbol{\beta}$ 的夹角 $(0\leqslant\theta\leqslant\pi)$.

例 4.1.1 向量 $\boldsymbol{\alpha}=(1,2,2,-1)^{\mathrm{T}}$，求 $\|\boldsymbol{\alpha}\|$ 与 $\boldsymbol{e}_{\alpha}$.

解 $\|\boldsymbol{\alpha}\|=\sqrt{1^2+2^2+2^2+(-1)^2}=\sqrt{10}$

$$\boldsymbol{e}_{\alpha}=\frac{\boldsymbol{\alpha}}{\|\boldsymbol{\alpha}\|}=\frac{1}{\sqrt{10}}(1,2,2,-1)^{\mathrm{T}}$$

例 4.1.2 设向量 $\boldsymbol{\alpha}=(1,1,0,0)^{\mathrm{T}}$，$\boldsymbol{\beta}=(1,0,1,0)^{\mathrm{T}}$，求 $\boldsymbol{\alpha}$ 与 $\boldsymbol{\beta}$ 的夹角.

解 由于 $[\boldsymbol{\alpha},\boldsymbol{\beta}]=1$，$\|\boldsymbol{\alpha}\|=\sqrt{2}$，$\|\boldsymbol{\beta}\|=\sqrt{2}$，故两向量的夹角为

$$\theta=\arccos\frac{[\boldsymbol{\alpha},\boldsymbol{\beta}]}{\|\boldsymbol{\alpha}\|\|\boldsymbol{\beta}\|}=\arccos\frac{1}{2}=\frac{\pi}{3}$$

4.1.2 正交向量组

定义 4.1.3 对于 n 维向量 $\boldsymbol{\alpha},\boldsymbol{\beta}$，如果 $[\boldsymbol{\alpha},\boldsymbol{\beta}]=0$，即 $a_1b_1+a_2b_2+\cdots+a_nb_n=0$，称 $\boldsymbol{\alpha}$ 与 $\boldsymbol{\beta}$ 正交，记作 $\boldsymbol{\alpha}\perp\boldsymbol{\beta}$.

由定义知，零向量与任何向量都正交.

定义 4.1.4 如果一组非零向量两两正交，则称该向量组为正交向量组.

定义 4.1.5 如果正交向量组中每个向量都是单位向量，则称该向量组为一个单位正交向量组，简称单位正交组，也称标准正交组或规范正交组.

例如，$\boldsymbol{e}_1=\begin{pmatrix}1\\0\\0\end{pmatrix}$，$\boldsymbol{e}_2=\begin{pmatrix}0\\1\\0\end{pmatrix}$，$\boldsymbol{e}_3=\begin{pmatrix}0\\0\\1\end{pmatrix}$ 为一个标准正交组.

定理 4.1.1 若 $\boldsymbol{\alpha}_1,\boldsymbol{\alpha}_2,\cdots,\boldsymbol{\alpha}_r$ 构成一组非零正交向量组，则 $\boldsymbol{\alpha}_1,\boldsymbol{\alpha}_2,\cdots,\boldsymbol{\alpha}_r$ 线性无关.

证明 设有 $\lambda_1,\lambda_2,\cdots,\lambda_r$，使得

$$\lambda_1\boldsymbol{\alpha}_1+\lambda_2\boldsymbol{\alpha}_2+\cdots+\lambda_r\boldsymbol{\alpha}_r=\mathbf{0} \tag{4.1.2}$$

成立.用 $\boldsymbol{\alpha}_1^{\mathrm{T}}$ 左乘式(4.1.2)两端，得

$$\lambda_1\boldsymbol{\alpha}_1^{\mathrm{T}}\boldsymbol{\alpha}_1+\lambda_2\boldsymbol{\alpha}_1^{\mathrm{T}}\boldsymbol{\alpha}_2+\cdots+\lambda_r\boldsymbol{\alpha}_1^{\mathrm{T}}\boldsymbol{\alpha}_r=0$$

由于 $\boldsymbol{\alpha}_1,\boldsymbol{\alpha}_2,\cdots,\boldsymbol{\alpha}_r$ 两两正交，故有

$$[\boldsymbol{\alpha}_1,\boldsymbol{\alpha}_j]=\boldsymbol{\alpha}_1^{\mathrm{T}}\boldsymbol{\alpha}_j=0\quad j\neq1$$

于是有

$$\lambda_1\boldsymbol{\alpha}_1^{\mathrm{T}}\boldsymbol{\alpha}_1=\lambda_1\|\boldsymbol{\alpha}_1\|=0$$

由 $\boldsymbol{\alpha}_1\neq\mathbf{0}$ 得 $\|\boldsymbol{\alpha}_1\|>0$，所以必然有 $\lambda_1=0$.

同理可得 $\lambda_2=\cdots=\lambda_r=0$，故向量组 $\boldsymbol{\alpha}_1,\boldsymbol{\alpha}_2,\cdots,\boldsymbol{\alpha}_r$ 线性无关.证毕.

注意 正交向量组只是向量组线性无关的充分条件，其逆定理不成立，即线性无关的向量组不一定是正交向量组.

4.1.3 正交矩阵

定义 4.1.6 如果 n 阶矩阵 $\boldsymbol{A}$ 满足 $\boldsymbol{A}^{\mathrm{T}}\boldsymbol{A}=\boldsymbol{E}$(或 $\boldsymbol{A}\boldsymbol{A}^{\mathrm{T}}=\boldsymbol{E}$)则称 $\boldsymbol{A}$ 为正交矩阵.

例如，对于矩阵

$$A=\begin{pmatrix} \frac{\sqrt{2}}{2} & 0 & \frac{\sqrt{2}}{2} \\ 0 & 1 & 0 \\ -\frac{\sqrt{2}}{2} & 0 & \frac{\sqrt{2}}{2} \end{pmatrix}$$

容易验证 $\boldsymbol{A}^{\mathrm{T}}\boldsymbol{A}=\boldsymbol{E}$，所以矩阵 $\boldsymbol{A}$ 是一个三阶正交矩阵.

显然，单位矩阵也是正交矩阵.

定理 4.1.2　矩阵 $\boldsymbol{A}$ 为 n 阶正交矩阵的充要条件是 $\boldsymbol{A}$ 的列向量组为一个单位正交向量组.

证明　必要性：设 $\boldsymbol{A}=(\boldsymbol{\alpha}_1,\boldsymbol{\alpha}_2,\cdots,\boldsymbol{\alpha}_n)$，由于 $\boldsymbol{A}$ 为正交矩阵，根据定义有 $\boldsymbol{A}^{\mathrm{T}}\boldsymbol{A}=\boldsymbol{E}$，即

$$\boldsymbol{A}^{\mathrm{T}}\boldsymbol{A}=\begin{pmatrix} \boldsymbol{\alpha}_1^{\mathrm{T}} \\ \boldsymbol{\alpha}_2^{\mathrm{T}} \\ \vdots \\ \boldsymbol{\alpha}_n^{\mathrm{T}} \end{pmatrix}(\boldsymbol{\alpha}_1,\boldsymbol{\alpha}_2,\cdots,\boldsymbol{\alpha}_n)=\begin{pmatrix} \boldsymbol{\alpha}_1^{\mathrm{T}}\boldsymbol{\alpha}_1 & \boldsymbol{\alpha}_1^{\mathrm{T}}\boldsymbol{\alpha}_2 & \cdots & \boldsymbol{\alpha}_1^{\mathrm{T}}\boldsymbol{\alpha}_n \\ \boldsymbol{\alpha}_2^{\mathrm{T}}\boldsymbol{\alpha}_1 & \boldsymbol{\alpha}_2^{\mathrm{T}}\boldsymbol{\alpha}_2 & \cdots & \boldsymbol{\alpha}_2^{\mathrm{T}}\boldsymbol{\alpha}_n \\ \vdots & \vdots & & \vdots \\ \boldsymbol{\alpha}_n^{\mathrm{T}}\boldsymbol{\alpha}_1 & \boldsymbol{\alpha}_n^{\mathrm{T}}\boldsymbol{\alpha}_2 & \cdots & \boldsymbol{\alpha}_n^{\mathrm{T}}\boldsymbol{\alpha}_n \end{pmatrix}=\begin{pmatrix} 1 & 0 & \cdots & 0 \\ 0 & 1 & \cdots & 0 \\ \vdots & \vdots & & \vdots \\ 0 & 0 & \cdots & 1 \end{pmatrix}$$

即 $\boldsymbol{\alpha}_i^{\mathrm{T}}\boldsymbol{\alpha}_j=\begin{cases}1, & i=j \\ 0, & i\neq j\end{cases}$，故 $\boldsymbol{\alpha}_1,\boldsymbol{\alpha}_2,\cdots,\boldsymbol{\alpha}_n$ 为一个单位正交向量组.

充分性：设 $\boldsymbol{\alpha}_1,\boldsymbol{\alpha}_2,\cdots,\boldsymbol{\alpha}_n$ 为一个单位正交向量组，则

$$\boldsymbol{\alpha}_i^{\mathrm{T}}\boldsymbol{\alpha}_j=\begin{cases}1, & i=j \\ 0, & i\neq j\end{cases}$$

令 $\boldsymbol{A}=(\boldsymbol{\alpha}_1,\boldsymbol{\alpha}_2,\cdots,\boldsymbol{\alpha}_n)$，显然有 $\boldsymbol{A}^{\mathrm{T}}\boldsymbol{A}=\boldsymbol{E}$，所以 $\boldsymbol{A}$ 为正交矩阵.证毕.

类似地，也可以证明正交矩阵 $\boldsymbol{A}$ 的行向量组为单位正交向量组.

正交矩阵具有如下性质：

(1) 若 $\boldsymbol{A}$ 为正交矩阵，则 $\boldsymbol{A}$ 为可逆矩阵.

(2) $\boldsymbol{A}$ 为正交矩阵 $\Leftrightarrow \boldsymbol{A}^{\mathrm{T}}=\boldsymbol{A}^{-1}$.

(3) 若 $\boldsymbol{A}$ 为正交矩阵，则 $|\boldsymbol{A}|=1$ 或 -1.

(4) 若 $\boldsymbol{A}$ 为正交矩阵，则 $\boldsymbol{A}^{\mathrm{T}},\boldsymbol{A}^{-1}$ 都是正交矩阵.

(5) 若 $\boldsymbol{A}$ 和 $\boldsymbol{B}$ 都是正交矩阵，则 $\boldsymbol{AB}$ 也是正交矩阵.

上述性质的证明由读者自行完成.

例 4.1.3　判断下列矩阵是否为正交矩阵：

(1) $\begin{pmatrix} 1 & 0 & 0 \\ 0 & 1 & 0 \\ 0 & 1 & 0 \end{pmatrix}$；　　(2) $\begin{pmatrix} \cos\theta & -\sin\theta \\ \sin\theta & \cos\theta \end{pmatrix}$.

微课：例 4.1.3

解　(1) 第二列和第三列不是单位向量，故不是正交矩阵.

(2) 由于

$$\begin{pmatrix} \cos\theta & -\sin\theta \\ \sin\theta & \cos\theta \end{pmatrix}^{\mathrm{T}}\begin{pmatrix} \cos\theta & -\sin\theta \\ \sin\theta & \cos\theta \end{pmatrix}=\begin{pmatrix} 1 & 0 \\ 0 & 1 \end{pmatrix}$$

所以是正交矩阵.

4.1.4 同步习题

1. 求下列向量间的夹角：

(1) $\boldsymbol{\alpha}=(1,-2,2)^{\mathrm{T}},\boldsymbol{\beta}=(1,0,1)^{\mathrm{T}}$；

(2) $\boldsymbol{\alpha}=(3,4,1,0)^{\mathrm{T}},\boldsymbol{\beta}=(-2,1,2,0)^{\mathrm{T}}$.

2. 设 $\boldsymbol{\alpha}=\begin{pmatrix}-3\\2\\-1\\4\end{pmatrix}$, $\boldsymbol{\beta}=\begin{pmatrix}4\\1\\2\\3\end{pmatrix}$，问 $\boldsymbol{\alpha}$ 与 $\boldsymbol{\beta}$ 是否正交，并将 $\boldsymbol{\alpha},\boldsymbol{\beta}$ 单位化.

3. 判断下列矩阵是否为正交矩阵：

(1) $\boldsymbol{A}=\begin{pmatrix}2&1&0\\1&-1&2\\0&0&3\end{pmatrix}$；　(2) $\boldsymbol{A}=\begin{pmatrix}1&1&2\\0&0&5\\1&2&3\end{pmatrix}$；　(3) $\boldsymbol{A}=\begin{pmatrix}-\frac{1}{3}&\frac{2}{3}&\frac{2}{3}\\\frac{2}{3}&-\frac{1}{3}&\frac{2}{3}\\\frac{2}{3}&\frac{2}{3}&-\frac{1}{3}\end{pmatrix}$.

4.2 方阵的特征值与特征向量

本节要求：通过本节的学习，学生应掌握特征值与特征向量的概念、性质及求法.

为了定量分析工业发展与环境污染的关系，某地区提出如下的增长模型：设 a_0 为该地区目前的污染损耗(由土壤、河流、湖泊及大气污染指数测得)，b_0 是该地区目前的工业产值.以 5 年为一个周期，一个周期后的污染损耗和工业产值分别记为 a_1 和 b_1，它们之间的关系是

$$a_1=\frac{8}{3}a_0-\frac{1}{3}b_0,b_1=-\frac{2}{3}a_0+\frac{7}{3}b_0$$

写成矩阵形式为

$$\begin{pmatrix}a_1\\b_1\end{pmatrix}=\begin{pmatrix}\frac{8}{3}&-\frac{1}{3}\\-\frac{2}{3}&\frac{7}{3}\end{pmatrix}\begin{pmatrix}a_0\\b_0\end{pmatrix}\text{或 }\boldsymbol{\eta}_1=\boldsymbol{A}\boldsymbol{\eta}_0$$

其中 $\boldsymbol{\eta}_1=\begin{pmatrix}a_1\\b_1\end{pmatrix},\boldsymbol{\eta}_0=\begin{pmatrix}a_0\\b_0\end{pmatrix},\boldsymbol{A}=\begin{pmatrix}\frac{8}{3}&-\frac{1}{3}\\-\frac{2}{3}&\frac{7}{3}\end{pmatrix}$.

如果当前水平 $\boldsymbol{\eta}_0=\begin{pmatrix}1\\2\end{pmatrix}$，则

$$\boldsymbol{\eta}_1=\boldsymbol{A}\boldsymbol{\eta}_0=\begin{pmatrix}\frac{8}{3} & -\frac{1}{3}\\ -\frac{2}{3} & \frac{7}{3}\end{pmatrix}\begin{pmatrix}1\\2\end{pmatrix}=2\begin{pmatrix}1\\2\end{pmatrix}$$

即

$$\boldsymbol{\eta}_1=\boldsymbol{A}\boldsymbol{\eta}_0=2\boldsymbol{\eta}_0$$

由此可以预测 n 个周期后的污染损耗和工业产值：

$$\boldsymbol{\eta}_n=2\boldsymbol{\eta}_{n-1}=2^2\boldsymbol{\eta}_{n-2}=\cdots=2^n\boldsymbol{\eta}_0$$

以上运算中，表达式 $\boldsymbol{A}\boldsymbol{\eta}_0=2\boldsymbol{\eta}_0$ 反映了矩阵 $\boldsymbol{A}$ 的特征值 2 和特征向量 $\boldsymbol{\eta}_0$ 的关系.

4.2.1　特征值与特征向量的概念

定义 4.2.1　设 $\boldsymbol{A}$ 是 n 阶方阵，如果存在非零向量 $\boldsymbol{\eta}$ 和数 λ，使得关系式

$$\boldsymbol{A}\boldsymbol{\eta}=\lambda\boldsymbol{\eta} \tag{4.2.1}$$

成立，则称 λ 为 $\boldsymbol{A}$ 的特征值，非零向量 $\boldsymbol{\eta}$ 为矩阵 $\boldsymbol{A}$ 的属于特征值 λ 的特征向量.

将(4.2.1)式改写为

$$(\boldsymbol{A}-\lambda\boldsymbol{E})\boldsymbol{\eta}=\boldsymbol{0}$$

其中 $\boldsymbol{\eta}\neq\boldsymbol{0}$. 容易看出，$\boldsymbol{\eta}$ 为齐次线性方程组

$$(\boldsymbol{A}-\lambda\boldsymbol{E})\boldsymbol{x}=\boldsymbol{0} \tag{4.2.2}$$

的非零解，而方程组(4.2.2)有非零解的充要条件是

$$|\boldsymbol{A}-\lambda\boldsymbol{E}|=0$$

若记 n 阶矩阵 $\boldsymbol{A}=(a_{ij})$，则

$$|\boldsymbol{A}-\lambda\boldsymbol{E}|=\begin{vmatrix}a_{11}-\lambda & a_{12} & \cdots & a_{1n}\\ a_{21} & a_{22}-\lambda & \cdots & a_{2n}\\ \vdots & \vdots & & \vdots\\ a_{n1} & a_{n2} & \cdots & a_{nn}-\lambda\end{vmatrix}=0$$

由行列式的定义知，$|\boldsymbol{A}-\lambda\boldsymbol{E}|$ 是一个关于 λ 的 n 次多项式，在复数范围内有 n 个根，即 $\boldsymbol{A}$ 有 n 个特征值.

定义 4.2.2　称矩阵 $\boldsymbol{A}-\lambda\boldsymbol{E}$ 为 $\boldsymbol{A}$ 的特征矩阵；称 λ 的 n 次多项式 $|\boldsymbol{A}-\lambda\boldsymbol{E}|$ 为 $\boldsymbol{A}$ 的特征多项式，记为 $f(\lambda)$；称以 λ 为未知元的 n 次方程 $|\boldsymbol{A}-\lambda\boldsymbol{E}|=0$ 为 $\boldsymbol{A}$ 的特征方程.

定义 4.2.3　若 λ 为特征方程 $|\boldsymbol{A}-\lambda\boldsymbol{E}|=0$ 的 k 重根，称 λ 为 $\boldsymbol{A}$ 的 k 重特征值.

4.2.2　特征值与特征向量的求法

上述分析表明，若 λ 是 $\boldsymbol{A}$ 的特征值，则必有 $|\boldsymbol{A}-\lambda\boldsymbol{E}|=0$，即 λ 为特征方程 $|\boldsymbol{A}-\lambda\boldsymbol{E}|=0$ 的根，此时方程组 $(\boldsymbol{A}-\lambda\boldsymbol{E})\boldsymbol{x}=\boldsymbol{0}$ 有非零解 $\boldsymbol{\eta}$，使得 $(\boldsymbol{A}-\lambda\boldsymbol{E})\boldsymbol{\eta}=\boldsymbol{0}$，即 $\boldsymbol{A}\boldsymbol{\eta}=\lambda\boldsymbol{\eta}$. 根据定义 4.2.1 可知，$\boldsymbol{\eta}$ 是 $\boldsymbol{A}$ 的属于特征值 λ 的特征向量.

由前面的讨论可得出求 n 阶矩阵 $\boldsymbol{A}$ 的特征值和特征向量的方法：

(1) 写出矩阵 $\boldsymbol{A}$ 的特征多项式 $f(\lambda)=|\boldsymbol{A}-\lambda\boldsymbol{E}|$.

(2) 求特征方程 $|\boldsymbol{A}-\lambda\boldsymbol{E}|=0$ 的根，由此得到 $\boldsymbol{A}$ 的特征值(共 n 个，这其中可能有重复的根，也可能有复数根).

(3) 对于每一个特征值 λ，求解齐次线性方程组 $(\boldsymbol{A}-\lambda\boldsymbol{E})\boldsymbol{x}=\boldsymbol{0}$ 的基础解系，从而得到属于特征值 λ 的特征向量.设 $(\boldsymbol{A}-\lambda\boldsymbol{E})\boldsymbol{x}=\boldsymbol{0}$ 的一个基础解系为 $\boldsymbol{\xi}_1,\boldsymbol{\xi}_2,\cdots,\boldsymbol{\xi}_r$，则矩阵 $\boldsymbol{A}$ 的属于特征值 λ 的全部特征向量为 $k_1\boldsymbol{\xi}_1+k_2\boldsymbol{\xi}_2+\cdots+k_r\boldsymbol{\xi}_r$，其中 $k_1,k_2,\cdots,k_r$ 不全为零(因为特征向量是非零向量).

由求解过程可以注意到，每个特征向量只能属于唯一的特征值，而许多特征向量可以属于相同的特征值.

注意 *求特征值就是求一元 n 次方程的根；求特征向量就是求解相应的齐次线性方程组的非零解.*

例 4.2.1　求矩阵 $\boldsymbol{A}=\begin{pmatrix}1 & 2\\ -2 & 5\end{pmatrix}$ 的特征值与特征向量.

解　$\boldsymbol{A}$ 的特征多项式为

$$|\boldsymbol{A}-\lambda\boldsymbol{E}|=\begin{vmatrix}1-\lambda & 2\\ -2 & 5-\lambda\end{vmatrix}=\lambda^2-6\lambda+9=(\lambda-3)^2$$

所以 $\boldsymbol{A}$ 的特征值为

$$\lambda_1=\lambda_2=3$$

解齐次线性方程组 $(\boldsymbol{A}-3\boldsymbol{E})\boldsymbol{x}=\boldsymbol{0}$，即

$$\boldsymbol{A}-3\boldsymbol{E}=\begin{pmatrix}-2 & 2\\ -2 & 2\end{pmatrix}\to\begin{pmatrix}1 & -1\\ 0 & 0\end{pmatrix}$$

的一个基础解系为

$$\boldsymbol{\eta}=\begin{pmatrix}1\\ 1\end{pmatrix}$$

于是，属于 $\lambda_1=\lambda_2=3$ 的全部特征向量为 $k\boldsymbol{\eta}(k\neq0)$.

例 4.2.2　求矩阵 $\boldsymbol{A}=\begin{pmatrix}4 & -3 & -3\\ -2 & 3 & 1\\ 2 & 1 & 3\end{pmatrix}$ 的特征值与特征向量.

解　$\boldsymbol{A}$ 的特征多项式为

$$|\boldsymbol{A}-\lambda\boldsymbol{E}|=\begin{vmatrix}4-\lambda & -3 & -3\\ -2 & 3-\lambda & 1\\ 2 & 1 & 3-\lambda\end{vmatrix}=(4-\lambda)^2(2-\lambda)$$

所以 $\boldsymbol{A}$ 的特征值为

$$\lambda_1=\lambda_2=4,\lambda_3=2$$

对于 $\lambda_1=\lambda_2=4$，求解齐次线性方程组 $(\boldsymbol{A}-4\boldsymbol{E})\boldsymbol{x}=\boldsymbol{0}$，即

$$\begin{pmatrix} 0 & -3 & -3 \\ -2 & -1 & 1 \\ 2 & 1 & -1 \end{pmatrix}\begin{pmatrix} x_1 \\ x_2 \\ x_3 \end{pmatrix}=\begin{pmatrix} 0 \\ 0 \\ 0 \end{pmatrix}$$

的一个基础解系为

$$\boldsymbol{\eta}_1=\begin{pmatrix} 1 \\ -1 \\ 1 \end{pmatrix}$$

于是，属于 $\lambda_1=\lambda_2=4$ 的全部特征向量为 $k_1\boldsymbol{\eta}_1(k_1\neq 0)$.

对于 $\lambda_3=2$，求解齐次线性方程组 $(\boldsymbol{A}-2\boldsymbol{E})\boldsymbol{x}=\boldsymbol{0}$，即

$$\begin{pmatrix} 2 & -3 & -3 \\ -2 & 1 & 1 \\ 2 & 1 & 1 \end{pmatrix}\begin{pmatrix} x_1 \\ x_2 \\ x_3 \end{pmatrix}=\begin{pmatrix} 0 \\ 0 \\ 0 \end{pmatrix}$$

的一个基础解系为

$$\boldsymbol{\eta}_2=\begin{pmatrix} 0 \\ -1 \\ 1 \end{pmatrix}$$

于是，属于 $\lambda_3=2$ 的全部特征向量为 $k_2\boldsymbol{\eta}_2(k_2\neq 0)$.

例 4.2.3　设 $\boldsymbol{A}=\begin{pmatrix} 1 & 1 & 1 & 1 \\ 1 & 1 & 1 & 1 \\ 1 & 1 & 1 & 1 \\ 1 & 1 & 1 & 1 \end{pmatrix}$，求 $\boldsymbol{A}$ 的特征值与的特征向量.

微课：例 4.2.3

解　$\boldsymbol{A}$ 的特征多项式为

$$|\boldsymbol{A}-\lambda\boldsymbol{E}|=\begin{vmatrix} 1-\lambda & 1 & 1 & 1 \\ 1 & 1-\lambda & 1 & 1 \\ 1 & 1 & 1-\lambda & 1 \\ 1 & 1 & 1 & 1-\lambda \end{vmatrix}=\lambda^3(\lambda-4)$$

所以 $\boldsymbol{A}$ 的特征值为

$$\lambda_1=\lambda_2=\lambda_3=0,\lambda_4=4$$

对于 $\lambda_1=\lambda_2=\lambda_3=0$，求解齐次线性方程组 $(\boldsymbol{A}-0\boldsymbol{E})\boldsymbol{x}=\boldsymbol{0}$，即

$$\begin{pmatrix} 1 & 1 & 1 & 1 \\ 1 & 1 & 1 & 1 \\ 1 & 1 & 1 & 1 \\ 1 & 1 & 1 & 1 \end{pmatrix}\begin{pmatrix} x_1 \\ x_2 \\ x_3 \\ x_4 \end{pmatrix}=\begin{pmatrix} 0 \\ 0 \\ 0 \\ 0 \end{pmatrix}$$

的一个基础解系为

$$\boldsymbol{\eta}_1=\begin{pmatrix}-1\\1\\0\\0\end{pmatrix},\boldsymbol{\eta}_2=\begin{pmatrix}-1\\0\\1\\0\end{pmatrix},\boldsymbol{\eta}_3=\begin{pmatrix}-1\\0\\0\\1\end{pmatrix}$$

于是，属于 $\lambda_1=\lambda_2=\lambda_3=0$ 的全部特征向量为 $k_1\boldsymbol{\eta}_1+k_2\boldsymbol{\eta}_2+k_3\boldsymbol{\eta}_3$（$k_1,k_2,k_3$ 不全为零）.

对于 $\lambda_4=4$，求解齐次线性方程组 $(\boldsymbol{A}-4\boldsymbol{E})\boldsymbol{x}=\boldsymbol{0}$，即

$$\begin{pmatrix}-3&1&1&1\\1&-3&1&1\\1&1&-3&1\\1&1&1&-3\end{pmatrix}\begin{pmatrix}x_1\\x_2\\x_3\\x_4\end{pmatrix}=\begin{pmatrix}0\\0\\0\\0\end{pmatrix}$$

的一个基础解系为

$$\boldsymbol{\eta}_4=\begin{pmatrix}1\\1\\1\\1\end{pmatrix}$$

于是，属于 $\lambda_4=4$ 的全部特征向量为 $k_4\boldsymbol{\eta}_4$（$k_4\neq0$）.

4.2.3 特征值与特征向量的性质

定理 4.2.1 设 n 阶方阵 $\boldsymbol{A}=(a_{ij})$ 的特征值为 $\lambda_1,\lambda_2,\cdots,\lambda_n$，则

(1) $\lambda_1+\lambda_2+\cdots+\lambda_n=a_{11}+a_{22}+\cdots+a_{nn}=\mathrm{tr}(\boldsymbol{A})$（$\mathrm{tr}(\boldsymbol{A})$ 称为 $\boldsymbol{A}$ 的迹）；

(2) $\lambda_1\lambda_2\cdots\lambda_n=|\boldsymbol{A}|$.

证明略.

推论 **矩阵 $\boldsymbol{A}$ 可逆的充要条件是 $\boldsymbol{A}$ 的特征值都不为零.**

定理 4.2.2 若 λ 是方阵 $\boldsymbol{A}$ 的特征值，$\boldsymbol{\eta}$ 是 $\boldsymbol{A}$ 的属于特征值 λ 的特征向量，$f(x)$ 是多项式，则 $f(\lambda)$ 为矩阵多项式 $f(\boldsymbol{A})$ 的特征值，$\boldsymbol{\eta}$ 仍为 $f(\boldsymbol{A})$ 的属于特征值 $f(\lambda)$ 的特征向量.

下面仅就 $f(x)=x^m$ 的情况给予证明，对于定理本身读者可以自行证明.

例 4.2.4 若 λ 是方阵 $\boldsymbol{A}$ 的特征值，$\boldsymbol{\eta}$ 是 $\boldsymbol{A}$ 的属于特征值 λ 的特征向量，证明当 $f(x)=x^m$ 时，λ^m 为矩阵多项式 $f(\boldsymbol{A})=\boldsymbol{A}^m$ 的特征值，$\boldsymbol{\eta}$ 仍为 $\boldsymbol{A}^m$ 的属于特征值 λ^m 的特征向量.

证明 由于 $\boldsymbol{A\eta}=\lambda\boldsymbol{\eta}$，所以

$$\boldsymbol{A}^m\boldsymbol{\eta}=\boldsymbol{A}^{m-1}(\boldsymbol{A\eta})=\lambda(\boldsymbol{A}^{m-1}\boldsymbol{\eta})=\cdots=\lambda^{m-1}(\boldsymbol{A\eta})=\lambda^m\boldsymbol{\eta}$$

即

$$\boldsymbol{A}^m\boldsymbol{\eta}=\lambda^m\boldsymbol{\eta}$$

所以 λ^m 为矩阵多项式 $f(\boldsymbol{A})=\boldsymbol{A}^m$ 的特征值，$\boldsymbol{\eta}$ 仍为 $\boldsymbol{A}^m$ 的属于特征值 λ^m 的特征向量.

例 4.2.5 对于可逆矩阵 $\boldsymbol{A}$，若 λ 是方阵 $\boldsymbol{A}$ 的特征值，$\boldsymbol{\eta}$ 是 $\boldsymbol{A}$ 的属于特征值 λ 的特征向量，证明：

(1) λ^{-1} 是 $\boldsymbol{A}^{-1}$ 的特征值，$\boldsymbol{\eta}$ 仍为 $\boldsymbol{A}^{-1}$ 的属于特征值 λ^{-1} 的特征向量；

(2) $\dfrac{|\boldsymbol{A}|}{\lambda}$ 是 $\boldsymbol{A}^*$ 的特征值，$\boldsymbol{\eta}$ 仍为 $\boldsymbol{A}^*$ 的属于特征值 $\dfrac{|\boldsymbol{A}|}{\lambda}$ 的特征向量.

证明 (1) 根据已知条件可得

$$\boldsymbol{A\eta}=\lambda\boldsymbol{\eta},\boldsymbol{\eta}\neq\boldsymbol{0}$$

因为 $\boldsymbol{A}$ 可逆,将等式两端左乘 $\boldsymbol{A}^{-1}$,得

$$\boldsymbol{\eta}=\lambda\boldsymbol{A}^{-1}\boldsymbol{\eta}$$

由定理 4.2.1 的推论知 $\lambda\neq0$,故

$$\boldsymbol{A}^{-1}\boldsymbol{\eta}=\lambda^{-1}\boldsymbol{\eta}$$

即 λ^{-1} 是 $\boldsymbol{A}^{-1}$ 的特征值,$\boldsymbol{\eta}$ 为 $\boldsymbol{A}^{-1}$ 的属于特征值 λ^{-1} 的特征向量.

(2) 将 $\boldsymbol{A\eta}=\lambda\boldsymbol{\eta}$ 两端左乘 $\boldsymbol{A}^*$,得

$$\boldsymbol{A}^*\boldsymbol{A\eta}=\lambda\boldsymbol{A}^*\boldsymbol{\eta}$$

即

$$|\boldsymbol{A}|\boldsymbol{\eta}=\lambda\boldsymbol{A}^*\boldsymbol{\eta}$$

又因为 $\lambda\neq0$,故

$$\boldsymbol{A}^*\boldsymbol{\eta}=\frac{|\boldsymbol{A}|}{\lambda}\boldsymbol{\eta}$$

即 $\frac{|\boldsymbol{A}|}{\lambda}$ 是 $\boldsymbol{A}^*$ 的特征值,$\boldsymbol{\eta}$ 为 $\boldsymbol{A}^*$ 的属于特征值 $\frac{|\boldsymbol{A}|}{\lambda}$ 的特征向量.

例 4.2.6 若 λ 是方阵 $\boldsymbol{A}$ 的特征值,$\boldsymbol{\eta}$ 是 $\boldsymbol{A}$ 的属于特征值 λ 的特征向量,$\boldsymbol{P}$ 为可逆矩阵,则 λ 为矩阵 $\boldsymbol{P}^{-1}\boldsymbol{AP}$ 的特征值,$\boldsymbol{P}^{-1}\boldsymbol{\eta}$ 为 $\boldsymbol{P}^{-1}\boldsymbol{AP}$ 的属于特征值 λ 的特征向量.

证明 根据已知条件可得

$$\boldsymbol{A\eta}=\lambda\boldsymbol{\eta},\boldsymbol{\eta}\neq\boldsymbol{0}$$

等式两端左乘 $\boldsymbol{P}^{-1}$,得

$$(\boldsymbol{P}^{-1}\boldsymbol{AP})(\boldsymbol{P}^{-1}\boldsymbol{\eta})=\lambda(\boldsymbol{P}^{-1}\boldsymbol{\eta})$$

即 λ 为矩阵 $\boldsymbol{P}^{-1}\boldsymbol{AP}$ 的特征值,$\boldsymbol{P}^{-1}\boldsymbol{\eta}$ 为 $\boldsymbol{P}^{-1}\boldsymbol{AP}$ 的属于特征值 λ 的特征向量.

与 $\boldsymbol{A}$ 相关的矩阵的特征值和特征向量如表 4.2.1 所示.

表 4.2.1 与 A 相关的矩阵的特征值和特征向量

矩阵	$\boldsymbol{A}$	$f(\boldsymbol{A})$	$\boldsymbol{A}^{-1}$	$\boldsymbol{A}^*$	$\boldsymbol{P}^{-1}\boldsymbol{AP}$
特征值	λ	$f(\lambda)$	λ^{-1}	$\frac{\lvert\boldsymbol{A}\rvert}{\lambda}$	λ
特征向量	$\boldsymbol{\eta}$	$\boldsymbol{\eta}$	$\boldsymbol{\eta}$	$\boldsymbol{\eta}$	$\boldsymbol{P}^{-1}\boldsymbol{\eta}$

例 4.2.7 设 n 阶矩阵 $\boldsymbol{A}$ 满足 $\boldsymbol{A}^2=\boldsymbol{A}$,求矩阵 $\boldsymbol{A}$ 的特征值.

解 设 λ 是矩阵 $\boldsymbol{A}$ 的特征值,$\boldsymbol{\eta}$ 为矩阵 $\boldsymbol{A}$ 的属于特征值 λ 的特征向量,即

$$\boldsymbol{A\eta}=\lambda\boldsymbol{\eta},\boldsymbol{\eta}\neq\boldsymbol{0}$$

又

$$\boldsymbol{A}^2\boldsymbol{\eta}=\lambda^2\boldsymbol{\eta}$$

由 $\boldsymbol{A}^2=\boldsymbol{A}$ 得 $\boldsymbol{A}^2\boldsymbol{\eta}=\boldsymbol{A\eta}$,即 $\lambda^2\boldsymbol{\eta}=\lambda\boldsymbol{\eta}$,于是有

$$(\lambda^2-\lambda)\boldsymbol{\eta}=\boldsymbol{0}$$

又因为 $\boldsymbol{\eta}\neq\mathbf{0}$,故 $\lambda^2-\lambda=0$,因此 $\lambda=1$ 或 $\lambda=0$.

注意

条件 $\boldsymbol{A}^2=\boldsymbol{A}$ 只能得出矩阵 $\boldsymbol{A}$ 的特征值取值 0 或 1,并不能确定 $\boldsymbol{A}$ 的特征值.这是因为满足 $\boldsymbol{A}^2=\boldsymbol{A}$ 的矩阵 $\boldsymbol{A}$ 有很多,而它们的特征值可能为 0 或 1,例如:

若 $\boldsymbol{A}=\begin{pmatrix}0&0\\0&0\end{pmatrix}$,则 $\begin{pmatrix}0&0\\0&0\end{pmatrix}^2=\begin{pmatrix}0&0\\0&0\end{pmatrix}$,此时 $\boldsymbol{A}$ 的特征值为 $\lambda_1=\lambda_2=0$;

若 $\boldsymbol{A}=\begin{pmatrix}1&0\\0&1\end{pmatrix}$,则 $\begin{pmatrix}1&0\\0&1\end{pmatrix}^2=\begin{pmatrix}1&0\\0&1\end{pmatrix}$,此时 $\boldsymbol{A}$ 的特征值为 $\lambda_1=\lambda_2=1$;

若 $\boldsymbol{A}=\begin{pmatrix}1&0\\0&0\end{pmatrix}$,则 $\begin{pmatrix}1&0\\0&0\end{pmatrix}^2=\begin{pmatrix}1&0\\0&0\end{pmatrix}$,此时 $\boldsymbol{A}$ 的特征值为 $\lambda_1=0,\lambda_2=1$.

例 4.2.8 已知三阶矩阵 $\boldsymbol{A}$ 的特征值为 $-1,1,3$,矩阵 $\boldsymbol{B}=\boldsymbol{A}-3\boldsymbol{A}^2$,试求 $\boldsymbol{B}$ 的特征值和 $|\boldsymbol{B}|$.

解 令 $f(\boldsymbol{A})=\boldsymbol{B}=\boldsymbol{A}-3\boldsymbol{A}^2$,则 $f(\lambda)=\lambda-3\lambda^2$,又因为 $\boldsymbol{A}$ 的特征值为 $-1,1,3$,故 $\boldsymbol{B}$ 的特征值为

$$f(-1)=(-1)-3\,(-1)^2=-4$$
$$f(1)=1-3\cdot 1^2=-2$$
$$f(3)=3-3\cdot 3^2=-24$$

从而 $|\boldsymbol{B}|=(-4)\cdot(-2)\cdot(-24)=-192$.

定理 4.2.3 n 阶矩阵 $\boldsymbol{A}$ 的互不相同的特征值 $\lambda_1,\lambda_2,\cdots,\lambda_s$ 的特征向量 $\boldsymbol{\eta}_1,\boldsymbol{\eta}_2,\cdots,\boldsymbol{\eta}_s$ 线性无关.

证明 设有常数 $k_1,k_2,\cdots,k_s$ 使得

$$k_1\boldsymbol{\eta}_1+k_2\boldsymbol{\eta}_2+\cdots+k_s\boldsymbol{\eta}_s=\mathbf{0}$$

用矩阵 $\boldsymbol{A}$ 左乘等式两端得

$$k_1\boldsymbol{A}\boldsymbol{\eta}_1+k_2\boldsymbol{A}\boldsymbol{\eta}_2+\cdots+k_s\boldsymbol{A}\boldsymbol{\eta}_s=\mathbf{0}$$

由于

$$\boldsymbol{A}\boldsymbol{\eta}_i=\lambda_i\boldsymbol{\eta}_i\,(i=1,2,\cdots,s)$$

有

$$\lambda_1k_1\boldsymbol{\eta}_1+\lambda_2k_2\boldsymbol{\eta}_2+\cdots+\lambda_nk_s\boldsymbol{\eta}_s=\mathbf{0}$$

等式两端左乘矩阵 $\boldsymbol{A}k$ 次,有

$$\lambda_1^kk_1\boldsymbol{\eta}_1+\lambda_2^kk_2\boldsymbol{\eta}_2+\cdots+\lambda_s^kk_s\boldsymbol{\eta}_s=\mathbf{0}\quad(k=1,2,\cdots,n-1)$$

将上述各式写成矩阵形式有

$$(k_1\boldsymbol{\eta}_1,k_2\boldsymbol{\eta}_2,\cdots,k_s\boldsymbol{\eta}_s)\begin{pmatrix}1&\lambda_1&\cdots&\lambda_1^{s-1}\\1&\lambda_2&\cdots&\lambda_2^{s-1}\\\vdots&\vdots&&\vdots\\1&\lambda_s&\cdots&\lambda_s^{s-1}\end{pmatrix}=(0,0,\cdots,0)$$

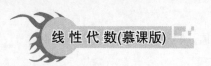

其中$\begin{pmatrix} 1 & \lambda_1 & \cdots & \lambda_1^{s-1} \\ 1 & \lambda_2 & \cdots & \lambda_2^{s-1} \\ \vdots & \vdots & & \vdots \\ 1 & \lambda_s & \cdots & \lambda_s^{s-1} \end{pmatrix}$的行列式为范德蒙德行列式，当$\lambda_i$互不相等时，该行列式不为 0，从而该矩阵可逆.于是有

$$(k_1\boldsymbol{\eta}_1, k_2\boldsymbol{\eta}_2, \cdots, k_s\boldsymbol{\eta}_s) = (0, 0, \cdots, 0)$$

即

$$k_i\boldsymbol{\eta}_i = 0 \quad (i = 1, 2, \cdots, s)$$

又因为$\boldsymbol{\eta}_i \neq \mathbf{0}$，故$k_i = 0 (i = 1, 2, \cdots, s)$，所以$\boldsymbol{\eta}_1, \boldsymbol{\eta}_2, \cdots, \boldsymbol{\eta}_s$线性无关.证毕.

定理 4.2.4　当λ是矩阵$\boldsymbol{A}$的k重特征值时，属于λ的线性无关的特征向量的个数至多为k个.(证明略)

4.2.4　同步习题

1. 求下列矩阵的特征值与特征向量：

(1) $\boldsymbol{A} = \begin{pmatrix} -2 & 1 & 1 \\ 0 & 2 & 0 \\ -4 & 1 & 3 \end{pmatrix}$；　(2) $\boldsymbol{A} = \begin{pmatrix} 2 & -1 & 2 \\ 5 & -3 & 3 \\ -1 & 0 & -2 \end{pmatrix}$；

(3) $\boldsymbol{A} = \begin{pmatrix} 1 & 2 & 3 \\ 2 & 1 & 3 \\ 3 & 3 & 6 \end{pmatrix}$；　(4) $\boldsymbol{A} = \begin{pmatrix} -1 & 1 & 0 \\ -4 & 3 & 0 \\ 1 & 0 & 2 \end{pmatrix}$；

(5) $\boldsymbol{A} = \begin{pmatrix} -1 & 4 & 0 \\ 1 & 2 & 0 \\ 1 & 0 & 3 \end{pmatrix}$；　(6) $\boldsymbol{A} = \begin{pmatrix} 1 & 2 & 2 \\ 2 & 1 & 2 \\ 2 & 2 & 1 \end{pmatrix}$.

2. 矩阵$\boldsymbol{A}$满足$2\boldsymbol{A}^2 - 3\boldsymbol{A} - 5\boldsymbol{E} = \mathbf{0}$，求$\boldsymbol{A}$的特征值.

3. 已知三阶矩阵$\boldsymbol{A}$的特征值为$1, 2, -2$，求$3\boldsymbol{A} + \boldsymbol{E}$的特征值.

4. 设三阶矩阵$\boldsymbol{A}$的特征值为$1, 2, 3$，求$|\boldsymbol{A}^* + 2\boldsymbol{A} + \boldsymbol{E}|$.

5. 设$\boldsymbol{A}$为正交矩阵，若$|\boldsymbol{A}| = -1$，求证$\boldsymbol{A}$一定有特征值-1.

6. 设$\boldsymbol{A}, \boldsymbol{B}$都是$n$阶矩阵，证明$\boldsymbol{AB}$与$\boldsymbol{BA}$具有相同的特征值.

7. 设方阵$\boldsymbol{A}^2 = 2\boldsymbol{A}$，求$\boldsymbol{A}$的特征值.

8. 设$\boldsymbol{\alpha}, \boldsymbol{\beta}$分别是矩阵$\boldsymbol{A}$的对应于$\lambda_1, \lambda_2$的特征向量，且$\lambda_1 \neq \lambda_2$，求证$\boldsymbol{\alpha} + \boldsymbol{\beta}$一定不是$\boldsymbol{A}$的特征向量.

4.3　相似矩阵与矩阵对角化

本节要求：通过本节的学习，学生应掌握相似矩阵的概念，掌握方阵对角化的方法.

本节将介绍相似矩阵和矩阵对角化的相关知识.

4.3.1 相似矩阵的概念与性质

定义 4.3.1 设 $\boldsymbol{A},\boldsymbol{B}$ 为 n 阶矩阵,如果存在 n 阶可逆矩阵 $\boldsymbol{P}$,使得 $\boldsymbol{P}^{-1}\boldsymbol{AP}=\boldsymbol{B}$,则称矩阵 $\boldsymbol{A}$ 相似于矩阵 $\boldsymbol{B}$,或称 $\boldsymbol{A}$ 与 $\boldsymbol{B}$ 相似.记作 $\boldsymbol{A}\sim\boldsymbol{B}$.如果 $\boldsymbol{P}$ 为正交矩阵,则称 $\boldsymbol{A}$ 与 $\boldsymbol{B}$ 正交相似.对 $\boldsymbol{A}$ 进行 $\boldsymbol{P}^{-1}\boldsymbol{AP}$ 运算称为对 $\boldsymbol{A}$ 进行相似变换,可逆矩阵 $\boldsymbol{P}$ 称为把 $\boldsymbol{A}$ 化为 $\boldsymbol{B}$ 的相似变换矩阵.

相似是方阵之间的一种关系,这种关系具有如下基本性质:

(1) 反身性:$\boldsymbol{A}\sim\boldsymbol{A}$.

(2) 对称性:若 $\boldsymbol{A}\sim\boldsymbol{B}$,则 $\boldsymbol{B}\sim\boldsymbol{A}$.

(3) 传递性:若 $\boldsymbol{A}\sim\boldsymbol{B},\boldsymbol{B}\sim\boldsymbol{C}$,则 $\boldsymbol{A}\sim\boldsymbol{C}$.

相似矩阵具有如下性质.

性质 4.3.1 相似矩阵具有相同的特征多项式,从而有相同的特征值.

证明 设 $\boldsymbol{A}\sim\boldsymbol{B}$,则根据定义,存在可逆矩阵 $\boldsymbol{P}$,使得

$$\boldsymbol{P}^{-1}\boldsymbol{AP}=\boldsymbol{B}$$

于是

$$\begin{aligned}|\boldsymbol{B}-\lambda\boldsymbol{E}|&=|\boldsymbol{P}^{-1}\boldsymbol{AP}-\lambda\boldsymbol{P}^{-1}\boldsymbol{P}|=|\boldsymbol{P}^{-1}(\boldsymbol{A}-\lambda\boldsymbol{E})\boldsymbol{P}|\\&=|\boldsymbol{P}^{-1}|\,|\boldsymbol{A}-\lambda\boldsymbol{E}|\,|\boldsymbol{P}|=|\boldsymbol{A}-\lambda\boldsymbol{E}|\end{aligned}$$

即 $\boldsymbol{A}$ 与 $\boldsymbol{B}$ 具有相同的特征多项式,从而具有相同的特征值.证毕.

注意 上述性质的逆命题不成立.即若 $\boldsymbol{A}$ 与 $\boldsymbol{B}$ 具有相同的特征多项式(或所有特征值相同),$\boldsymbol{A}$ 与 $\boldsymbol{B}$ 不一定相似.

性质 4.3.2 **相似矩阵具有相同的行列式和相同的迹.**

证明可由性质 4.3.1 得到.

性质 4.3.3 若 $\boldsymbol{A}\sim\boldsymbol{B}$,则 $R(\boldsymbol{A})=R(\boldsymbol{B})$.

证明 由于 $\boldsymbol{A}\sim\boldsymbol{B}$,存在可逆矩阵 $\boldsymbol{P}$,使得

$$\boldsymbol{P}^{-1}\boldsymbol{AP}=\boldsymbol{B}$$

而 $\boldsymbol{P}$ 和 $\boldsymbol{P}^{-1}$ 均可表示为一些初等矩阵的乘积,从而 $\boldsymbol{P}^{-1}\boldsymbol{AP}$ 运算相当于对 $\boldsymbol{A}$ 进行一系列的初等变换,初等变换并不改变矩阵的秩,因此 $R(\boldsymbol{A})=R(\boldsymbol{B})$.证毕.

性质 4.3.4 若 $\boldsymbol{A}\sim\boldsymbol{B}$,则 $\boldsymbol{A}^m\sim\boldsymbol{B}^m$.

证明 设 $\boldsymbol{P}^{-1}\boldsymbol{AP}=\boldsymbol{B}$,则 $(\boldsymbol{P}^{-1}\boldsymbol{AP})^m=\boldsymbol{B}^m$,即

$$\underbrace{(\boldsymbol{P}^{-1}\boldsymbol{AP})(\boldsymbol{P}^{-1}\boldsymbol{AP})\cdots(\boldsymbol{P}^{-1}\boldsymbol{AP})}_{m\text{个}(\boldsymbol{P}^{-1}\boldsymbol{AP})}=\boldsymbol{P}^{-1}\boldsymbol{A}^m\boldsymbol{P}$$

即 $\boldsymbol{P}^{-1}\boldsymbol{A}^m\boldsymbol{P}=\boldsymbol{B}^m$,所以 $\boldsymbol{A}^m\sim\boldsymbol{B}^m$.证毕.

性质 4.3.5 若 $\boldsymbol{A}\sim\boldsymbol{B}$,且 $\boldsymbol{A}$ 可逆,则 $\boldsymbol{B}$ 也可逆,且 $\boldsymbol{A}^{-1}\sim\boldsymbol{B}^{-1}$.

证明 由性质 4.3.3 可知 $\boldsymbol{A}$ 与 $\boldsymbol{B}$ 的秩相同,从而 $\boldsymbol{B}$ 也可逆.

设 $\boldsymbol{P}^{-1}\boldsymbol{AP}=\boldsymbol{B}$,两端同时取逆得

$$\boldsymbol{P}^{-1}\boldsymbol{A}^{-1}\boldsymbol{P}=\boldsymbol{B}^{-1}$$

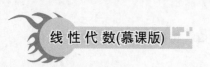

即 $\boldsymbol{A}^{-1}\sim\boldsymbol{B}^{-1}$.证毕.

性质 4.3.6　若 $\boldsymbol{A}\sim\boldsymbol{B}$,对于任意多项式 $f(x)$,有 $f(\boldsymbol{A})\sim f(\boldsymbol{B})$.

证明　由性质 4.3.4 可知,若 $\boldsymbol{A}\sim\boldsymbol{B}$,则存在可逆矩阵 $\boldsymbol{P}$,使得

$$\boldsymbol{P}^{-1}\boldsymbol{A}^{k}\boldsymbol{P}=\boldsymbol{B}^{k}(k=1,2,\cdots,m)$$

设 $f(x)=a_0x^m+a_1x^{m-1}+\cdots+a_{m-1}x+a_m$,则

$$\begin{aligned}f(\boldsymbol{B})&=a_0\boldsymbol{B}^m+a_1\boldsymbol{B}^{m-1}+\cdots+a_{m-1}\boldsymbol{B}+a_m\boldsymbol{E}\\&=a_0\boldsymbol{P}^{-1}\boldsymbol{A}^m\boldsymbol{P}+a_1\boldsymbol{P}^{-1}\boldsymbol{A}^{m-1}\boldsymbol{P}+\cdots+a_{m-1}\boldsymbol{P}^{-1}\boldsymbol{A}\boldsymbol{P}+a_m\boldsymbol{P}^{-1}\boldsymbol{E}\boldsymbol{P}\\&=\boldsymbol{P}^{-1}(a_0\boldsymbol{A}^m+a_1\boldsymbol{A}^{m-1}+\cdots+a_{m-1}\boldsymbol{A}+a_m\boldsymbol{E})\boldsymbol{P}\\&=\boldsymbol{P}^{-1}f(\boldsymbol{A})\boldsymbol{P}\end{aligned}$$

故 $f(\boldsymbol{A})\sim f(\boldsymbol{B})$.证毕.

性质 4.3.7　若 $\boldsymbol{A}\sim\boldsymbol{B}$,$\boldsymbol{\eta}$ 是 $\boldsymbol{A}$ 的属于 λ 的特征向量,则 $\boldsymbol{P}^{-1}\boldsymbol{\eta}$ 是 $\boldsymbol{B}$ 的属于 λ 的特征向量.

证明　根据已知条件可得

$$\boldsymbol{A}\boldsymbol{\eta}=\lambda\boldsymbol{\eta},\boldsymbol{\eta}\neq 0$$

将等式两端左乘 $\boldsymbol{P}^{-1}$,得

$$\boldsymbol{P}^{-1}\boldsymbol{A}\boldsymbol{\eta}=\lambda\boldsymbol{P}^{-1}\boldsymbol{\eta}$$

于是

$$(\boldsymbol{P}^{-1}\boldsymbol{A}\boldsymbol{P})\boldsymbol{P}^{-1}\boldsymbol{\eta}=\lambda\boldsymbol{P}^{-1}\boldsymbol{\eta}$$

又因为 $\boldsymbol{A}\sim\boldsymbol{B}$,有 $\boldsymbol{P}^{-1}\boldsymbol{A}\boldsymbol{P}=\boldsymbol{B}$,所以

$$\boldsymbol{B}(\boldsymbol{P}^{-1}\boldsymbol{\eta})=\lambda(\boldsymbol{P}^{-1}\boldsymbol{\eta})$$

因此 $\boldsymbol{P}^{-1}\boldsymbol{\eta}$ 是 $\boldsymbol{B}$ 的属于 λ 的特征向量.证毕.

4.3.2　方阵的相似对角化

定义 4.3.2　对于 n 阶矩阵 $\boldsymbol{A}$,如果存在 n 阶矩阵 $\boldsymbol{\Lambda}$,使得 $\boldsymbol{A}\sim\boldsymbol{\Lambda}$,则称 $\boldsymbol{A}$ 可对角化.

并不是所有矩阵都可以对角化,例如 $\boldsymbol{A}=\begin{pmatrix}1&1\\0&1\end{pmatrix}$,若存在可逆矩阵 $\boldsymbol{P}$,使得 $\boldsymbol{P}^{-1}\boldsymbol{A}\boldsymbol{P}=\boldsymbol{\Lambda}=\begin{pmatrix}a&0\\0&b\end{pmatrix}$,则根据相似矩阵的性质必有 $a=b=1$,即 $\boldsymbol{P}^{-1}\boldsymbol{A}\boldsymbol{P}=\boldsymbol{E}$,从而得到 $\boldsymbol{A}=\boldsymbol{E}$,显然这与已知矛盾.那么,我们需要研究以下基本问题:

(1) n 阶矩阵 $\boldsymbol{A}$ 是否可以相似对角化,或者什么条件下 n 阶矩阵 $\boldsymbol{A}$ 可以对角化;

(2) 如果 $\boldsymbol{A}$ 能相似对角化,构造可逆矩阵 $\boldsymbol{P}$,使得 $\boldsymbol{P}^{-1}\boldsymbol{A}\boldsymbol{P}=\boldsymbol{\Lambda}$.

定理 4.3.1　n 阶矩阵 $\boldsymbol{A}$ 可以对角化的充分必要条件是 $\boldsymbol{A}$ 有 n 个线性无关的特征向量.

证明　必要性:设 $\boldsymbol{A}$ 可以对角化,即存在可逆矩阵 $\boldsymbol{P}$,使得 $\boldsymbol{P}^{-1}\boldsymbol{A}\boldsymbol{P}=\boldsymbol{\Lambda}$,则必有 $\boldsymbol{A}\boldsymbol{P}=\boldsymbol{P}\boldsymbol{\Lambda}$.

令 $\boldsymbol{P}=(\boldsymbol{p}_1,\boldsymbol{p}_2,\cdots,\boldsymbol{p}_n)$,其中 $\boldsymbol{p}_i$ 为 $\boldsymbol{P}$ 的列向量,$\boldsymbol{\Lambda}=\mathrm{diag}(\lambda_1,\lambda_2,\cdots,\lambda_n)$,则

$$\boldsymbol{A}(\boldsymbol{p}_1,\boldsymbol{p}_2,\cdots,\boldsymbol{p}_n)=(\boldsymbol{p}_1,\boldsymbol{p}_2,\cdots,\boldsymbol{p}_n)\begin{pmatrix}\lambda_1&&&\\&\lambda_2&&\\&&\ddots&\\&&&\lambda_n\end{pmatrix}$$

即

$$(\boldsymbol{A}\boldsymbol{p}_1,\boldsymbol{A}\boldsymbol{p}_2,\cdots,\boldsymbol{A}\boldsymbol{p}_n)=(\lambda_1\boldsymbol{p}_1,\lambda_2\boldsymbol{p}_2,\cdots,\lambda_n\boldsymbol{p}_n)$$

所以有

$$\boldsymbol{A}\boldsymbol{p}_i=\lambda_i\boldsymbol{p}_i(i=1,2,\cdots,n)$$

由于 $\boldsymbol{P}$ 是可逆矩阵,$\boldsymbol{p}_i\neq\boldsymbol{0}(i=1,2,\cdots,n)$,因此 $\boldsymbol{p}_1,\boldsymbol{p}_2,\cdots,\boldsymbol{p}_n$ 分别是矩阵 $\boldsymbol{A}$ 的属于特征值 $\lambda_1,\lambda_2,\cdots,\lambda_n$ 的特征向量.由 $\boldsymbol{P}$ 可逆知,它们是线性无关的.

充分性:若 $\boldsymbol{A}$ 有 n 个线性无关的特征向量 $\boldsymbol{p}_1,\boldsymbol{p}_2,\cdots,\boldsymbol{p}_n$,即

$$\boldsymbol{A}\boldsymbol{p}_i=\lambda_i\boldsymbol{p}_i(i=1,2,\cdots,n)$$

于是

$$\boldsymbol{A}(\boldsymbol{p}_1,\boldsymbol{p}_2,\cdots,\boldsymbol{p}_n)=(\boldsymbol{p}_1,\boldsymbol{p}_2,\cdots,\boldsymbol{p}_n)\begin{pmatrix}\lambda_1 & & & \\ & \lambda_2 & & \\ & & \ddots & \\ & & & \lambda_n\end{pmatrix}$$

令 $\boldsymbol{P}=(\boldsymbol{p}_1,\boldsymbol{p}_2,\cdots,\boldsymbol{p}_n)$,则 $\boldsymbol{P}$ 一定可逆,所以 $\boldsymbol{AP}=\boldsymbol{P\Lambda}$,$\boldsymbol{P}^{-1}\boldsymbol{AP}=\boldsymbol{\Lambda}$,其中 $\boldsymbol{\Lambda}=\mathrm{diag}(\lambda_1,\lambda_2,\cdots,\lambda_n)$,即 $\boldsymbol{A}$ 可对角化.证毕.

定理 4.3.2 若 n 阶矩阵 $\boldsymbol{A}$ 有 n 个不同的特征值,则 $\boldsymbol{A}$ 可对角化.

证明 设 $\boldsymbol{p}_1,\boldsymbol{p}_2,\cdots,\boldsymbol{p}_n$ 为 n 阶矩阵 $\boldsymbol{A}$ 的属于不同特征值 $\lambda_1,\lambda_2,\cdots,\lambda_n$ 的特征向量,由定理 4.2.3 知,属于不同特征值的特征向量线性无关,故 $\boldsymbol{p}_1,\boldsymbol{p}_2,\cdots,\boldsymbol{p}_n$ 线性无关,即 $\boldsymbol{A}$ 有 n 个线性无关的特征向量,由定理 4.3.1 知,$\boldsymbol{A}$ 可对角化.证毕.

注意 定理 4.3.2 只是 n 阶矩阵 $\boldsymbol{A}$ 可对角化的充分条件而非必要条件,即若 $\boldsymbol{A}$ 可对角化,$\boldsymbol{A}$ 不一定有 n 个不同的特征值.

例 4.3.1 若 $\boldsymbol{A}$ 是三阶矩阵,且 $|\boldsymbol{A}-\boldsymbol{E}|=0$,$|\boldsymbol{A}+\boldsymbol{E}|=0$,$|\boldsymbol{A}+2\boldsymbol{E}|=0$,判断 $\boldsymbol{A}$ 是否可对角化.

解 由已知 $\boldsymbol{A}$ 有 3 个不同的特征值 $1,-1,-2$,因此 $\boldsymbol{A}$ 可对角化.

在很多情况下,矩阵 $\boldsymbol{A}$ 均有多重特征值,此时如何判断矩阵 $\boldsymbol{A}$ 是否可对角化呢?由定理 4.2.4知,k 重特征值至多有 k 个线性无关的特征向量,其中线性无关的特征向量数若恰好为 k 个,则矩阵可对角化.

定理 4.3.3 n 阶矩阵 $\boldsymbol{A}$ 可对角化的充要条件是对于 $\boldsymbol{A}$ 的每个 n_i 重的特征值 λ_i,$R(\boldsymbol{A}-\lambda_i\boldsymbol{E})=n-n_i$.(证明略)

定理 4.3.3 还可叙述为:n 阶矩阵 $\boldsymbol{A}$ 可对角化的充要条件是 $\boldsymbol{A}$ 的 n_i 重的特征值 λ_i 恰有 n_i 个线性无关的特征向量.

定理 4.3.1 不仅给出了 n 阶矩阵 $\boldsymbol{A}$ 可对角化的充要条件,而且定理的证明过程也给出了前述第二个基本问题的答案,即如果 $\boldsymbol{A}$ 能相似对角化,构造可逆矩阵 $\boldsymbol{P}$,使得 $\boldsymbol{P}^{-1}\boldsymbol{AP}=\boldsymbol{\Lambda}$.若 n 阶矩阵 $\boldsymbol{A}$ 相似于对角矩阵 $\boldsymbol{\Lambda}$,则 $\boldsymbol{\Lambda}$ 对角线上的元素恰好为 $\boldsymbol{A}$ 的全部特征值,而可逆矩阵 $\boldsymbol{P}$ 的第 i 列向量恰好是 $\boldsymbol{A}$ 的属于 $\boldsymbol{\Lambda}$ 对角线上第 i 个特征值的特征向量.

下面给出将矩阵 $\boldsymbol{A}$ 对角化的具体方法：

(1) 求出 $\boldsymbol{A}$ 的特征值 $\lambda_1,\lambda_2,\cdots,\lambda_s$，设 λ_i 是 n_i 重的；

(2) 对于每个特征值 λ_i，求出齐次线性方程组 $(\boldsymbol{A}-\lambda_i\boldsymbol{E})\boldsymbol{x}=\boldsymbol{0}$ 的基础解系，设为 $\boldsymbol{p}_{i1},\boldsymbol{p}_{i2},\cdots,\boldsymbol{p}_{in_i}$；

(3) 取 $\boldsymbol{P}=(\boldsymbol{p}_{11},\boldsymbol{p}_{12},\cdots,\boldsymbol{p}_{1n_1},\boldsymbol{p}_{21},\boldsymbol{p}_{22},\cdots,\boldsymbol{p}_{2n_2},\cdots,\boldsymbol{p}_{s1},\boldsymbol{p}_{s2},\cdots,\boldsymbol{p}_{sn_s})$，则

$$\boldsymbol{P}^{-1}\boldsymbol{A}\boldsymbol{P}=\operatorname{diag}(\underbrace{\lambda_1,\lambda_1,\cdots,\lambda_1}_{n_1},\underbrace{\lambda_2,\lambda_2,\cdots,\lambda_2}_{n_2},\cdots,\underbrace{\lambda_s,\lambda_s,\cdots,\lambda_s}_{n_s})$$

注意　由于特征向量不唯一，所以矩阵 $\boldsymbol{P}$ 也不是唯一的，但必须保证 $\boldsymbol{P}$ 的列向量的顺序与 $\boldsymbol{\Lambda}$ 的对角线元素的顺序相对应.由此也可以知道，$\boldsymbol{\Lambda}$ 除对角线上元素顺序可能不同外，是由矩阵 $\boldsymbol{A}$ 的特征值完全确定的.

例 4.3.2　判断下列矩阵是否可对角化，若可以对角化，求出可逆矩阵 $\boldsymbol{P}$，使得 $\boldsymbol{P}^{-1}\boldsymbol{A}\boldsymbol{P}=\boldsymbol{\Lambda}$ 为对角阵.

(1) $\boldsymbol{A}=\begin{pmatrix}3&1&0\\-4&-1&0\\4&8&-2\end{pmatrix}$；　　(2) $\boldsymbol{A}=\begin{pmatrix}-4&-10&0\\1&3&0\\3&6&1\end{pmatrix}$.

微课：例 4.3.2

解　(1) 先求特征值：

$$|\boldsymbol{A}-\lambda\boldsymbol{E}|=\begin{vmatrix}3-\lambda&1&0\\-4&-1-\lambda&0\\4&8&-2-\lambda\end{vmatrix}=-(\lambda+2)(\lambda-1)^2=0$$

所以 $\boldsymbol{A}$ 的特征值为 $\lambda_1=-2,\lambda_2=\lambda_3=1$.

分析　对于 2 重特征值 $\lambda_2=\lambda_3=1$，若 $R(\boldsymbol{A}-\boldsymbol{E})=3-2=1$，则 $\boldsymbol{A}$ 可相似对角化；否则，$\boldsymbol{A}$ 不能对角化.

$$\boldsymbol{A}-\boldsymbol{E}=\begin{pmatrix}2&1&0\\-4&-2&0\\4&8&-3\end{pmatrix}$$

显然 $R(\boldsymbol{A}-\boldsymbol{E})=2$，所以 $\boldsymbol{A}$ 不能对角化.

(2) 先求特征值：

$$|\boldsymbol{A}-\lambda\boldsymbol{E}|=\begin{vmatrix}-4-\lambda&-10&0\\1&3-\lambda&0\\3&6&1-\lambda\end{vmatrix}=-(\lambda+2)(\lambda-1)^2=0$$

所以 $\boldsymbol{A}$ 的特征值为 $\lambda_1=-2,\lambda_2=\lambda_3=1$.

对于 $\lambda_2=\lambda_3=1$，

$$\boldsymbol{A}-\boldsymbol{E}=\begin{pmatrix}-5&-10&0\\1&2&0\\3&6&0\end{pmatrix}\to\begin{pmatrix}1&2&0\\0&0&0\\0&0&0\end{pmatrix}$$

所以 $R(\boldsymbol{A}-\boldsymbol{E})=1$，故 $\boldsymbol{A}$ 可对角化.

对于 $\lambda_1=-2$，求解齐次线性方程组 $(\boldsymbol{A}+2\boldsymbol{E})\boldsymbol{x}=\boldsymbol{0}$，即

$$\begin{pmatrix}-2 & -10 & 0\\ 1 & 5 & 0\\ 3 & 6 & 3\end{pmatrix}\begin{pmatrix}x_1\\ x_2\\ x_3\end{pmatrix}=\begin{pmatrix}0\\ 0\\ 0\end{pmatrix}$$

求得它的一个基础解系为

$$\boldsymbol{\eta}_1=\begin{pmatrix}-5\\ 1\\ 3\end{pmatrix}$$

对于 $\lambda_2=\lambda_3=1$，求解齐次线性方程组 $(\boldsymbol{A}-\boldsymbol{E})\boldsymbol{x}=\boldsymbol{0}$，即

$$\begin{pmatrix}-5 & -10 & 0\\ 1 & 2 & 0\\ 3 & 6 & 0\end{pmatrix}\begin{pmatrix}x_1\\ x_2\\ x_3\end{pmatrix}=\begin{pmatrix}0\\ 0\\ 0\end{pmatrix}$$

求得它的一个基础解系为

$$\boldsymbol{\eta}_2=\begin{pmatrix}-2\\ 1\\ 0\end{pmatrix},\boldsymbol{\eta}_3=\begin{pmatrix}0\\ 0\\ 1\end{pmatrix}$$

取

$$\boldsymbol{P}=(\boldsymbol{\eta}_1,\boldsymbol{\eta}_2,\boldsymbol{\eta}_3)=\begin{pmatrix}-5 & -2 & 0\\ 1 & 1 & 0\\ 3 & 0 & 1\end{pmatrix},\boldsymbol{\Lambda}=\begin{pmatrix}\lambda_1 & & \\ & \lambda_2 & \\ & & \lambda_3\end{pmatrix}=\begin{pmatrix}-2 & & \\ & 1 & \\ & & 1\end{pmatrix}$$

则有

$$\boldsymbol{P}^{-1}\boldsymbol{A}\boldsymbol{P}=\boldsymbol{\Lambda}$$

例 4.3.3 设矩阵 $\boldsymbol{A}$ 与 $\boldsymbol{\Lambda}$ 相似，其中

$$\boldsymbol{A}=\begin{pmatrix}1 & -1 & 1\\ 2 & 4 & -2\\ -3 & -3 & a\end{pmatrix},\boldsymbol{\Lambda}=\begin{pmatrix}2 & & \\ & 2 & \\ & & b\end{pmatrix}$$

(1) 求 a,b 的值；

(2) 求可逆矩阵 $\boldsymbol{P}$，使得 $\boldsymbol{P}^{-1}\boldsymbol{A}\boldsymbol{P}=\boldsymbol{\Lambda}$.

解 (1) 由于 $\boldsymbol{A}\sim\boldsymbol{\Lambda}$，故 $\mathrm{tr}(\boldsymbol{A})=\mathrm{tr}(\boldsymbol{\Lambda})$，且 $|\boldsymbol{A}|=|\boldsymbol{\Lambda}|$，即

$$\begin{cases}1+4+a=2+2+b\\ 6a-6=4b\end{cases}$$

解得

$$\begin{cases}a=5\\ b=6\end{cases}$$

(2) 由于 $\boldsymbol{A}\sim\boldsymbol{\Lambda}$，所以 $\boldsymbol{A}$ 与 $\boldsymbol{\Lambda}$ 具有相同的特征值，则 $\boldsymbol{A}$ 的特征值为

$$\lambda_1=\lambda_2=2,\lambda_3=6$$

对于 $\lambda_1=\lambda_2=2$，求解齐次线性方程组 $(\boldsymbol{A}-2\boldsymbol{E})\boldsymbol{x}=\boldsymbol{0}$，即

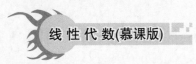

$$\begin{pmatrix}-1 & -1 & 1\\ 2 & 2 & -2\\ -3 & -3 & 3\end{pmatrix}\begin{pmatrix}x_1\\ x_2\\ x_3\end{pmatrix}=\begin{pmatrix}0\\ 0\\ 0\end{pmatrix}$$

解得

$$\boldsymbol{\eta}_1=\begin{pmatrix}-1\\ 1\\ 0\end{pmatrix},\boldsymbol{\eta}_2=\begin{pmatrix}1\\ 0\\ 1\end{pmatrix}$$

对于 $\lambda_3=6$，求解齐次线性方程组 $(\boldsymbol{A}-6\boldsymbol{E})\boldsymbol{x}=\boldsymbol{0}$，即

$$\begin{pmatrix}-5 & -1 & 1\\ 2 & -2 & -2\\ -3 & -3 & -1\end{pmatrix}\begin{pmatrix}x_1\\ x_2\\ x_3\end{pmatrix}=\begin{pmatrix}0\\ 0\\ 0\end{pmatrix}$$

解得

$$\boldsymbol{\eta}_3=\begin{pmatrix}1\\ -2\\ 3\end{pmatrix}$$

取

$$\boldsymbol{P}=(\boldsymbol{\eta}_1,\boldsymbol{\eta}_2,\boldsymbol{\eta}_3)=\begin{pmatrix}-1 & 1 & 1\\ 1 & 0 & -2\\ 0 & 1 & 3\end{pmatrix}$$

则有 $\boldsymbol{P}^{-1}\boldsymbol{AP}=\boldsymbol{\Lambda}$.

利用矩阵 $\boldsymbol{A}$ 的相似对角化还可以求 $\boldsymbol{A}^n$.事实上，由于 $\boldsymbol{P}^{-1}\boldsymbol{AP}=\boldsymbol{\Lambda}$，故有 $\boldsymbol{A}=\boldsymbol{P\Lambda P}^{-1}$，因此

$$\boldsymbol{A}^n=\underbrace{(\boldsymbol{P\Lambda P}^{-1})(\boldsymbol{P\Lambda P}^{-1})\cdots(\boldsymbol{P\Lambda P}^{-1})}_{n\text{个}(\boldsymbol{P\Lambda P}^{-1})}=\boldsymbol{P\Lambda}^n\boldsymbol{P}^{-1}$$

例如，对于三阶矩阵

$$\boldsymbol{A}=\begin{pmatrix}-11 & 8 & -12\\ -3 & 2 & -3\\ 8 & -6 & 9\end{pmatrix}$$

存在可逆矩阵

$$\boldsymbol{P}=\begin{pmatrix}1 & -2 & 0\\ 0 & -1 & 3\\ -1 & 1 & 2\end{pmatrix}$$

使得 $\boldsymbol{P}^{-1}\boldsymbol{AP}=\boldsymbol{\Lambda}$，其中 $\boldsymbol{\Lambda}=\mathrm{diag}(1,-1,0)$，则

$$\boldsymbol{A}^{100}=\boldsymbol{P\Lambda}^{100}\boldsymbol{P}^{-1}=\begin{pmatrix}1 & -2 & 0\\ 0 & -1 & 3\\ -1 & 1 & 2\end{pmatrix}\begin{pmatrix}1 & & \\ & 1 & \\ & & 0\end{pmatrix}\begin{pmatrix}-5 & 4 & -6\\ -3 & 2 & -3\\ -1 & 1 & -1\end{pmatrix}=\begin{pmatrix}1 & 0 & 0\\ 3 & -2 & 3\\ 2 & -2 & 3\end{pmatrix}$$

4.3.3 同步习题

1. 判断 $\boldsymbol{A}=\begin{pmatrix}1 & 2\\0 & 1\end{pmatrix}$ 是否可相似对角化.

2. 设三阶矩阵 $\boldsymbol{A}$ 与 $\boldsymbol{B}$ 相似,其中 $\boldsymbol{A}$ 的特征值为 $2,\frac{1}{2},-1$,求 $|\boldsymbol{B}^{-1}+2\boldsymbol{E}|$.

3. 判断下列矩阵是否可对角化,说明理由.

(1) $\boldsymbol{A}=\begin{pmatrix}2 & 0 & 0\\1 & 2 & 0\\0 & 1 & 2\end{pmatrix}$;　(2) $\boldsymbol{A}=\begin{pmatrix}1 & -3 & 3\\3 & -5 & 3\\6 & -6 & 4\end{pmatrix}$;　(3) $\boldsymbol{A}=\begin{pmatrix}1 & 0\\-1 & 1\end{pmatrix}$.

4. 设矩阵 $\boldsymbol{A}\sim\boldsymbol{B}$,其中 $\boldsymbol{A}=\begin{pmatrix}1 & -1 & 1\\2 & 4 & -2\\-3 & -3 & 5\end{pmatrix}$,$\boldsymbol{B}=\begin{pmatrix}2 & 0 & 0\\0 & 2 & 0\\0 & 0 & a\end{pmatrix}$,试求 a.

5. $\boldsymbol{\eta}=\begin{pmatrix}3\\-1\\a\end{pmatrix}$ 是矩阵 $\boldsymbol{A}=\begin{pmatrix}-1 & 0 & 2\\1 & 2 & -1\\1 & 3 & a\end{pmatrix}$ 的特征向量,试求 a.

6. 已知 $\boldsymbol{A}=\begin{pmatrix}1 & 0 & 0\\-2 & 5 & -2\\-2 & 4 & -1\end{pmatrix}$,求 $\boldsymbol{A}^{100}$.

7. 已知三阶矩阵 $\boldsymbol{A}$ 的特征值为 $1,-1,0$,对应的特征向量分别为

$$\boldsymbol{\eta}_1=\begin{pmatrix}1\\0\\-1\end{pmatrix},\boldsymbol{\eta}_2=\begin{pmatrix}0\\3\\2\end{pmatrix},\boldsymbol{\eta}_3=\begin{pmatrix}-2\\-1\\1\end{pmatrix}$$

求矩阵 $\boldsymbol{A}$.

8. 设二阶方阵 $\boldsymbol{A}$ 的特征值为 $1,-5$,对应的特征向量分别为 $\begin{pmatrix}1\\1\end{pmatrix}$,$\begin{pmatrix}2\\-1\end{pmatrix}$,求 $\boldsymbol{A}$.

9. 已知 $\boldsymbol{A}=\begin{pmatrix}1 & 0 & 0\\0 & x & 1\\0 & 1 & 3\end{pmatrix}$ 与 $\boldsymbol{B}=\begin{pmatrix}y & 0 & 0\\0 & 2 & 0\\0 & 0 & 4\end{pmatrix}$ 相似,求 x,y.

4.4 实对称矩阵的对角化

本节要求: 通过本节的学习,学生应掌握实对称矩阵对角化的方法.

本节主要讨论实对称矩阵的对角化问题,为了证明任一实对称矩阵都可以化为对角形这一结论,首先证明下述定理.

4.4.1　实对称矩阵的性质

定理 4.4.1　实对称矩阵的特征值都是实数.

证明　设 $\boldsymbol{A}$ 为 n 阶实对称矩阵,则有 $\overline{\boldsymbol{A}}=\boldsymbol{A}$.设 λ 为 $\boldsymbol{A}$ 的任一特征值,$\boldsymbol{\eta}$ 为 $\boldsymbol{A}$ 的属于特征值 λ 的特征向量,即

$$\boldsymbol{A\eta}=\lambda\boldsymbol{\eta},\boldsymbol{\eta}\neq\boldsymbol{0} \tag{4.4.1}$$

等式两端取共轭,有

$$\overline{\boldsymbol{A\eta}}=\overline{\lambda\boldsymbol{\eta}}$$

其中

$$\overline{\boldsymbol{A\eta}}=\overline{\boldsymbol{A}}\,\overline{\boldsymbol{\eta}}=\boldsymbol{A}\,\overline{\boldsymbol{\eta}},\overline{\lambda\boldsymbol{\eta}}=\overline{\lambda}\,\overline{\boldsymbol{\eta}}$$

故有

$$\boldsymbol{A}\,\overline{\boldsymbol{\eta}}=\overline{\lambda}\,\overline{\boldsymbol{\eta}}$$

等式两端取转置,得

$$\overline{\boldsymbol{\eta}}^{\mathrm{T}}\boldsymbol{A}=\overline{\lambda}\,\overline{\boldsymbol{\eta}}^{\mathrm{T}}$$

等式两端右乘 $\boldsymbol{\eta}$,得

$$\overline{\boldsymbol{\eta}}^{\mathrm{T}}\boldsymbol{A\eta}=\overline{\lambda}\,\overline{\boldsymbol{\eta}}^{\mathrm{T}}\boldsymbol{\eta} \tag{4.4.2}$$

式(4.4.1) 两端左乘$\overline{\boldsymbol{\eta}}^{\mathrm{T}}$,得

$$\overline{\boldsymbol{\eta}}^{\mathrm{T}}\boldsymbol{A\eta}=\lambda\,\overline{\boldsymbol{\eta}}^{\mathrm{T}}\boldsymbol{\eta} \tag{4.4.3}$$

式(4.4.2) 与式(4.4.3)相减,得

$$(\overline{\lambda}-\lambda)\overline{\boldsymbol{\eta}}^{\mathrm{T}}\boldsymbol{\eta}=0$$

由于 $\boldsymbol{\eta}\neq\boldsymbol{0}$,故$\overline{\boldsymbol{\eta}}^{\mathrm{T}}\boldsymbol{\eta}\neq0$,于是有 $\overline{\lambda}-\lambda=0$,即 $\overline{\lambda}=\lambda$,则 λ 为实数.证毕.

定理 4.4.2　实对称矩阵的属于不同特征值的特征向量正交.

证明　设 $\boldsymbol{A}$ 为实对称矩阵,λ_1,λ_2 是 $\boldsymbol{A}$ 的两个不同的特征值,$\boldsymbol{\eta}_1,\boldsymbol{\eta}_2$ 是相应的特征向量,于是

$$\boldsymbol{A\eta}_1=\lambda_1\boldsymbol{\eta}_1,\boldsymbol{A\eta}_2=\lambda_2\boldsymbol{\eta}_2,\lambda_1\neq\lambda_2$$

由于 $\boldsymbol{A}$ 为实对称矩阵,故

$$\lambda_1\boldsymbol{\eta}_1^{\mathrm{T}}=(\lambda_1\boldsymbol{\eta}_1)^{\mathrm{T}}=(\boldsymbol{A\eta}_1)^{\mathrm{T}}=\boldsymbol{\eta}_1^{\mathrm{T}}\boldsymbol{A}^{\mathrm{T}}=\boldsymbol{\eta}_1^{\mathrm{T}}\boldsymbol{A}$$

于是

$$\lambda_1\boldsymbol{\eta}_1^{\mathrm{T}}\boldsymbol{\eta}_2=\boldsymbol{\eta}_1^{\mathrm{T}}\boldsymbol{A\eta}_2=\boldsymbol{\eta}_1^{\mathrm{T}}(\lambda_2\boldsymbol{\eta}_2)=\lambda_2\boldsymbol{\eta}_1^{\mathrm{T}}\boldsymbol{\eta}_2$$

即

$$(\lambda_1-\lambda_2)\boldsymbol{\eta}_1^{\mathrm{T}}\boldsymbol{\eta}_2=0$$

而 $\lambda_1\neq\lambda_2$,故 $\boldsymbol{\eta}_1^{\mathrm{T}}\boldsymbol{\eta}_2=0$,即 $\boldsymbol{\eta}_1$ 与 $\boldsymbol{\eta}_2$ 正交.证毕.

例如,$\boldsymbol{A}=\begin{pmatrix}2&1\\1&2\end{pmatrix}$为实对称矩阵,其中 $\boldsymbol{\eta}_1=\begin{pmatrix}1\\1\end{pmatrix}$为属于特征值 $\lambda_1=3$ 的特征向量;$\boldsymbol{\eta}_2=\begin{pmatrix}1\\-1\end{pmatrix}$为属于特征值 $\lambda_2=1$ 的特征向量,显然 $\boldsymbol{\eta}_1^{\mathrm{T}}\boldsymbol{\eta}_2=0$,即 $\boldsymbol{\eta}_1$ 与 $\boldsymbol{\eta}_2$ 正交.

定理 4.4.3　设 λ_i 为实对称矩阵的 n_i 重的特征值,则矩阵 $\boldsymbol{A}-\lambda_i\boldsymbol{E}$ 的秩 $\boldsymbol{R}(\boldsymbol{A}-\lambda_i\boldsymbol{E})=n-$

n_i,从而恰好有 n_i 个属于特征值λ_i 的线性无关的特征向量.(证明略)

定理 4.4.3 表明,任一 n 阶实对称矩阵$\boldsymbol{A}$ 必可以对角化.

例 4.4.1 试将矩阵$\boldsymbol{A}=\begin{pmatrix}2&1&1\\1&2&1\\1&1&2\end{pmatrix}$对角化.

解 由于$\boldsymbol{A}$ 为实对称矩阵,故$\boldsymbol{A}$ 必可对角化.

$$|\boldsymbol{A}-\lambda\boldsymbol{E}|=\begin{vmatrix}2-\lambda&1&1\\1&2-\lambda&1\\1&1&2-\lambda\end{vmatrix}=-(\lambda-1)^2(\lambda-4)$$

故$\boldsymbol{A}$ 的特征值为$\lambda_1=\lambda_2=1,\lambda_3=4$.

对于$\lambda_1=\lambda_2=1$,求解齐次线性方程组$(\boldsymbol{A}-\boldsymbol{E})\boldsymbol{x}=\boldsymbol{0}$,

$$\boldsymbol{A}-\boldsymbol{E}=\begin{pmatrix}1&1&1\\1&1&1\\1&1&1\end{pmatrix}\to\begin{pmatrix}1&1&1\\0&0&0\\0&0&0\end{pmatrix}$$

得基础解系为

$$\boldsymbol{\eta}_1=\begin{pmatrix}-1\\1\\0\end{pmatrix},\boldsymbol{\eta}_2=\begin{pmatrix}-1\\0\\1\end{pmatrix}$$

对于$\lambda_3=4$,求解齐次线性方程组$(\boldsymbol{A}-4\boldsymbol{E})\boldsymbol{x}=\boldsymbol{0}$,

$$\boldsymbol{A}-4\boldsymbol{E}=\begin{pmatrix}-2&1&1\\1&-2&1\\1&1&-2\end{pmatrix}\to\begin{pmatrix}1&1&-2\\0&3&-3\\0&-3&3\end{pmatrix}\to\begin{pmatrix}1&0&-1\\0&1&-1\\0&0&0\end{pmatrix}$$

得基础解系为

$$\boldsymbol{\eta}_3=\begin{pmatrix}1\\1\\1\end{pmatrix}$$

取

$$\boldsymbol{P}=(\boldsymbol{\eta}_1\quad\boldsymbol{\eta}_2\quad\boldsymbol{\eta}_3)=\begin{pmatrix}-1&-1&1\\1&0&1\\0&1&1\end{pmatrix}$$

有

$$\boldsymbol{P}^{-1}\boldsymbol{AP}=\begin{pmatrix}1&&\\&1&\\&&4\end{pmatrix}$$

由定理 4.4.3 可知,对于 n 阶实对称矩阵$\boldsymbol{A}$,每个 n_i 重的特征值λ_i 有 n_i 个线性无关的特征向量,可将这 n_i 个特征向量正交化,而由定理 4.4.2 知,属于不同特征值的特征向量正交.再将上述正交向量组单位化,由此可得到 n 个两两正交的单位特征向量,以这 n 个特征向量作为列

向量可构成正交矩阵 $\boldsymbol{Q}$，从而有

$$\boldsymbol{Q}^{-1}\boldsymbol{A}\boldsymbol{Q}=\boldsymbol{\Lambda}$$

其中 $\boldsymbol{\Lambda}=\mathrm{diag}(\lambda_1,\lambda_2,\cdots,\lambda_n)$，$\lambda_1,\lambda_2,\cdots,\lambda_n$ 为 $\boldsymbol{A}$ 的特征值.

于是得出定理 4.4.4.

定理 4.4.4　设 $\boldsymbol{A}$ 为 n 阶实对称矩阵，则存在正交矩阵 $\boldsymbol{Q}$，使得

$$\boldsymbol{Q}^{-1}\boldsymbol{A}\boldsymbol{Q}=\begin{pmatrix}\lambda_1 & & & \\ & \lambda_2 & & \\ & & \ddots & \\ & & & \lambda_n\end{pmatrix}$$

其中 $\lambda_1,\lambda_2,\cdots,\lambda_n$ 为 $\boldsymbol{A}$ 的特征值.

4.4.2　施密特正交化方法

施密特(Schmidt)正交化方法是将一个线性无关的向量组 $\boldsymbol{\alpha}_1,\boldsymbol{\alpha}_2,\cdots,\boldsymbol{\alpha}_r$ 作线性变换，化为一组与之等价的正交向量组 $\boldsymbol{\beta}_1,\boldsymbol{\beta}_2,\cdots,\boldsymbol{\beta}_r$ 的方法，线性变换的具体步骤如下：

取

$$\boldsymbol{\beta}_1=\boldsymbol{\alpha}_1$$

$$\boldsymbol{\beta}_2=\boldsymbol{\alpha}_2-\frac{(\boldsymbol{\alpha}_2,\boldsymbol{\beta}_1)}{(\boldsymbol{\beta}_1,\boldsymbol{\beta}_1)}\boldsymbol{\beta}_1$$

$$\boldsymbol{\beta}_3=\boldsymbol{\alpha}_3-\frac{(\boldsymbol{\alpha}_3,\boldsymbol{\beta}_1)}{(\boldsymbol{\beta}_1,\boldsymbol{\beta}_1)}\boldsymbol{\beta}_1-\frac{(\boldsymbol{\alpha}_3,\boldsymbol{\beta}_2)}{(\boldsymbol{\beta}_2,\boldsymbol{\beta}_2)}\boldsymbol{\beta}_2$$

$$\vdots$$

$$\boldsymbol{\beta}_r=\boldsymbol{\alpha}_r-\frac{(\boldsymbol{\alpha}_r,\boldsymbol{\beta}_1)}{(\boldsymbol{\beta}_1,\boldsymbol{\beta}_1)}\xi_1-\frac{(\boldsymbol{\alpha}_r,\boldsymbol{\beta}_2)}{(\boldsymbol{\beta}_2,\boldsymbol{\beta}_2)}\boldsymbol{\beta}_2-\cdots-\frac{(\boldsymbol{\alpha}_r,\boldsymbol{\beta}_{r-1})}{(\boldsymbol{\beta}_{r-1},\boldsymbol{\beta}_{r-1})}\boldsymbol{\beta}_{r-1}$$

则 $\boldsymbol{\beta}_1,\boldsymbol{\beta}_2,\cdots,\boldsymbol{\beta}_r$ 为一个正交向量组，且

$$\{\boldsymbol{\beta}_1,\boldsymbol{\beta}_2,\cdots,\boldsymbol{\beta}_r\}\cong\{\boldsymbol{\alpha}_1,\boldsymbol{\alpha}_2,\cdots,\boldsymbol{\alpha}_r\}$$

如果再把正交向量组 $\boldsymbol{\beta}_1,\boldsymbol{\beta}_2,\cdots,\boldsymbol{\beta}_r$ 的每个向量单位化，即令

$$\gamma_i=\frac{\boldsymbol{\beta}_i}{\|\boldsymbol{\beta}_i\|},\quad i=1,2,\cdots,r$$

则可得到与 $\boldsymbol{\alpha}_1,\boldsymbol{\alpha}_2,\cdots,\boldsymbol{\alpha}_r$ 等价的标准正交组 $\gamma_1,\gamma_2,\cdots,\gamma_r$.

简言之，将任一个线性无关向量组化为标准正交组的步骤如下：

第一步，根据施密特正交化方法将其正交化；

第二步，将第一步所得的每个向量单位化.

这个过程称为单位正交化过程，上述步骤次序不可交换.

例 4.4.2　已知向量组 $\boldsymbol{\alpha}_1=(1,0,-1,1)^{\mathrm{T}}$，$\boldsymbol{\alpha}_2=(1,-1,0,1)^{\mathrm{T}}$，$\boldsymbol{\alpha}_3=(-1,1,1,0)^{\mathrm{T}}$ 线性无关，试将其化为标准正交组.

解　第一步，根据施密特正交化方法将向量组正交化，取

$$\boldsymbol{\beta}_1=\boldsymbol{\alpha}_1=(1,0,-1,1)^{\mathrm{T}}$$

$$\boldsymbol{\beta}_2=\boldsymbol{\alpha}_2-\frac{(\boldsymbol{\alpha}_2,\boldsymbol{\beta}_1)}{(\boldsymbol{\beta}_1,\boldsymbol{\beta}_1)}\boldsymbol{\beta}_1=\frac{1}{3}(1,-3,2,1)^{\mathrm{T}}$$

$$\boldsymbol{\beta}_3=\boldsymbol{\alpha}_3-\frac{(\boldsymbol{\alpha}_3,\boldsymbol{\beta}_1)}{(\boldsymbol{\beta}_1,\boldsymbol{\beta}_1)}\boldsymbol{\beta}_1-\frac{(\boldsymbol{\alpha}_3,\boldsymbol{\beta}_2)}{(\boldsymbol{\beta}_2,\boldsymbol{\beta}_2)}\boldsymbol{\beta}_2=\frac{1}{5}(-1,3,3,4)^{\mathrm{T}}$$

所得的 $\boldsymbol{\beta}_1,\boldsymbol{\beta}_2,\boldsymbol{\beta}_3$ 即是与 $\boldsymbol{\alpha}_1,\boldsymbol{\alpha}_2,\boldsymbol{\alpha}_3$ 等价的正交向量组.

第二步,将每个向量单位化.由于 $\|\boldsymbol{\beta}_1\|=\sqrt{3}$,$\|\boldsymbol{\beta}_2\|=\frac{\sqrt{15}}{3}$,$\|\boldsymbol{\beta}_3\|=\frac{\sqrt{35}}{5}$,所以令

$$\gamma_1=\frac{\boldsymbol{\beta}_1}{\|\boldsymbol{\beta}_1\|}=\frac{1}{\sqrt{3}}(1,0,-1,1)^{\mathrm{T}}$$

$$\gamma_2=\frac{\boldsymbol{\beta}_2}{\|\boldsymbol{\beta}_2\|}=\frac{1}{\sqrt{15}}(1,-3,2,1)^{\mathrm{T}}$$

$$\gamma_3=\frac{\boldsymbol{\beta}_3}{\|\boldsymbol{\beta}_3\|}=\frac{1}{\sqrt{35}}(-1,3,3,4)^{\mathrm{T}}$$

则 $\gamma_1,\gamma_2,\gamma_3$ 为所求标准正交组.

4.4.3 用正交矩阵使实对称矩阵对角化的方法

根据上述讨论,用正交矩阵将实对称矩阵对角化的步骤可归纳如下:

(1) 求出特征方程 $|\boldsymbol{A}-\lambda\boldsymbol{E}|=0$ 的全部实特征值;

(2) 对每一个 n_i 重的特征值 λ_i 解齐次线性方程组 $(\boldsymbol{A}-\lambda_i\boldsymbol{E})\boldsymbol{x}=\boldsymbol{0}$,得到 n_i 个线性无关的特征向量;

(3) 利用施密特正交化方法,把属于 λ_i 的 n_i 个线性无关的特征向量正交化,再单位化;

(4) 将总共得到的 n 个单位正交特征向量作为矩阵 $\boldsymbol{Q}$ 的列向量,则 $\boldsymbol{Q}$ 为所求正交矩阵;

(5) $\boldsymbol{Q}^{-1}\boldsymbol{AQ}$ 为对角矩阵,其主对角线上的元素为 $\boldsymbol{A}$ 的全部特征值,它的排列顺序与 $\boldsymbol{Q}$ 中正交单位向量的排列顺序相对应.

例 4.4.3 用正交矩阵将例 4.4.1 中的矩阵对角化.

解 例 4.4.1 中已经求出矩阵 $\boldsymbol{A}$ 的特征值为 $\lambda_1=\lambda_2=1,\lambda_3=4$,对应的特征向量为

$$\boldsymbol{\eta}_1=\begin{pmatrix}-1\\1\\0\end{pmatrix},\boldsymbol{\eta}_2=\begin{pmatrix}-1\\0\\1\end{pmatrix},\boldsymbol{\eta}_3=\begin{pmatrix}1\\1\\1\end{pmatrix}$$

微课:例 4.4.3

利用施密特正交化方法将 $\boldsymbol{\eta}_1$ 与 $\boldsymbol{\eta}_2$ 正交化,得

$$\boldsymbol{\beta}_1=\boldsymbol{\eta}_1=\begin{pmatrix}-1\\1\\0\end{pmatrix}$$

$$\boldsymbol{\beta}_2=\boldsymbol{\eta}_2-\frac{(\boldsymbol{\eta}_2,\boldsymbol{\eta}_1)}{(\boldsymbol{\eta}_1,\boldsymbol{\eta}_1)}\boldsymbol{\eta}_1=\begin{pmatrix}-1\\0\\1\end{pmatrix}-\frac{1}{2}\begin{pmatrix}-1\\1\\0\end{pmatrix}=-\frac{1}{2}\begin{pmatrix}1\\1\\-2\end{pmatrix}$$

再单位化，得

$$\gamma_1=\frac{\boldsymbol{\beta}_1}{\|\boldsymbol{\beta}_1\|}=\begin{pmatrix}-\frac{1}{\sqrt{2}}\\ \frac{1}{\sqrt{2}}\\ 0\end{pmatrix},\gamma_2=\frac{\boldsymbol{\beta}_2}{\|\boldsymbol{\beta}_2\|}=\begin{pmatrix}-\frac{1}{\sqrt{6}}\\ -\frac{1}{\sqrt{6}}\\ \frac{2}{\sqrt{6}}\end{pmatrix},$$

将 $\boldsymbol{\eta}_3$ 单位化，得

$$\gamma_3=\frac{\boldsymbol{\eta}_3}{\|\boldsymbol{\eta}_3\|}=\begin{pmatrix}\frac{1}{\sqrt{3}}\\ \frac{1}{\sqrt{3}}\\ \frac{1}{\sqrt{3}}\end{pmatrix}$$

以单位正交向量 $\gamma_1,\gamma_2,\gamma_3$ 为列得正交矩阵

$$\boldsymbol{Q}=\begin{pmatrix}-\frac{1}{\sqrt{2}} & -\frac{1}{\sqrt{6}} & \frac{1}{\sqrt{3}}\\ \frac{1}{\sqrt{2}} & -\frac{1}{\sqrt{6}} & \frac{1}{\sqrt{3}}\\ 0 & \frac{2}{\sqrt{6}} & \frac{1}{\sqrt{3}}\end{pmatrix}$$

使得

$$\boldsymbol{Q}^{-1}\boldsymbol{A}\boldsymbol{Q}=\begin{pmatrix}1 & & \\ & 1 & \\ & & 4\end{pmatrix}$$

4.4.4　同步习题

1. 用施密特正交化方法将下列向量组正交化：

(1) $\boldsymbol{\alpha}_1=(1,1,1)^{\mathrm{T}},\boldsymbol{\alpha}_2=(1,2,3)^{\mathrm{T}},\boldsymbol{\alpha}_3=(1,4,9)^{\mathrm{T}}$；

(2) $\boldsymbol{\alpha}_1=(1,1,1)^{\mathrm{T}},\boldsymbol{\alpha}_2=(1,1,0)^{\mathrm{T}},\boldsymbol{\alpha}_3=(1,0,0)^{\mathrm{T}}$.

2. 已知 $\boldsymbol{\alpha}_1=\begin{pmatrix}1\\1\\1\end{pmatrix}$，求非零向量 $\boldsymbol{\alpha}_2,\boldsymbol{\alpha}_3$ 使 $\boldsymbol{\alpha}_1,\boldsymbol{\alpha}_2,\boldsymbol{\alpha}_3$ 两两正交.

3. 试求正交矩阵 $\boldsymbol{Q}$，使得 $\boldsymbol{Q}^{-1}\boldsymbol{A}\boldsymbol{Q}$ 为对角矩阵.

(1) $\boldsymbol{A}=\begin{pmatrix}2 & -2 & 0\\ -2 & 1 & -2\\ 0 & -2 & 0\end{pmatrix}$；　　(2) $\boldsymbol{A}=\begin{pmatrix}1 & 0 & 1\\ 0 & 2 & 0\\ 1 & 0 & 1\end{pmatrix}$.

4. 设三阶实对称矩阵 $\boldsymbol{A}$ 的各行元素之和均为 3，向量 $\boldsymbol{\alpha}_1=(-1,2,-1)^{\mathrm{T}}$，$\boldsymbol{\alpha}_2=(0,-1,1)^{\mathrm{T}}$ 是线性方程组 $\boldsymbol{Ax}=\boldsymbol{0}$ 的两个解.

(1) 求 $\boldsymbol{A}$ 的特征值和特征向量；

(2) 求正交矩阵 $\boldsymbol{Q}$ 和对角矩阵 $\boldsymbol{\Lambda}$，使 $\boldsymbol{Q}^{\mathrm{T}}\boldsymbol{AQ}=\boldsymbol{\Lambda}$.

5. 已知 $\boldsymbol{A}$ 是三阶实对称矩阵，特征值是 $3,-6,0$，$\lambda=3$ 的特征向量是 $\boldsymbol{\alpha}_1=(1,a,1)^{\mathrm{T}}$，$\lambda=-6$ 的特征向量是 $\boldsymbol{\alpha}_2=(a,a+1,1)^{\mathrm{T}}$，求矩阵 $\boldsymbol{A}$.

6. 已知矩阵 $\boldsymbol{A}\sim\boldsymbol{B}$，$\boldsymbol{A}=\begin{pmatrix}2&0&0\\0&0&1\\0&1&a\end{pmatrix}$，$\boldsymbol{B}=\begin{pmatrix}2&0&0\\0&b&0\\0&0&-1\end{pmatrix}$.

(1) 求参数 a,b；

(2) 求正交矩阵 $\boldsymbol{Q}$，使得 $\boldsymbol{Q}^{-1}\boldsymbol{AQ}=\boldsymbol{B}$.

4.5 MATLAB 数学实验

本节要求： 通过本节的学习，学生应能够利用 MATLAB 软件求矩阵的特征值与特征向量，能够利用 MATLAB 软件判断矩阵能否对角化，掌握利用 MATLAB 将矩阵对角化的方法。

4.5.1 求矩阵的特征值与特征向量

求矩阵的特征值和特征向量的常用调用格式为

```
[V,D]= eig(A)
```

即可求矩阵 $\boldsymbol{A}$ 的全部特征值，构成对角阵 $\boldsymbol{D}$，并求 $\boldsymbol{A}$ 的特征向量构成 $\boldsymbol{V}$ 的全部列向量.

例 4.5.1 求方阵 $\boldsymbol{A}=\begin{pmatrix}-2&1&1\\2&1&2\\-1&2&1\end{pmatrix}$ 的特征值与特征向量.

解 程序设计：

```
> > clear
> > A= [- 2 1 1;2 1 2;- 1 2 1];
> > [V,D]= eig(A)
```

运行结果：

```
V=
      0.4890    - 0.0000      0.2606
```

```
   - 0.6621    - 0.7071    0.7695
     0.5679      0.7071    0.5831

D=
   - 2.1926           0         0
          0    - 1.0000         0
          0           0    3.1926
```

程序说明：

(1)方阵 $\boldsymbol{A}$ 的特征值为-2.1926，-1.0000，3.1926；

(2)特征值-2.1926 对应的全部特征向量为 $k_1(0.4890,-0.6621,0.5679)^{\mathrm{T}}$，特征值$-1.0000$对应的全部特征向量为 $k_2(-0.0000,-0.7071,0.7071)^{\mathrm{T}}$，特征值 3.1926 对应的全部特征向量为 $k_3(0.2625,0.7695,0.5381)^{\mathrm{T}}$，其中 k_1，k_2，k_3 都不为 0.

4.5.2　矩阵的对角化

下述函数用来判断矩阵是否可对角化，若可对角化则返回 1，否则返回 0.

例 4.5.2　矩阵对角化.

解　程序设计：

```
function y= trigle(A)
     y= 1;c= size(A);
     if c(1)~ = c(2)
     y= 0;
     return;
  end
  e= eig(A);
  n= length(A);
    while 1
    if isempty(e)
    return;
    end
    d= e(1);
    f= sum(abs(e- d)< 10* eps)
    g= n- rank(A- d* eye(n))
    if f~ = g
    y= 0;
    return;
    end
    e(find(abs(e- d)< 10* eps))= [ ]
    end
```

当一个矩阵可对角化时,用该矩阵的特征向量 $\boldsymbol{P}$ 得到对角化后的矩阵,即特征值矩阵,这里 $\boldsymbol{P}$ 是可逆的,且 inv(P)Ap 为特征矩阵.

实对称矩阵都是可对角化的,并且存在正交矩阵 $\boldsymbol{Q}$,使得 inv(Q)AQ 为对角阵,这里 $\boldsymbol{Q}$ 可由特征向量阵正交规范化得到.事实上,对于实对称矩阵 $\boldsymbol{A}$ 来说 eig(A)返回的特征向量就是正交矩阵.

例 4.5.3 将实对称矩阵 $\boldsymbol{A}=\begin{pmatrix}4&0&0\\0&3&1\\0&1&3\end{pmatrix}$ 对角化.

解 程序设计:

```
>> clear
>> A= [4 0 0;0 3 1;0 1 3];
>> [P,D]= eig(A)
P=

         0         0    1.0000
   - 0.7071    0.7071         0
     0.7071    0.7071         0

D=

     2.0000         0         0
         0    4.0000         0
         0         0    4.0000
```

程序说明:所求得的特征值矩阵 $\boldsymbol{D}$ 即为矩阵 $\boldsymbol{A}$ 对角化后的对角阵,$\boldsymbol{D}$ 和 $\boldsymbol{A}$ 相似.

课程思政

陈景润 华罗庚的学生,世界著名解析数论学家之一,离解决哥德巴赫猜想即“1+1”问题最近的人,证明了“1+2”.陈景润是一生专注一件事的人,这件事就是哥德巴赫猜想,取得了举世瞩目的成就.

总复习题

第一部分：基础题

一、填空题

1. 设矩阵 $\boldsymbol{A}=\begin{pmatrix}1&0&0\\0&1&0\\0&0&1\end{pmatrix}$，则 $\boldsymbol{A}$ 的特征值为________.

2. 矩阵 $\boldsymbol{A}=\begin{pmatrix}1&1&1&1\\1&1&1&1\\1&1&1&1\\1&1&1&1\end{pmatrix}$ 的非零特征值是________.

3. 矩阵 $\boldsymbol{A}=\begin{pmatrix}0&-2&-2\\2&2&-2\\-2&-2&2\end{pmatrix}$ 的非零特征值为________.

4. 设三阶矩阵 $\boldsymbol{A},\boldsymbol{A}-\boldsymbol{E},\boldsymbol{E}+2\boldsymbol{A}$ 均不可逆，则 $|\boldsymbol{A}+\boldsymbol{E}|=$________.

5. 设三阶矩阵 $\boldsymbol{A}$ 的特征值是 1，2，3，则矩阵 $\boldsymbol{B}=\boldsymbol{A}^2-2\boldsymbol{A}+\boldsymbol{E}$ 的特征值为________.

6. 1 是 $\boldsymbol{A}=\begin{pmatrix}2&-1&2\\5&a&3\\-1&1&2\end{pmatrix}$ 的特征值，则 $a=$________.

7. 设四阶方阵 $\boldsymbol{A}\sim\boldsymbol{B}$，其中 $\boldsymbol{B}$ 的特征值为 1，−1，2，4，则 $|\boldsymbol{A}|=$________.

8. 设矩阵 $\boldsymbol{A}\sim\boldsymbol{B}$，$\boldsymbol{A}$ 的特征值为 $\frac{1}{2},\frac{1}{3},\frac{1}{4},\frac{1}{5}$，则 $|\boldsymbol{B}^{-1}-\boldsymbol{E}|=$________.

9. 实对称矩阵 $\boldsymbol{A}$ 的属于不同特征值的特征向量________.

10. 设 $\boldsymbol{A}$ 为 n 阶方阵，$\boldsymbol{Ax}=0$ 有非零解，则 $\boldsymbol{A}$ 必有一个特征值为________.

二、单项选择题

1. 设三阶矩阵 $\boldsymbol{A}$ 的特征值为 1，0，−1，$f(x)=x^2-2x-1$，则 $f(\boldsymbol{A})$ 的特征值为(　　).

A. −2，−1，2　　B. −2，−1，−2　　C. 2，1，−2　　D. 2，0，−2

2. n 阶矩阵 $\boldsymbol{A}$ 有 n 个不相等的特征值是矩阵 $\boldsymbol{A}$ 可相似对角化的(　　).

A. 充分条件　　B. 必要条件

C. 充要条件　　D. 既不充分也不必要条件

3. 下列命题中，错误的是(　　).

A. 属于不同特征值的特征向量线性无关

B. 属于同一特征值的特征向量线性相关

C. 相似矩阵必有相同的特征值

D. 特征值相同的矩阵不一定相似

4. 设 $\boldsymbol{A}$ 为三阶矩阵，$\boldsymbol{A}$ 的特征值为 $-2,-\frac{1}{2},2$，则下列矩阵中可逆的是(　　).

A. $\boldsymbol{E}+2\boldsymbol{A}$　　B. $3\boldsymbol{E}+2\boldsymbol{A}$　　C. $2\boldsymbol{E}+\boldsymbol{A}$　　D. $\boldsymbol{A}-2\boldsymbol{E}$

5. 与矩阵 $\boldsymbol{A}=\begin{pmatrix}1&2\\0&3\end{pmatrix}$ 不相似的矩阵是(　　).

A. $\begin{pmatrix}1&0\\2&3\end{pmatrix}$　　B. $\begin{pmatrix}3&5\\0&1\end{pmatrix}$　　C. $\begin{pmatrix}1&1\\3&3\end{pmatrix}$　　D. $\begin{pmatrix}2&1\\1&2\end{pmatrix}$

三、计算题

1. 求矩阵 $\boldsymbol{A}=\begin{pmatrix}1&-1&1\\0&2&-3\\0&0&1\end{pmatrix}$ 的特征值与特征向量.

2. 设 $\boldsymbol{A}$ 是 n 阶实对称矩阵，满足 $\boldsymbol{A}^3-3\boldsymbol{A}^2+3\boldsymbol{A}-2\boldsymbol{E}=\boldsymbol{0}$，求 $\boldsymbol{A}$ 的特征值.

3. 设矩阵 $\boldsymbol{A}=\begin{pmatrix}1&-3&3\\3&a&3\\6&-6&b\end{pmatrix}$ 有特征值 $\lambda_1=-2,\lambda_2=4$，试求参数 a,b 的值.

4. 判断 $\boldsymbol{A}=\begin{pmatrix}2&0&0\\1&2&-1\\1&0&1\end{pmatrix}$ 矩阵是否可对角化，若可以对角化，求出可逆矩阵 $\boldsymbol{P}$，使得 $\boldsymbol{P}^{-1}\boldsymbol{A}\boldsymbol{P}=\boldsymbol{\Lambda}$ 为对角阵.

第二部分：拓展题

一、计算题

1. 设矩阵 $\boldsymbol{A}=\begin{pmatrix}2&-1&-1\\-1&2&1\\-1&1&2\end{pmatrix}$，求正交矩阵 $\boldsymbol{Q}$，使得 $\boldsymbol{Q}^{-1}\boldsymbol{A}\boldsymbol{Q}$ 为对角矩阵.

2. 已知 $\boldsymbol{A}$ 是三阶实对称矩阵，特征值是 $1,1,2$，其中属于 $\lambda=2$ 的特征向量是 $\boldsymbol{\eta}=(1,0,1)^{\mathrm{T}}$，求矩阵 $\boldsymbol{A}$.

二、证明题

1. 设 λ_1,λ_2 是 n 阶方阵 $\boldsymbol{A}$ 的特征值，且 $\lambda_1\neq\lambda_2$，$\boldsymbol{\eta}_1,\boldsymbol{\eta}_2$ 是 $\boldsymbol{A}$ 的属于特征值 λ_1,λ_2 的特征向量，证明 $\boldsymbol{\eta}_1+\boldsymbol{\eta}_2$ 不是 $\boldsymbol{A}$ 的特征向量.

2. 设 $\boldsymbol{A}$ 是 n 阶矩阵且 $\boldsymbol{A}^2=\boldsymbol{E}$，若 $\boldsymbol{A}$ 的特征值全是 1，证明 $\boldsymbol{A}=\boldsymbol{E}$.

第三部分：考研真题

一、填空题

(2015 年，数学二)设三阶矩阵 $\boldsymbol{A}$ 的特征值为 $2,-2,1$，$\boldsymbol{B}=\boldsymbol{A}^2-\boldsymbol{A}+\boldsymbol{E}$，其中 $\boldsymbol{E}$ 为三阶单位矩阵，则行列式 $|\boldsymbol{B}|=$________.

二、选择题

1. (2005 年,数学一二三)设 λ_1,λ_2 是矩阵 $\boldsymbol{A}$ 的两个不同的特征值,对应的特征向量分别为 $\boldsymbol{\alpha}_1,\boldsymbol{\alpha}_2$,则 $\boldsymbol{\alpha}_1,\boldsymbol{A}(\boldsymbol{\alpha}_1+\boldsymbol{\alpha}_2)$线性无关的充分必要条件是(　　).

A. $\lambda_1\neq0$　　B. $\lambda_2\neq0$　　C. $\lambda_1=0$　　D. $\lambda_2=0$

2. (2013 年,数学一二三)矩阵$\begin{pmatrix}1&a&1\\a&b&a\\1&a&1\end{pmatrix}$与$\begin{pmatrix}2&0&0\\0&b&0\\0&0&0\end{pmatrix}$相似的充分必要条件为(　　).

A. $a=0,b=2$　　B. $a=0,b$ 为任意常数

C. $a=2,b=0$　　D. $a=2,b$ 为任意常数

3. (2020 年,数学三)设 $\boldsymbol{A}$ 为三阶矩阵,$\boldsymbol{\alpha}_1,\boldsymbol{\alpha}_2$ 为 $\boldsymbol{A}$ 的属于特征值 1 的线性无关的特征向量,$\boldsymbol{\alpha}_3$ 为 $\boldsymbol{A}$ 的属于特征值-1 的特征向量,则满足 $\boldsymbol{P}^{-1}\boldsymbol{AP}=\begin{pmatrix}1&0&0\\0&-1&0\\0&0&1\end{pmatrix}$的可逆矩阵 $\boldsymbol{P}$ 可为(　　).

A. $(\boldsymbol{\alpha}_1+\boldsymbol{\alpha}_3,\boldsymbol{\alpha}_2,-\boldsymbol{\alpha}_3)$　　B. $(\boldsymbol{\alpha}_1+\boldsymbol{\alpha}_2,\boldsymbol{\alpha}_2,-\boldsymbol{\alpha}_3)$

C. $(\boldsymbol{\alpha}_1+\boldsymbol{\alpha}_3,-\boldsymbol{\alpha}_3,\boldsymbol{\alpha}_2)$　　D. $(\boldsymbol{\alpha}_1+\boldsymbol{\alpha}_2,-\boldsymbol{\alpha}_3,\boldsymbol{\alpha}_2)$

三、解答题

1. (2011 年,数学一二三)$\boldsymbol{A}$ 为三阶实对称矩阵,$\boldsymbol{A}$ 的秩为 2,即 $r(\boldsymbol{A})=2$,且

$$\boldsymbol{A}\begin{pmatrix}1&1\\0&0\\-1&1\end{pmatrix}=\begin{pmatrix}-1&1\\0&0\\1&1\end{pmatrix}.$$

(1) 求 $\boldsymbol{A}$ 的特征值与特征向量;

(2) 求矩阵 $\boldsymbol{A}$.

2. (2015 年,数学一二三)设矩阵 $\boldsymbol{A}=\begin{pmatrix}0&2&-3\\-1&3&-3\\1&-2&a\end{pmatrix}$相似于矩阵 $B=\begin{pmatrix}1&-2&0\\0&b&0\\0&3&1\end{pmatrix}$.

(1) 求 a,b 的值;

(2) 求可逆矩阵 $\boldsymbol{P}$,使 $\boldsymbol{P}^{-1}\boldsymbol{AP}$ 为对角矩阵.

3. (2020 年,数学一二三)设 $\boldsymbol{A}$ 为 2 阶矩阵,$\boldsymbol{P}=(\boldsymbol{\alpha},\boldsymbol{A\alpha})$,其中 $\boldsymbol{\alpha}$ 是非零向量且不是 $\boldsymbol{A}$ 的特征向量.

(1) 证明 $\boldsymbol{P}$ 为可逆矩阵;

(2) 若 $\boldsymbol{A}^2\boldsymbol{\alpha}+\boldsymbol{A\alpha}-6\boldsymbol{\alpha}=0$,求 $\boldsymbol{P}^{-1}\boldsymbol{AP}$,并判断 $\boldsymbol{A}$ 是否相似于对角矩阵.

四、证明题

(2014 年,数学一二三)证明 n 阶矩阵$\begin{pmatrix}1&1&\cdots&1\\1&1&\cdots&1\\\vdots&\vdots&&\vdots\\1&1&\cdots&1\end{pmatrix}$与$\begin{pmatrix}0&\cdots&0&1\\0&\cdots&0&2\\\vdots&&\vdots&\vdots\\0&\cdots&0&n\end{pmatrix}$相似.

第 5 章　二次型

本章要点：本章从二次型的基本概念入手，讨论了二次型的标准形、规范形以及正定二次型的相关理论.

二次型的理论起源于解析几何中对二次曲线和二次曲面的研究，它在研究二次方程时扮演着重要的角色.同时，二次型出现在很多应用问题中，在研究最优化理论中，二次型尤为重要.

本章知识结构导图

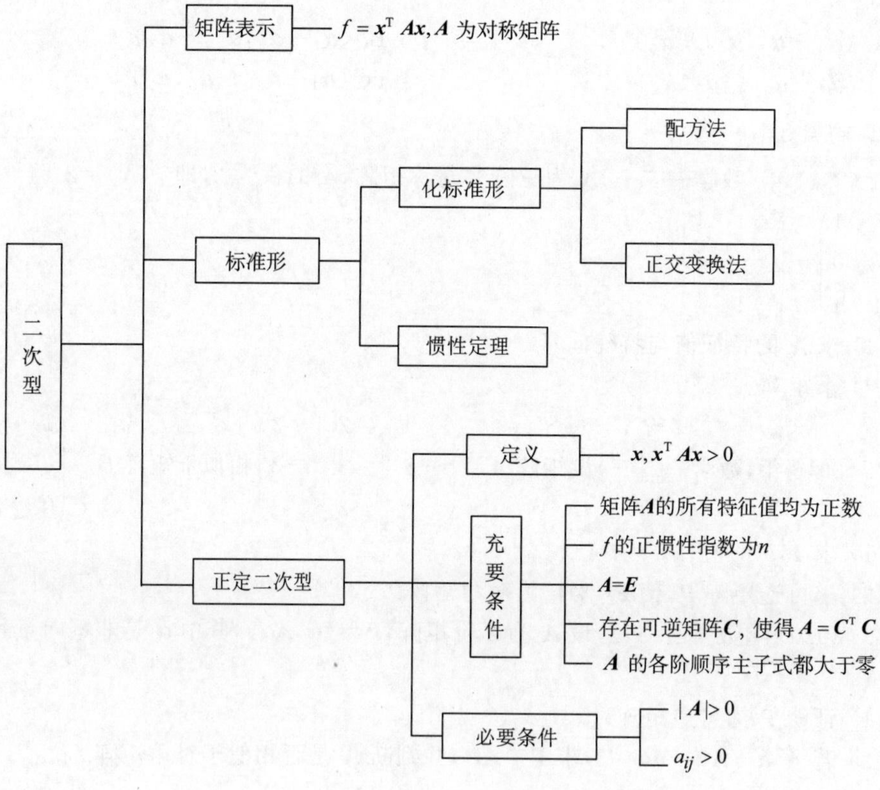

5.1　二次型及其矩阵表示

本节要求：通过本节的学习，学生应了解二次型的基本概念.

我们知道,平面上形如

$$ax^2+bxy+y^2+\mathrm{d}x+ey+f=0 \tag{5.1.1}$$

的方程的图形是圆锥曲线.我们熟悉的圆锥曲线包括圆、椭圆、抛物线和双曲线等,它们的标准方程我们在中学就接触过,那么,不是标准形式的圆锥曲线如何画呢?比如方程

$$3x^2+2xy+3y^2-8=0$$

表示一个什么图形?

事实上,为了识别曲线的类型,我们需要通过坐标的线性变换对方程(5.1.1)进行化简,而化简的关键就在于消去二次交叉项.这正是二次型理论所关心的问题.

5.1.1 二次型的基本概念

定义 5.1.1 含有 n 个变量 $x_1,x_2,\cdots,x_n$ 的二次齐次多项式

$$\begin{aligned}f(x_1,x_2,\cdots,x_n)=&a_{11}x_1^2+a_{22}x_2^2+\cdots+a_{nn}x_n^2\\&+2a_{12}x_1x_2+2a_{13}x_1x_3+\cdots+2a_{1n}x_1x_n\\&+2a_{23}x_2x_3+\cdots+2a_{2n}x_2x_n\\&+\cdots\\&+2a_{n-1,n}x_{n-1}x_n\end{aligned} \tag{5.1.2}$$

称为 n 元二次型.当 a_{ij} 中有复数时,称之为复二次型.当 a_{ij} 全为实数时,称之为实二次型.本书仅讨论实二次型.

上述二次型(5.1.2)中如果规定 $a_{ij}=a_{ji}$, $\forall i,j=1,2,\cdots,n$,则 $2a_{ij}x_ix_j=a_{ij}x_ix_j+a_{ji}x_jx_i$,于是(5.1.2)可以写成

$$\begin{aligned}f(x_1,x_2,\cdots,x_n)=&a_{11}x_1^2+a_{12}x_1x_2+\cdots+a_{1n}x_1x_n\\&+a_{21}x_2x_1+a_{22}x_2^2+\cdots+a_{2n}x_2x_n\\&+\cdots\\&+a_{n1}x_nx_1+a_{n2}x_nx_2+\cdots+a_{nn}x_n^2\\=&\sum_{i,j=1}^{n}a_{ij}x_ix_j\end{aligned} \tag{5.1.3}$$

记 $\boldsymbol{x}=\begin{pmatrix}x_1\\x_2\\\vdots\\x_n\end{pmatrix}$, $\boldsymbol{A}=\begin{pmatrix}a_{11}&a_{12}&\cdots&a_{1n}\\a_{21}&a_{22}&\cdots&a_{2n}\\\vdots&\vdots&&\vdots\\a_{n1}&a_{n2}&\cdots&a_{nn}\end{pmatrix}$,则二次型(5.1.3)可记作

$$f(x_1,x_2,\cdots,x_n)=(x_1\quad x_2\quad\cdots\quad x_n)\begin{pmatrix}a_{11}&a_{12}&\cdots&a_{1n}\\a_{21}&a_{22}&\cdots&a_{2n}\\\vdots&\vdots&&\vdots\\a_{n1}&a_{n2}&\cdots&a_{nn}\end{pmatrix}\begin{pmatrix}x_1\\x_2\\\vdots\\x_n\end{pmatrix}=\boldsymbol{x}^{\mathrm{T}}\boldsymbol{A}\boldsymbol{x}$$

其中 $\boldsymbol{A}$ 为对称矩阵.我们把 $\boldsymbol{A}$ 称为二次型 f 的矩阵,把 f 称为对称矩阵 $\boldsymbol{A}$ 的二次型,$\boldsymbol{A}$ 的秩称为二次型 f 的秩,记为 $R(f)$.

由上面的讨论可知,任给一个二次型,都能唯一地确定一个对称阵;反过来,任给一个对称

阵,都能唯一确定一个二次型.因此,二次型与对称阵之间存在一一对应的关系.

例 5.1.1　写出三元二次型 $f(x_1,x_2,x_3)=x_1^2+5x_2^2+9x_3^2+6x_1x_2+10x_1x_3+14x_2x_3$ 的矩阵和矩阵表示式.

微课:例 5.1.1

解　因为 $a_{11}=1,a_{22}=5,a_{33}=9,a_{12}=a_{21}=3,a_{13}=a_{31}=5,a_{23}=a_{32}=7$,所以 $f(x_1,x_2,x_3)$的矩阵为

$$\mathbf{A}=\begin{pmatrix}1&3&5\\3&5&7\\5&7&9\end{pmatrix}$$

其矩阵表示式为

$$f(x_1,x_2,x_3)=(x_1\quad x_2\quad x_3)\begin{pmatrix}1&3&5\\3&5&7\\5&7&9\end{pmatrix}\begin{pmatrix}x_1\\x_2\\x_3\end{pmatrix}$$

注意

由矩阵的乘法可知

$$(x_1\quad x_2\quad x_3)\begin{pmatrix}1&2&3\\4&5&6\\7&8&9\end{pmatrix}\begin{pmatrix}x_1\\x_2\\x_3\end{pmatrix}=x_1^2+5x_2^2+9x_3^2+6x_1x_2+10x_1x_3+14x_2x_3$$

但该式不是二次型的矩阵表示.

例 5.1.2　设对称矩阵

$$\mathbf{A}=\begin{pmatrix}2&3&1\\3&4&5\\1&5&1\end{pmatrix}$$

则矩阵 $\mathbf{A}$ 所对应的二次型为

$$f(x_1,x_2,x_3)=x^T\mathbf{A}x=(x_1\quad x_2\quad x_3)\begin{pmatrix}2&3&1\\3&4&5\\1&5&1\end{pmatrix}\begin{pmatrix}x_1\\x_2\\x_3\end{pmatrix}$$

$$=2x_1^2+4x_2^2+x_3^2+6x_1x_2+2x_1x_3+10x_2x_3$$

例 5.1.3　二元二次型 $f(x_1,x_2)=x_1^2+5x_2^2+6x_1x_2$,求 $R(f)$.

解　二次型的矩阵

$$\mathbf{A}=\begin{pmatrix}1&3\\3&5\end{pmatrix}$$

显然 $R(\mathbf{A})=2$,故 $R(f)=2$.

5.1.2　线性变换与合同矩阵

如前所述,在研究二次曲线时,我们可以通过线性变换消去二次型中的交叉项,使得二次型只含有平方项.下面就给出线性变换的概念.

定义 5.1.2 设 $x_1,x_2,\cdots,x_n$ 和 $y_1,y_2,\cdots,y_n$ 为两组变量,称关系式

$$\begin{cases}x_1=c_{11}y_1+c_{12}y_2+\cdots+c_{1n}y_n\\x_2=c_{21}y_1+c_{22}y_2+\cdots+c_{2n}y_n\\\quad\vdots\\x_n=c_{n1}y_1+c_{n2}y_2+\cdots+c_{nn}y_n\end{cases}\tag{5.1.4}$$

为由 $x_1,x_2,\cdots,x_n$ 到 $y_1,y_2,\cdots,y_n$ 的一个线性变换.记为

$$\boldsymbol{x}=\begin{pmatrix}x_1\\x_2\\\vdots\\x_n\end{pmatrix},\boldsymbol{y}=\begin{pmatrix}y_1\\y_2\\\vdots\\y_n\end{pmatrix},\boldsymbol{C}=\begin{pmatrix}c_{11}&c_{12}&\cdots&c_{1n}\\c_{21}&c_{22}&\cdots&c_{2n}\\\vdots&\vdots&&\vdots\\c_{n1}&c_{n2}&\cdots&c_{nn}\end{pmatrix}$$

则线性变换(5.1.4)可写成

$$\boldsymbol{x}=\boldsymbol{Cy}\tag{5.1.4$'$}$$

式(5.1.4)′中,矩阵 $\boldsymbol{C}$ 称为变换的系数矩阵.若 $\boldsymbol{C}$ 可逆,式(5.1.4)或式(5.1.4)′称为可逆线性变换(或称满秩线性变换、非退化线性变换),此时有 $\boldsymbol{y}=\boldsymbol{C}^{-1}\boldsymbol{x}$;若 $\boldsymbol{C}$ 不可逆,则称为不可逆线性变换(或称降秩线性变换、退化线性变换);若 $\boldsymbol{C}$ 为正交矩阵,则称为正交变换.

如果对 n 元二次型 $f(x_1,x_2,\cdots,x_n)=\boldsymbol{x}^{\mathrm{T}}\boldsymbol{Ax}$ 进行可逆线性变换 $\boldsymbol{x}=\boldsymbol{Cy}$,则有

$$\boldsymbol{x}^{\mathrm{T}}\boldsymbol{Ax}=(\boldsymbol{Cy})^{\mathrm{T}}\boldsymbol{A}(\boldsymbol{Cy})=\boldsymbol{y}^{\mathrm{T}}\boldsymbol{C}^{\mathrm{T}}\boldsymbol{ACy}=\boldsymbol{y}^{\mathrm{T}}\boldsymbol{By}\ (\boldsymbol{B}=\boldsymbol{C}^{\mathrm{T}}\boldsymbol{AC})$$

因为

$$\boldsymbol{B}^{\mathrm{T}}=(\boldsymbol{C}^{\mathrm{T}}\boldsymbol{AC})^{\mathrm{T}}=\boldsymbol{C}^{\mathrm{T}}\boldsymbol{A}^{\mathrm{T}}(\boldsymbol{C}^{\mathrm{T}})^{\mathrm{T}}=\boldsymbol{C}^{\mathrm{T}}\boldsymbol{AC}=\boldsymbol{B}$$

说明 $\boldsymbol{B}$ 是对称矩阵,则 $\boldsymbol{y}^{\mathrm{T}}\boldsymbol{By}$ 是二次型的矩阵表示,即以 $x_1,x_2,\cdots,x_n$ 为自变量的二次型经可逆线性变换 $\boldsymbol{x}=\boldsymbol{Cy}$ 成为以 $y_1,y_2,\cdots,y_n$ 为自变量的二次型,同时二次型矩阵由 $\boldsymbol{A}$ 转换为 $\boldsymbol{B}$.对于矩阵 $\boldsymbol{A}$ 与 $\boldsymbol{B}$ 的这种关系,我们有如下定义:

定义 5.1.3 两个 n 阶矩阵 $\boldsymbol{A}$ 和 $\boldsymbol{B}$,如果存在 n 阶可逆矩阵 $\boldsymbol{C}$,使得 $\boldsymbol{C}^{\mathrm{T}}\boldsymbol{AC}=\boldsymbol{B}$.称 $\boldsymbol{A}$ 与 $\boldsymbol{B}$ 合同,记作 $\boldsymbol{A}\simeq\boldsymbol{B}$.并称由 $\boldsymbol{A}$ 到 $\boldsymbol{B}$ 的变换为合同变换,称 $\boldsymbol{C}$ 为合同变换的矩阵.

显然,合同变换不改变矩阵的秩,即若 $\boldsymbol{A}\simeq\boldsymbol{B}$,则必有 $R(\boldsymbol{A})=R(\boldsymbol{B})$.

特别的,若 $\boldsymbol{x}=\boldsymbol{Cy}$ 是正交变换,即 $\boldsymbol{C}$ 是正交矩阵,则有

$$\boldsymbol{B}=\boldsymbol{C}^{\mathrm{T}}\boldsymbol{AC}=\boldsymbol{C}^{-1}\boldsymbol{AC}$$

即经过正交变换,二次型矩阵不仅合同而且相似.

合同矩阵具有如下性质:

(1) 反身性:$\boldsymbol{A}\simeq\boldsymbol{A}$.

(2) 对称性:若 $\boldsymbol{A}\simeq\boldsymbol{B}$,则 $\boldsymbol{B}\simeq\boldsymbol{A}$.

(3) 传递性:若 $\boldsymbol{A}\simeq\boldsymbol{B}$,$\boldsymbol{B}\simeq\boldsymbol{C}$,则 $\boldsymbol{A}\simeq\boldsymbol{C}$.

5.1.3 同步习题

1. 写出下列二次型 f 的矩阵 $\boldsymbol{A}$ 和矩阵表示式,并求二次型的秩.

(1) $f(x_1,x_2,x_3)=3x_1^2+5x_3^2-2x_1x_2+2x_1x_3-4x_2x_3$;

(2) $f(x_1,x_2,x_3)=x_1^2+2x_2^2-x_3^2+6x_1x_3+x_2x_3$;

(3) $f(x_1,x_2,x_3,x_4)=x_1^2-x_2^2+x_3^2+x_1x_2-x_1x_3+2x_2x_3$;

(4) $f(x_1,x_2,x_3)=4x_1x_2-3x_1x_3+x_2x_3$.

2. 写出下列实对称矩阵所对应的二次型.

(1) $\boldsymbol{A}=\begin{pmatrix}1&2&3\\2&1&2\\3&2&1\end{pmatrix}$;　　(2) $\boldsymbol{A}=\begin{pmatrix}0&1&\frac{1}{2}&2\\1&3&3&2\\\frac{1}{2}&3&1&4\\2&2&4&1\end{pmatrix}$.

3. 设二次型 $f(x_1,x_2,x_3)=x_1^2+4x_2^2+4x_3^2-4x_1x_2+2ax_1x_3+2bx_2x_3$ 的秩为 1,求 a,b 的值.

4. 求二次型 $f(x_1,x_2,x_3)=x_1^2+2x_2^2+3x_3^2+x_1x_2+2x_1x_3-x_2x_3$ 的矩阵及二次型的秩,并把它写成矩阵形式.

5.2 二次型的标准形与规范形

本节要求:通过本节的学习,学生应掌握化二次型为标准形和规范形的方法,了解二次型的标准形和规范形的概念.

本节主要讨论对于二次型 $f(x_1,x_2,\cdots,x_n)=\boldsymbol{x}^{\mathrm{T}}\boldsymbol{A}\boldsymbol{x}$,通过可逆线性变换 $\boldsymbol{x}=\boldsymbol{C}\boldsymbol{y}$ 将其化成仅含有平方项的二次型,即

$$\boldsymbol{x}^{\mathrm{T}}\boldsymbol{A}\boldsymbol{x}=(\boldsymbol{C}\boldsymbol{y})^{\mathrm{T}}\boldsymbol{A}(\boldsymbol{C}\boldsymbol{y})=\boldsymbol{y}^{\mathrm{T}}\boldsymbol{C}^{\mathrm{T}}\boldsymbol{A}\boldsymbol{C}\boldsymbol{y}=\boldsymbol{y}^{\mathrm{T}}\boldsymbol{B}\boldsymbol{y}=d_1y_1^2+d_2y_2^2+\cdots+d_ry_r^2\ (r\leqslant n)$$

我们称这种只含有变量的平方项,所有混合项的系数全是零的二次型为二次型的标准形.

容易看出,将二次型化为标准形,其问题的实质就是对于实对称矩阵 $\boldsymbol{A}$,寻找可逆矩阵 $\boldsymbol{C}$,使得 $\boldsymbol{C}^{\mathrm{T}}\boldsymbol{A}\boldsymbol{C}$ 为对角矩阵.这也是本节的核心问题.

5.2.1 化二次型为标准形的方法

下面介绍两种化二次型为标准形的方法.

1. 配方法

这是一种用中学数学中的配方法就可以完成的方法.下面我们通过例子予以说明.

例 5.2.1　用配方法将二次型 $f(x_1,x_2,x_3)=x_1^2+2x_2^2+3x_3^2-4x_1x_2+2x_1x_3-8x_2x_3$ 化为标准形,并写出相应的线性变换矩阵.

解　$f(x_1,x_2,x_3)=x_1^2+2x_2^2+3x_3^2-4x_1x_2+2x_1x_3-8x_2x_3$

$=(x_1^2-4x_1x_2+2x_1x_3)+2x_2^2+3x_3^2-8x_2x_3$

$=(x_1-2x_2+x_3)^2-2x_2^2+2x_3^2-4x_2x_3$

$$=(x_1-2x_2+x_3)^2-2(x_2^2+2x_2x_3)+2x_3^2$$
$$=(x_1-2x_2+x_3)^2-2(x_2+x_3)^2+4x_3^2$$

令

$$\begin{cases}y_1=x_1-2x_2+x_3\\y_2=\quad x_2+x_3\\y_3=\quad x_3\end{cases}$$

即

$$\begin{pmatrix}y_1\\y_2\\y_3\end{pmatrix}=\begin{pmatrix}1&-2&1\\0&1&1\\0&0&1\end{pmatrix}\begin{pmatrix}x_1\\x_2\\x_3\end{pmatrix}$$

则

$$\begin{cases}x_1=y_1+2y_2-3y_3\\x_2=\quad y_2-y_3\\x_3=\quad y_3\end{cases}$$

即

$$\begin{pmatrix}x_1\\x_2\\x_3\end{pmatrix}=\begin{pmatrix}1&2&-3\\0&1&-1\\0&0&1\end{pmatrix}\begin{pmatrix}y_1\\y_2\\y_3\end{pmatrix}$$

即经过线性可逆线性变换

$$\begin{pmatrix}x_1\\x_2\\x_3\end{pmatrix}=\begin{pmatrix}1&2&-3\\0&1&-1\\0&0&1\end{pmatrix}\begin{pmatrix}y_1\\y_2\\y_3\end{pmatrix}$$

二次型化成标准形

$$f=y_1^2-2y_2^2+4y_3^2$$

相应的线性变换矩阵为

$$\boldsymbol{C}=\begin{pmatrix}1&2&-3\\0&1&-1\\0&0&1\end{pmatrix}$$

例 5.2.2 用配方法将二次型 $f(x_1,x_2,x_3)=2x_1x_2+4x_1x_3$ 化成标准形,并写出相应的线性变换.

解 由于二次型中不含变量的平方项只含混合项,故先作线性变换

$$\begin{cases}x_1=y_1+y_2\\x_2=y_1-y_2\\x_3=\quad y_3\end{cases}$$

即

$$\begin{pmatrix}x_1\\x_2\\x_3\end{pmatrix}=\begin{pmatrix}1&1&0\\1&-1&0\\0&0&1\end{pmatrix}\begin{pmatrix}y_1\\y_2\\y_3\end{pmatrix}$$

则原二次型化为

$$f=2y_1^2+4y_1y_3-2y_2^2+4y_2y_3$$

此时二次型中含有平方项，再按例 5.2.1 的方法配方，则

$$\begin{aligned}f&=2(y_1+y_3)^2-2y_2^2+4y_2y_3-2y_3^2\\&=2(y_1+y_3)^2-2(y_2-y_3)^2\end{aligned}$$

再令

$$\begin{cases}z_1=y_1\quad+y_3\\z_2=\quad y_2-y_3\\z_3=\qquad\quad y_3\end{cases}$$

即

$$\begin{pmatrix}z_1\\z_2\\z_3\end{pmatrix}=\begin{pmatrix}1&0&1\\0&1&-1\\0&0&1\end{pmatrix}\begin{pmatrix}y_1\\y_2\\y_3\end{pmatrix}\text{或}\begin{pmatrix}y_1\\y_2\\y_3\end{pmatrix}=\begin{pmatrix}1&0&-1\\0&1&1\\0&0&1\end{pmatrix}\begin{pmatrix}z_1\\z_2\\z_3\end{pmatrix}$$

则原二次型化为标准形

$$f=2z_1^2-2z_2^2$$

相应的线性变换为

$$\begin{pmatrix}x_1\\x_2\\x_3\end{pmatrix}=\begin{pmatrix}1&1&0\\1&-1&0\\0&0&1\end{pmatrix}\begin{pmatrix}y_1\\y_2\\y_3\end{pmatrix}=\begin{pmatrix}1&1&0\\1&-1&0\\0&0&1\end{pmatrix}\begin{pmatrix}1&0&-1\\0&1&1\\0&0&1\end{pmatrix}\begin{pmatrix}z_1\\z_2\\z_3\end{pmatrix}=\begin{pmatrix}1&1&0\\1&-1&-2\\0&0&1\end{pmatrix}\begin{pmatrix}z_1\\z_2\\z_3\end{pmatrix}$$

下面将一般方法总结如下：

(1) 如果二次型 f 中含有变量 x_i 的二次项，则先把含有 x_i 的项集中，按 x_i 配方，然后按此法对其他变量逐步配方，直至将 f 配成二次方和的形式；

(2) 如果二次型 f 中没有二次项，只有混合项，例如有混合项 $x_ix_j(i\neq j)$，则先作可逆线性变换

$$\begin{cases}x_i=y_i+y_j\\x_j=y_i-y_j\quad(i\neq j,k\neq i,j)\\x_k=y_k\end{cases}$$

使 f 中出现二次项，再按上面的方法配方.

一般来说，任何二次型总可以经过上述类似的方法化为标准二次型.

2. 正交变换法

对于二次型 $f(x_1,x_2,\cdots,x_n)=\boldsymbol{x}^{\mathrm{T}}\boldsymbol{A}\boldsymbol{x}$，经过可逆线性变换 $\boldsymbol{x}=\boldsymbol{C}\boldsymbol{y}$ 将其化成标准形

$$f=d_1y_1^2+d_2y_2^2+\cdots+d_ry_r^2(r\leqslant n)$$

时，其实质就是对于二次型的矩阵 $\boldsymbol{A}$，寻找可逆矩阵 $\boldsymbol{C}$，使得

$$C^{\mathrm{T}}AC=B=\mathrm{diag}(d_1,d_2,\cdots,d_r,0,\cdots,0)$$

即 $\boldsymbol{A}$ 与对角矩阵 $\boldsymbol{B}$ 合同.而由 4.4 节定理 4.4.3 可知,实对称矩阵必可以对角化,由此可得定理 5.2.1.

定理 5.2.1　对于二次型 $f(x_1,x_2,\cdots,x_n)=\boldsymbol{x}^{\mathrm{T}}\boldsymbol{A}\boldsymbol{x}$,必有正交变换 $\boldsymbol{x}=\boldsymbol{P}\boldsymbol{y}$ 可将 f 化为标准形

$$f=\lambda_1 y_1^2+\lambda_2 y_2^2+\cdots+\lambda_n y_n^2$$

其中 $\lambda_1,\lambda_2,\cdots,\lambda_n$ 是 f 的矩阵 $\boldsymbol{A}=(a_{ij})$ 的特征值.

证明　由于 $\boldsymbol{A}$ 是二次型 f 的矩阵,则 $\boldsymbol{A}^{\mathrm{T}}=\boldsymbol{A}$,由定理 4.4.3 可知,必存在正交矩阵 $\boldsymbol{P}$,使得

$$\boldsymbol{P}^{-1}\boldsymbol{A}\boldsymbol{P}=\boldsymbol{P}^{\mathrm{T}}\boldsymbol{A}\boldsymbol{P}=\boldsymbol{\Lambda}=\mathrm{diag}(\lambda_1,\lambda_2,\cdots,\lambda_n)$$

其中 $\lambda_1,\lambda_2,\cdots,\lambda_n$ 为 $\boldsymbol{A}$ 的特征值.

对二次型 $f(x_1,x_2,\cdots,x_n)=\boldsymbol{x}^{\mathrm{T}}\boldsymbol{A}\boldsymbol{x}$ 作正交变换

$$\boldsymbol{x}=\boldsymbol{P}\boldsymbol{y}$$

于是

$$\begin{aligned}f(x_1,x_2,\cdots,x_n)&=\boldsymbol{x}^{\mathrm{T}}\boldsymbol{A}\boldsymbol{x}=(\boldsymbol{P}\boldsymbol{y})^{\mathrm{T}}\boldsymbol{A}(\boldsymbol{P}\boldsymbol{y})\\&=\boldsymbol{y}^{\mathrm{T}}(\boldsymbol{P}^{\mathrm{T}}\boldsymbol{A}\boldsymbol{P})\boldsymbol{y}=\boldsymbol{y}^{\mathrm{T}}\boldsymbol{\Lambda}\boldsymbol{y}\\&=\lambda_1 y_1^2+\lambda_2 y_2^2+\cdots+\lambda_n y_n^2\end{aligned}$$

证毕.

简言之,实二次型总可以通过正交变换化为标准形.

由上面的讨论可得到用正交变换法化二次型为标准形的一般步骤:

(1) 写出二次型的矩阵 $\boldsymbol{A}$;

(2) 求矩阵 $\boldsymbol{A}$ 的特征值 $\lambda_1,\lambda_2,\cdots,\lambda_n$;

(3) 求矩阵 $\boldsymbol{A}$ 的特征向量;

(4) 将特征向量正交化、单位化得 $\boldsymbol{\gamma}_1,\boldsymbol{\gamma}_2,\cdots,\boldsymbol{\gamma}_n$;

(5) 构造矩阵 $\boldsymbol{P}=(\boldsymbol{\gamma}_1,\boldsymbol{\gamma}_2,\cdots,\boldsymbol{\gamma}_n)$,经 $\boldsymbol{x}=\boldsymbol{P}\boldsymbol{y}$,得

$$f=\boldsymbol{x}^{\mathrm{T}}\boldsymbol{A}\boldsymbol{x}=\boldsymbol{y}^{\mathrm{T}}\boldsymbol{\Lambda}\boldsymbol{y}=\lambda_1 y_1^2+\lambda_2 y_2^2+\cdots+\lambda_n y_n^2$$

例 5.2.3　用正交变换法将二次型 $f(x_1,x_2,x_3)=x_1^2+2x_1^2-2x_3^2+4x_1x_3$ 化为标准形,并写出所用的正交变换.

解　二次型的矩阵为

$$\boldsymbol{A}=\begin{pmatrix}1&0&2\\0&2&0\\2&0&-2\end{pmatrix}$$

求 $\boldsymbol{A}$ 的特征值

$$\begin{aligned}|\boldsymbol{A}-\lambda\boldsymbol{E}|&=\begin{vmatrix}1-\lambda&0&2\\0&2-\lambda&0\\2&0&-2-\lambda\end{vmatrix}=(2-\lambda)(\lambda^2+\lambda-6)\\&=-(\lambda-2)^2(\lambda+3)\end{aligned}$$

则 $\boldsymbol{A}$ 的特征值为 $\lambda_1=\lambda_2=2,\lambda_3=-3$.

求 $\boldsymbol{A}$ 的属于 $\lambda_1=\lambda_2=2$ 的特征向量,即求解齐次线性方程组 $(\boldsymbol{A}-2\boldsymbol{E})\boldsymbol{x}=\boldsymbol{0}$.

$$\boldsymbol{A}-2\boldsymbol{E}=\begin{pmatrix}-1&0&2\\0&0&0\\2&0&-4\end{pmatrix}\to\begin{pmatrix}1&0&-2\\0&0&0\\0&0&0\end{pmatrix}$$

的一个基础解系为

$$\boldsymbol{\alpha}_1=\begin{pmatrix}0\\1\\0\end{pmatrix},\boldsymbol{\alpha}_2=\begin{pmatrix}2\\0\\1\end{pmatrix}$$

显然 $\boldsymbol{\alpha}_1,\boldsymbol{\alpha}_2$ 正交,再单位化得

$$\boldsymbol{\gamma}_1=\begin{pmatrix}0\\1\\0\end{pmatrix},\quad \boldsymbol{\gamma}_2=\begin{pmatrix}\frac{2\sqrt{5}}{5}\\0\\\frac{\sqrt{5}}{5}\end{pmatrix}$$

求属于 $\lambda_3=-3$ 的单位特征向量,即求解齐次线性方程组 $(\boldsymbol{A}+3\boldsymbol{E})\boldsymbol{x}=\boldsymbol{0}$.

$$\boldsymbol{A}+3\boldsymbol{E}=\begin{pmatrix}4&0&2\\0&5&0\\2&0&1\end{pmatrix}\to\begin{pmatrix}2&0&1\\0&1&0\\0&0&0\end{pmatrix}$$

的一个基础解系为

$$\boldsymbol{\alpha}_3=\begin{pmatrix}1\\0\\-2\end{pmatrix}$$

单位化得

$$\boldsymbol{\gamma}_3=\begin{pmatrix}\frac{\sqrt{5}}{5}\\0\\-\frac{2\sqrt{5}}{5}\end{pmatrix}$$

取

$$\boldsymbol{P}=(\boldsymbol{\gamma}_1,\boldsymbol{\gamma}_2,\boldsymbol{\gamma}_3)=\begin{pmatrix}0&\frac{2\sqrt{5}}{5}&\frac{\sqrt{5}}{5}\\1&0&0\\0&\frac{\sqrt{5}}{5}&-\frac{2\sqrt{5}}{5}\end{pmatrix}$$

则

$$\boldsymbol{P}^{-1}\boldsymbol{A}\boldsymbol{P}=\begin{pmatrix}2&0&0\\0&2&0\\0&0&-3\end{pmatrix}$$

即正交变换 $\boldsymbol{x}=\boldsymbol{P}\boldsymbol{y}$ 将二次型 $f(x_1,x_2,x_3)$ 化为标准形

$$f=2y_1^2+2y_2^2-3y_3^2$$

例 5.2.4 用正交变换法将例 5.2.2 中的二次型 $f(x_1,x_2,x_3)=2x_1x_2+4x_1x_3$ 化成标准形,并写出相应的正交变换.

微课:例 5.2.4

解 二次型的矩阵为

$$\boldsymbol{A}=\begin{pmatrix}0&1&2\\1&0&0\\2&0&0\end{pmatrix}$$

求 $\boldsymbol{A}$ 的特征值

$$|\boldsymbol{A}-\lambda\boldsymbol{E}|=\begin{vmatrix}-\lambda&1&2\\1&-\lambda&0\\2&0&-\lambda\end{vmatrix}=3\lambda-\lambda^3=\lambda(3-\lambda^2)$$

则 $\boldsymbol{A}$ 的特征值为 $\lambda_1=0,\lambda_2=-\sqrt{5},\lambda_3=\sqrt{5}$.

求属于 $\lambda_1=0$ 的单位特征向量,即求解齐次线性方程组 $(\boldsymbol{A}-0\boldsymbol{E})\boldsymbol{x}=\boldsymbol{0}$.

$$\boldsymbol{A}-0\boldsymbol{E}=\begin{pmatrix}0&1&2\\1&0&0\\2&0&0\end{pmatrix}\rightarrow\begin{pmatrix}1&0&0\\0&1&2\\0&0&0\end{pmatrix}$$

的一个基础解系为

$$\boldsymbol{\alpha}_1=\begin{pmatrix}0\\-2\\1\end{pmatrix}$$

将 $\boldsymbol{\alpha}_1$ 单位化得

$$\boldsymbol{\gamma}_1=\begin{pmatrix}0\\-\dfrac{2\sqrt{5}}{5}\\\dfrac{\sqrt{5}}{5}\end{pmatrix}$$

求属于 $\lambda_2=-\sqrt{5}$ 的单位特征向量,即求解齐次线性方程组 $(\boldsymbol{A}-\sqrt{5}\boldsymbol{E})\boldsymbol{x}=\boldsymbol{0}$.

$$\boldsymbol{A}+\sqrt{5}\boldsymbol{E}=\begin{pmatrix}\sqrt{5}&1&2\\1&\sqrt{5}&0\\2&0&\sqrt{5}\end{pmatrix}\rightarrow\begin{pmatrix}1&0&\dfrac{\sqrt{5}}{2}\\0&1&-\dfrac{1}{2}\\0&0&0\end{pmatrix}$$

的一个基础解系为

$$\boldsymbol{\alpha}_2=\begin{pmatrix}-\sqrt{5}\\1\\2\end{pmatrix}$$

单位化得

$$\boldsymbol{\gamma}_2=\begin{pmatrix}-\dfrac{\sqrt{2}}{2}\\\dfrac{\sqrt{10}}{10}\\\dfrac{2\sqrt{10}}{10}\end{pmatrix}$$

求属于 $\lambda_3=\sqrt{5}$ 的单位特征向量,即求解齐次线性方程组 $(\boldsymbol{A}-\sqrt{5}\boldsymbol{E})\boldsymbol{x}=\boldsymbol{0}$.

$$\boldsymbol{A}-\sqrt{5}\boldsymbol{E}=\begin{pmatrix}-\sqrt{5}&1&2\\1&-\sqrt{5}&0\\2&0&-\sqrt{5}\end{pmatrix}\to\begin{pmatrix}1&0&-\dfrac{\sqrt{5}}{2}\\0&1&-\dfrac{1}{2}\\0&0&0\end{pmatrix}$$

的一个基础解系为

$$\boldsymbol{\alpha}_3=\begin{pmatrix}\sqrt{5}\\1\\2\end{pmatrix}$$

单位化得

$$\boldsymbol{\gamma}_3=\begin{pmatrix}\dfrac{\sqrt{2}}{2}\\\dfrac{\sqrt{10}}{10}\\\dfrac{2\sqrt{10}}{10}\end{pmatrix}$$

取

$$\boldsymbol{P}=(\boldsymbol{\gamma}_1,\boldsymbol{\gamma}_2,\boldsymbol{\gamma}_3)=\begin{pmatrix}0&-\dfrac{\sqrt{2}}{2}&\dfrac{\sqrt{2}}{2}\\-\dfrac{2\sqrt{5}}{5}&\dfrac{\sqrt{10}}{10}&\dfrac{\sqrt{10}}{10}\\\dfrac{\sqrt{5}}{5}&\dfrac{2\sqrt{10}}{10}&\dfrac{2\sqrt{10}}{10}\end{pmatrix}$$

则

$$\boldsymbol{P}^{-1}\boldsymbol{AP}=\begin{pmatrix}0&0&0\\0&-\sqrt{5}&0\\0&0&\sqrt{5}\end{pmatrix}$$

即正交变换 $\boldsymbol{x}=\boldsymbol{Py}$ 将二次型 $f(x_1,x_2,x_3)$ 化为标准形

$$f=-\sqrt{5}y_2^2+\sqrt{5}y_3^2$$

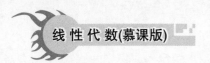

5.2.2 二次型的规范形

例 5.2.2 和例 5.2.4 分别用配方法和正交变换法将二次型 $f(x_1,x_2,x_3)=2x_1x_2+4x_1x_3$ 化成标准形.配方法中得到的标准形是 $f=2z_1^2-2z_2^2$,而正交变换法中得到的标准形是 $f=-\sqrt{5}y_2^2+\sqrt{5}y_3^2$.可见,二次型的标准形并不唯一.但是标准形所含的项数是确定的(即为二次型的秩),同时从两个标准形的系数 2,−2,0 和 0,$-\sqrt{5}$,$\sqrt{5}$ 中可以看出,其系数均有一个是零,一个是正数,一个是负数.事实上,任何一个实二次型均有类似的性质.

定理 5.2.2 设实二次型 $f=\boldsymbol{x}^{\mathrm{T}}\boldsymbol{A}\boldsymbol{x}$ 的秩为 r,有两个可逆线性变换:$\boldsymbol{x}=\boldsymbol{C}\boldsymbol{y}$ 和 $\boldsymbol{x}=\boldsymbol{P}\boldsymbol{y}$,使得 $f=\lambda_1y_1^2+\lambda_2y_2^2+\cdots+\lambda_ry_r^2(\lambda_i\neq0)$ 和 $f=k_1y_1^2+k_2y_2^2+\cdots+k_ry_r^2(k_i\neq0)$,则 $\lambda_1,\lambda_2,\cdots,\lambda_r$ 中正数的个数与 $k_1,k_2,\cdots,k_r$ 中正数的个数相等(进而负数的个数也相等).

这个定理称为惯性定理,这里不予证明.

惯性定理说明二次型的标准形虽然不唯一,但是任一标准形中非零项数、系数为正的项数、系数为负的项数都是唯一确定的.其中正系数的个数称为正惯性指数、负系数的个数称为负惯性指数.

推论 **实对称矩阵的正(负)惯性指数就等于正(负)特征值的个数.**

定理 5.2.3 任一实二次型总可以经过可逆线性变换化为

$$f=z_1^2+z_2^2+\cdots z_p^2-z_{p+1}^2-\cdots-z_r^2$$

其中 p 为二次型 f 的正惯性指数,r 为二次型 f 的秩.

证明 设秩为 r 的实二次型 $f(x_1,x_2,\cdots,x_n)$ 的标准形为

$$f=\lambda_1y_1^2+\lambda_2y_2^2+\cdots+\lambda_py_p^2-\lambda_{p+1}y_{p+1}^2-\cdots-\lambda_ry_r^2(\lambda_i>0)$$

对其作可逆线性变换

$$\begin{cases}y_1=\dfrac{1}{\sqrt{\lambda_1}}z_1\\ \vdots\\ y_r=\dfrac{1}{\sqrt{\lambda_r}}z_r\\ y_{r+1}=z_{r+1}\\ \vdots\\ y_n=z_n\end{cases}$$

则原二次型可化为

$$f=z_1^2+z_2^2+\cdots z_p^2-z_{p+1}^2-\cdots-z_r^2$$

证毕.

定义 5.2.1 称 $f=z_1^2+z_2^2+\cdots z_p^2-z_{p+1}^2-\cdots-z_r^2$ 为二次型的规范形.

例 5.2.5 将二次型

$$f(x_1,x_2,x_3)=2x_1^2+4x_2^2-5x_3^2$$

化成规范形,并求其正、负惯性指数.

解 所给二次型为标准形,可以判断其正惯性指数为 2,负惯性指数为 1.令

$$\begin{cases} x_1=\dfrac{1}{\sqrt{2}}y_1 \\ x_2=\dfrac{1}{2}y_2 \\ x_3=\dfrac{1}{\sqrt{5}}y_3 \end{cases}$$

即

$$\begin{pmatrix} x_1 \\ x_2 \\ x_3 \end{pmatrix}=\begin{pmatrix} \dfrac{1}{\sqrt{2}} & 0 & 0 \\ 0 & \dfrac{1}{2} & 0 \\ 0 & 0 & \dfrac{1}{\sqrt{5}} \end{pmatrix}\begin{pmatrix} y_1 \\ y_2 \\ y_3 \end{pmatrix}$$

二次型化为

$$f=y_1^2+y_2^2-y_3^2.$$

若所给二次型不是标准形,则可先将其化成标准形,再化成规范形.

5.2.3 同步习题

1. 用配方法化二次型为标准形,并写出所用的可逆线性变换矩阵.

(1) $f(x_1,x_2,x_3)=2x_1^2-3x_3^2+4x_1x_2-4x_1x_3+8x_2x_3$;

(2) $f(x_1,x_2,x_3)=x_1^2+2x_2^2+2x_1x_2-4x_1x_3$;

(3) $f(x_1,x_2,x_3)=x_1x_2+x_1x_3+x_2x_3$.

2. 用正交变换法化二次型为标准形,并写出所用的正交变换.

(1) $f(x_1,x_2,x_3)=4x_1^2+4x_2^2+4x_3^2+4x_1x_2+4x_1x_3+4x_2x_3$;

(2) $f(x_1,x_2,x_3)=2x_1^2+3x_2^2+3x_3^2+4x_2x_3$;

(3) $f(x_1,x_2,x_3)=x_1^2+4x_2^2+4x_3^2-4x_1x_2+4x_1x_3-8x_2x_3$.

3. 已知二次型 $f(x_1,x_2,x_3)=4x_2^2-3x_3^2+4x_1x_2-4x_1x_3+8x_2x_3$.

(1) 写出二次型 f 的矩阵表达式;

(2) 用正交变换把二次型 f 化为标准形,并写出相应的正交矩阵.

5.3 正定二次型

本节要求: 通过本节的学习,学生应了解正定二次型的概念,能进行正定二次型的判定.

5.3.1 正定二次型的概念

定义 5.3.1 设实二次型 $f(x_1,x_2,\cdots,x_n)=\boldsymbol{x}^{\mathrm{T}}\boldsymbol{A}\boldsymbol{x}$(其中 $\boldsymbol{A}^{\mathrm{T}}=\boldsymbol{A}$),如果对于任意的 $\boldsymbol{x}=$

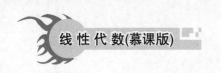

$(x_1,x_2,\cdots,x_n)^{\mathrm{T}}\neq\mathbf{0}$，总有

$$f(x_1,x_2,\cdots,x_n)=\boldsymbol{x}^{\mathrm{T}}\boldsymbol{A}\boldsymbol{x}>0$$

则称该二次型为正定二次型；反之，如果对任意的 $\boldsymbol{x}=(x_1,x_2,\cdots,x_n)^{\mathrm{T}}\neq\mathbf{0}$，总有

$$f(x_1,x_2,\cdots,x_n)=\boldsymbol{x}^{\mathrm{T}}\boldsymbol{A}\boldsymbol{x}<0$$

则称该二次型为负定二次型.

正定二次型的矩阵称为正定矩阵，负定二次型的矩阵称为负定矩阵.

例如，三元二次型 $f(x_1,x_2,x_3)=x_1^2+2x_2^2+x_3^2$ 是正定二次型.因为对于任意 $\boldsymbol{x}\neq 0$，总有 $f>0$.相应地，矩阵

$$\boldsymbol{A}=\begin{pmatrix}1&0&0\\0&2&0\\0&0&1\end{pmatrix}$$

为正定矩阵.

四元二次型 $f(x_1,x_2,x_3,x_4)=x_1^2+2x_2^2+x_3^2$ 不是正定二次型.因为当 $\boldsymbol{x}=(0,0,0,1)^{\mathrm{T}}\neq\mathbf{0}$ 时，$f=0$.

5.3.2 正定二次型的判定

定理 5.3.1 可逆线性变换不改变二次型的正定性.

证明 设实二次型 $f(x_1,x_2,\cdots,x_n)=\boldsymbol{x}^{\mathrm{T}}\boldsymbol{A}\boldsymbol{x}$（其中 $\boldsymbol{A}^{\mathrm{T}}=\boldsymbol{A}$）为正定二次型，有可逆线性变换 $\boldsymbol{x}=\boldsymbol{C}\boldsymbol{y}$，使得

$$f(x_1,x_2,\cdots,x_n)=\boldsymbol{x}^{\mathrm{T}}\boldsymbol{A}\boldsymbol{x}=\boldsymbol{y}^{\mathrm{T}}(\boldsymbol{C}^{\mathrm{T}}\boldsymbol{A}\boldsymbol{C})\boldsymbol{y}$$

对于任意的 $\boldsymbol{y}=(x_1,x_2,\cdots,x_n)^{\mathrm{T}}\neq\mathbf{0}$，由于 $\boldsymbol{C}$ 可逆，有 $\boldsymbol{x}=\boldsymbol{C}\boldsymbol{y}\neq\mathbf{0}$，因此

$$\boldsymbol{y}^{\mathrm{T}}(\boldsymbol{C}^{\mathrm{T}}\boldsymbol{A}\boldsymbol{C})\boldsymbol{y}=\boldsymbol{x}^{\mathrm{T}}\boldsymbol{A}\boldsymbol{x}>\mathbf{0}$$

即二次型 $\boldsymbol{y}^{\mathrm{T}}(\boldsymbol{C}^{\mathrm{T}}\boldsymbol{A}\boldsymbol{C})y$ 仍为正定二次型.

定理 5.3.2 实二次型

$$f(x_1,x_2,\cdots,x_n)=\lambda_1x_1^2+\lambda_2x_2^2+\cdots+\lambda_nx_n^2$$

为正定二次型的充分必要条件是 $\lambda_i>0(i=1,2,\cdots,n)$.

证明 必要性：设 $f(x_1,x_2,\cdots,x_n)=\lambda_1x_1^2+\lambda_2x_2^2+\cdots+\lambda_nx_n^2$ 为正定二次型，其中 $\boldsymbol{A}=\mathrm{diag}(\lambda_1,\lambda_2,\cdots,\lambda_n)$.则对于任意 $\boldsymbol{x}=(x_1,x_2,\cdots,x_n)^{\mathrm{T}}\neq\mathbf{0}$，有

$$f(x_1,x_2,\cdots,x_n)=\boldsymbol{x}^{\mathrm{T}}\boldsymbol{A}\boldsymbol{x}>\mathbf{0}$$

取

$$\boldsymbol{x}_i=(0,\cdots,0,1,0,\cdots,0)^{\mathrm{T}}(i=1,2,\cdots,n)$$

则

$$\boldsymbol{x}_i^{\mathrm{T}}\boldsymbol{A}\boldsymbol{x}_i=\lambda_i>0(i=1,2,\cdots,n)$$

充分性：若 $\lambda_i>0(i=1,2,\cdots,n)$，则对任意的 $\boldsymbol{x}=(x_1,x_2,\cdots,x_n)^{\mathrm{T}}\neq\mathbf{0}$，至少有一个分量 $x_k\neq 0$，从而

$$f(x_1,x_2,\cdots,x_n)=\lambda_1x_1^2+\cdots+\lambda_kx_k^2+\cdots+\lambda_nx_n^2>0$$

即 $f(x_1,x_2,\cdots,x_n)$ 是正定二次型.

定理 5.3.2 表明,如果二次型为标准形,则很容易判定它的正定性.那么如果二次型不是标准形,如何判定它正定与否呢?事实上,在判定二次型的正定性时,还有下述重要结论.

定理 5.3.3 n 元二次型 $f=\boldsymbol{x}^{\mathrm{T}}\boldsymbol{A}\boldsymbol{x}$ 正定的充分必要条件有:

(1) 矩阵 $\boldsymbol{A}$ 的所有特征值均为正数;

(2) f 的正惯性指数为 n;

(3) $\boldsymbol{A}\simeq\boldsymbol{E}$;

(4) 存在可逆矩阵 $\boldsymbol{C}$,使得 $\boldsymbol{A}=\boldsymbol{C}^{\mathrm{T}}\boldsymbol{C}$;

(5) $\boldsymbol{A}$ 的各阶顺序主子式

$$D_i=\begin{vmatrix} a_{11} & a_{12} & \cdots & a_{1i} \\ a_{21} & a_{22} & \cdots & a_{2i} \\ \vdots & \vdots & & \vdots \\ a_{i1} & a_{i2} & \cdots & a_{ii} \end{vmatrix} \quad (i=1,2,\cdots,n)$$

都大于零.

证明略.

推论 n 元二次型 $f=\boldsymbol{x}^{\mathrm{T}}\boldsymbol{A}\boldsymbol{x}$ 正定有下述必要条件:

(1) $|\boldsymbol{A}|>0$;

(2) f 中各变量二次项系数(即矩阵 $\boldsymbol{A}$ 中主对角线上元)全大于 0.

例 5.3.1 判断二次型 $f(x_1,x_2,x_3)=x_1^2-x_2^2+2x_3^2-2x_1x_2$ 是否正定.

解 二次型所对应的矩阵

$$\boldsymbol{A}=\begin{pmatrix} 1 & -1 & 0 \\ -1 & -1 & 0 \\ 0 & 0 & 2 \end{pmatrix}$$

$$D_1=1>0,D_2=\begin{vmatrix} 1 & -1 \\ -1 & -1 \end{vmatrix}=0$$

所以已知二次型不是正定二次型.

例 5.3.2 二次型 $f(x_1,x_2,x_3)=x_1^2+4x_2^2+4x_3^2+2tx_1x_2-2x_1x_3+4x_2x_3$,试问 t 为何值时,该二次型为正定二次型.

解 二次型所对应的矩阵

$$\boldsymbol{A}=\begin{pmatrix} 1 & t & -1 \\ t & 4 & 2 \\ -1 & 2 & 4 \end{pmatrix}$$

由于二次型正定,故各阶顺序主子式都大于零,即

$$D_1=1>0,D_2=\begin{vmatrix} 1 & t \\ t & 4 \end{vmatrix}=4-t^2>0,D_3=\begin{vmatrix} 1 & t & -1 \\ t & 4 & 2 \\ -1 & 2 & 4 \end{vmatrix}=-4(t+2)(t-1)>0$$

解得 $-2<t<1$.即当 $-2<t<1$ 时,该二次型为正定二次型.

微课：例 5.3.3

例 5.3.3　判断二次型

$$f(x_1,x_2,x_3)=2x_1^2+2x_2^2+2x_3^2+2x_1x_2+2x_1x_3+2x_2x_3$$

是否为正定二次型.

解　二次型所对应的矩阵为

$$\boldsymbol{A}=\begin{pmatrix}2&1&1\\1&2&1\\1&1&2\end{pmatrix}$$

下面尝试用不同的方法解决这个问题.

解法一　求矩阵 $\boldsymbol{A}$ 的各阶顺序主子式

$$D_1=2>0,D_2=\begin{vmatrix}2&1\\1&2\end{vmatrix}=3>0,D_3=\begin{vmatrix}2&1&1\\1&2&1\\1&1&2\end{vmatrix}=4>0$$

所以 f 为正定矩阵.

解法二　求矩阵 $\boldsymbol{A}$ 的特征值

$$|\boldsymbol{A}-\lambda\boldsymbol{E}|=\begin{vmatrix}2-\lambda&1&1\\1&2-\lambda&1\\1&1&2-\lambda\end{vmatrix}=-(\lambda-1)^2(\lambda-4)$$

故 $\boldsymbol{A}$ 的特征值为 $\lambda_1=\lambda_2=1,\lambda_3=4$.

由于 $\boldsymbol{A}$ 的特征值都是正数，所以 f 为正定矩阵.

解法三　用配方法将二次型化成标准形

$$\begin{aligned}f(x_1,x_2,x_3)&=2x_1^2+2x_2^2+2x_3^2+2x_1x_2+2x_1x_3+2x_2x_3\\&=(2x_1^2+2x_1x_2+2x_1x_3)+2x_2^2+2x_3^2+2x_2x_3\\&=2\left(x_1+\frac{x_2}{2}+\frac{x_3}{2}\right)^2-\frac{x_2^2}{2}-\frac{x_3^2}{2}-2x_2x_3+2x_2^2+2x_3^2+2x_2x_3\\&=2\left(x_1+\frac{x_2}{2}+\frac{x_3}{2}\right)^2+\frac{3x_2^2}{2}+\frac{3x_3^2}{2}\end{aligned}$$

令

$$\begin{cases}y_1=x_1+\dfrac{x_2}{2}+\dfrac{x_3}{2}\\y_2=\quad x_2\\y_3=\quad\quad x_3\end{cases}$$

得

$$f=2y_1^2+\frac{3}{2}y_2^2+\frac{3}{2}y_3^2$$

由于 f 的正惯性指数恰好等于未知数的个数 3，故 f 为正定二次型.

类似地，判定负定二次型也有类似于正定二次型的结论.

定理 5.3.4　n 元二次型 $f=\boldsymbol{x}^{\mathrm{T}}\boldsymbol{A}\boldsymbol{x}$ 负定的充分必要条件有：

(1) 矩阵 $\boldsymbol{A}$ 的所有特征值均为负数；

(2) f 的负惯性指数为 n；

(3) $\boldsymbol{A} \simeq -\boldsymbol{E}$;

(4) 存在可逆矩阵 $\boldsymbol{C}$,使得 $\boldsymbol{A}=-\boldsymbol{C}^{\mathrm{T}}\boldsymbol{C}$;

(5) $\boldsymbol{A}$ 的各阶顺序主子式中,奇数阶顺序主子式为负,偶数阶顺序主子式为正.

证明略.

5.3.3 同步习题

1. 设 $\boldsymbol{A},\boldsymbol{B}$ 是 n 阶正定矩阵,求证:$\boldsymbol{A}+\boldsymbol{B}$ 是正定矩阵.

2. 当 t 为何值时,下列二次型为正定二次型.

(1) $f(x_1,x_2,x_3)=2x_1^2+x_2^2+x_3^2+2x_1x_2+tx_2x_3$;

(2) $f(x_1,x_2,x_3)=4x_1^2+3x_2^2+3x_3^2+tx_2x_3$;

(3) $f(x_1,x_2,x_3)=x_1^2+3x_2^2+3x_3^2+tx_1x_2$;

(4) $f(x_1,x_2,x_3)=x_1^2+4x_2^2+4x_3^2+2tx_1x_2-2x_1x_3+4x_2x_3$.

3. 设 $\boldsymbol{A}$ 为三阶实对称矩阵,且满足条件 $\boldsymbol{A}^2+2\boldsymbol{A}=\boldsymbol{0}$,已知 $R(\boldsymbol{A})=2$.

(1) 求 $\boldsymbol{A}$ 的全部特征值;

(2) 当 k 为何值时,矩阵 $\boldsymbol{A}+k\boldsymbol{E}$ 为正定矩阵,其中 $\boldsymbol{E}$ 为三阶单位矩阵.

5.4 MATLAB 数学实验

本节要求:通过本节的学习,学生应掌握利用 MATLAB 将二次型化为标准形的方法,会用 MATLAB 判定二次型的正定性。

5.4.1 化二次型为标准形

在 MATLAB 中,我们运用函数 eig 求出与二次型矩阵 $\boldsymbol{A}$ 相似的对角阵 $\boldsymbol{D}$ 和特征向量构成的矩阵 $\boldsymbol{P}$,所求得的矩阵 $\boldsymbol{D}$ 即为二次型矩阵 $\boldsymbol{A}$ 的标准形,矩阵 $\boldsymbol{P}$ 即为二次型的变换矩阵.

例 5.4.1　求正交变换 $\boldsymbol{x}=\boldsymbol{P}\boldsymbol{y}$,将二次型 $f(x_1,x_2,x_3)=2x_1^2+3x_2^2+3x_3^2+4x_2x_3$ 化为标准形.

解　程序设计:

```
>> A= [2 0 0;0 3 2;0 2 3];
>> syms y1 y2 y3                % 声明变量
>> y= [y1 y2 y3];
>> [P,D]= eig(A)                % 所求出的正交矩阵 P 即为变换矩阵
```

运行结果:

```
P =

          0    1.0000         0
```

```
  - 0.7071         0   0.7071
    0.7071         0   0.7071


D =


    1.0000         0        0
         0    2.0000        0
         0         0   5.0000
```

5.4.2　判定二次型的正定性

利用MATLAB还可以判定二次型是否为正定二次型.判定二次型的正定性的充要条件为,矩阵 $\boldsymbol{A}$ 的特征值均为正.

例 5.4.2　判别二次型 $f=2x_1^2+8x_2^2-4x_3^2+4x_1x_2+2x_1x_3$ 的正定性.

解　程序设计:

```
> > clear
> > A= [2 2 1;2 8 0;1 0 - 4];
> > D= eig(A);
> > if all(D> 0)
fprintf('二次型正定')
else
fprintf('二次型非正定')
end
```

运行结果:

```
二次型非正定> >
```

说明:用 all 函数判定矩阵 $\boldsymbol{D}$ 的特征值是否全为正.

课程思政

谷超豪　数学家,曾任复旦大学副校长、中国科学技术大学校长,主要从事偏微分方程、微分几何、数学物理等方面的研究和教学工作,在一般空间微分几何学、齐性黎曼空间、无限维变换拟群、双曲型和混合型偏微分方程、规范场理论、调和映照和孤立子理论等方面取得了系统的重要研究成果.

总复习题

第一部分：基础题

一、填空题

1. 二次型 $f(x_1,x_2,x_3)=3x_1^2-x_2^2+x_3^2-4x_1x_2+6x_2x_3$ 的矩阵是________.

2. 对称矩阵 $\begin{pmatrix}1&2&3\\2&1&4\\3&4&1\end{pmatrix}$ 的二次型是________.

3. 二次型 $f(x_1,x_2,x_3)=x_1^2+2x_2^2+4x_3^2+2x_1x_2+4x_1x_3+6x_2x_3$ 的秩是________.

4. 二次型 $f(x_1,x_2,x_3)=ax_1^2+2x_2^2+3x_3^2+2x_1x_2-2x_1x_3$ 的秩为 2，则 $a=$________.

5. 二次型 $f(x_1,x_2,x_3)=a(x_1^2+x_2^2+x_3^2)+4x_1x_2+4x_1x_3+4x_2x_3$ 经正交变换化为标准形 $f=6y_1^2$，则 $a=$________.

6. 二次型 $f(x_1,x_2,x_3)=3x_1^2+2x_2^2-3x_3^2$ 的正惯性指数为________，负惯性指数为________.

7. 若实对称矩阵 $\boldsymbol{A}$ 与矩阵 $\boldsymbol{B}=\begin{pmatrix}0&0&1\\0&1&2\\1&2&3\end{pmatrix}$ 合同，则二次型 $\boldsymbol{x}^{\mathrm{T}}\boldsymbol{A}\boldsymbol{x}$ 的规范形为________.

8. 设 $\boldsymbol{A}$ 是三阶实对称矩阵，且满足 $\boldsymbol{A}^2+2\boldsymbol{A}=\boldsymbol{0}$，若 $k\boldsymbol{A}+\boldsymbol{E}$ 是正定矩阵，则 k ________.

9. 若二次型 $f(x_1,x_2,x_3)=5x_1^2+x_2^2+tx_3^2+4x_1x_2-2x_1x_3-2x_2x_3$ 正定，则 t ________.

10. 若 $\begin{pmatrix}1&t&-1\\t&4&2\\-1&2&4\end{pmatrix}$ 是正定矩阵，则 t ________.

二、单项选择题

1. 与二次型 $\boldsymbol{A}=\begin{pmatrix}1&0&0\\0&-1&0\\0&0&-1\end{pmatrix}$ 合同的矩阵是(　　).

A. $\begin{pmatrix}2&0&0\\0&-2&0\\0&0&3\end{pmatrix}$　B. $\begin{pmatrix}3&0&0\\0&-1&0\\0&0&1\end{pmatrix}$　C. $\begin{pmatrix}1&0&0\\0&-3&0\\0&0&-3\end{pmatrix}$　D. $\begin{pmatrix}-1&0&0\\0&0&0\\0&0&1\end{pmatrix}$

2. 二次型 $f(x_1,x_2,x_3)=\boldsymbol{x}^{\mathrm{T}}\begin{pmatrix}1&2&3\\4&5&6\\7&8&9\end{pmatrix}\boldsymbol{x}$ 的秩为(　　).

A. 1　B. 2　C. 3　D. 4

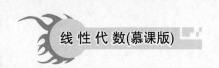

3. 设 $\boldsymbol{A}=\begin{pmatrix}1&1&1&1\\1&1&1&1\\1&1&1&1\\1&1&1&1\end{pmatrix}$，$\boldsymbol{B}=\begin{pmatrix}4&0&0&0\\0&0&0&0\\0&0&0&0\\0&0&0&0\end{pmatrix}$，则 $\boldsymbol{A}$，$\boldsymbol{B}$（　　）.

A. 合同且相似　　B. 合同但不相似

C. 不合同但相似　　D. 不合同也不相似

4. 二次型 $f(x_1,x_2,x_3)=x_1^2+4x_2^2+4x_3^2-4x_1x_2+4x_1x_3-8x_2x_3$ 的规范形为（　　）.

A. $f=z_1^2+z_2^2+z_3^2$　　B. $f=z_1^2-z_2^2$

C. $f=z_1^2+z_2^2-z_3^2$　　D. $f=z_1^2$

5. 实二次型 $f(x_1,x_2,\cdots,x_n)=\boldsymbol{x}^{\mathrm{T}}\boldsymbol{A}\boldsymbol{x}$ 正定的充分必要条件是（　　）.

A. $|\boldsymbol{A}|>0$　　B. 存在 n 阶可逆矩阵 $\boldsymbol{C}$，使得 $\boldsymbol{A}=\boldsymbol{C}^{\mathrm{T}}\boldsymbol{C}$

C. 负惯性指数为零　　D. 对某一 $\boldsymbol{x}\neq\boldsymbol{0}$，有 $\boldsymbol{x}^{\mathrm{T}}\boldsymbol{A}\boldsymbol{x}>\boldsymbol{0}$

三、计算题

1. 用配方法将二次型 $f(x_1,x_2,x_3)=x_1^2+3x_2^2+5x_3^2+2x_1x_2-4x_1x_3$ 化为标准形，并写出所用的线性变换.

2. 用正交变换法将二次型 $f(x_1,x_2,x_3)=4x_2^2-3x_3^2+4x_1x_2-4x_1x_3+8x_2x_3$ 化为标准形，并写出所用的正交变换.

3. 设二次型 $f(x_1,x_2,x_3)=x_1^2+4x_2^2+4x_3^2+4x_1x_2+2ax_1x_3+2bx_2x_3$ 的秩为 1，试求参数 a，b 的值.

4. 设有二次型 $f(x_1,x_2,x_3)=x_1^2+x_2^2+x_3^2+2ax_1x_2+2x_1x_3+2bx_2x_3$，经正交变换 $\boldsymbol{x}=\boldsymbol{P}\boldsymbol{y}$ 后可以化成 $f=y_2^2+2y_3^2$，求 a，b 的值并求出正交矩阵 $\boldsymbol{P}$.

5. 设二次型 $f=a(x_1^2+x_2^2+x_3^2)+2x_1x_2+2x_1x_3-2x_2x_3$.

(1) a 满足什么条件时，f 为正定的？

(2) a 满足什么条件时，f 为负定的？

第二部分：拓展题

一、证明题

1. 设 $\boldsymbol{A}$ 是 n 阶实对称矩阵且满足关系式 $\boldsymbol{A}^3+5\boldsymbol{A}^2+7\boldsymbol{A}+3\boldsymbol{E}=0$，证明：$\boldsymbol{A}$ 是负定的.

2. 证明：若 $\boldsymbol{A}$ 是正定矩阵，则 $\boldsymbol{A}^*$ 也是正定矩阵.

二、计算题

设二次型 $f(x_1,x_2,x_3)=\boldsymbol{x}^{\mathrm{T}}\boldsymbol{A}\boldsymbol{x}=ax_1^2+2x_2^2-2x_3^2+2bx_1x_2\,(b>0)$，其中二次型矩阵 $\boldsymbol{A}$ 的特征值之和为 1，特征值之积为 -12.

(1) 求 a，b 的值；

(2) 利用正交变换将二次型 f 化为标准形，并写出所用的正交变换和对应的正交矩阵.

第三部分:考研真题

一、填空题

1.(2011年,数学一)若二次曲面方程为 $x^2+3y^2+z^2+2axy+2xz+2yz=4$,经正交变换为 $y_1^2+4z_1^2=4$,则 $a=$________.

2.(2011年,数学二)设二次型 $f(x_1,x_2,x_3)=x_1^2+3x_2^2+x_3^2+2x_1x_2+2x_1x_3+2x_2x_3$,则 f 的正惯性指数为________.

3.(2014年,数学一二三)设二次型 $f(x_1,x_2,x_3)=x_1^2-x_2^2+2ax_1x_3+4x_2x_3$ 的负惯性指数是1,则 a 的取值范围为________.

二、选择题

1.(2007年,数学一二三)设矩阵 $\boldsymbol{A}=\begin{pmatrix}2&-1&-1\\-1&2&-1\\-1&-1&2\end{pmatrix}$,$\boldsymbol{B}=\begin{pmatrix}1&0&0\\0&1&0\\0&0&0\end{pmatrix}$,则 $\boldsymbol{A}$ 与 $\boldsymbol{B}$(　　).

A. 合同且相似　　B. 合同,但不相似

C. 不合同,但相似　　D. 既不合同也不相似

2.(2015年,数学一二三)设二次型 $f(x_1,x_2,x_3)$,在正交变换为 $\boldsymbol{x}=\boldsymbol{P}\boldsymbol{y}$ 下的标准形为 $2y_1^2+y_2^2-y_3^2$,其中 $\boldsymbol{P}=(\boldsymbol{e}_1,\boldsymbol{e}_2,\boldsymbol{e}_3)$,若 $\boldsymbol{P}=(\boldsymbol{e}_1,-\boldsymbol{e}_3,\boldsymbol{e}_2)$,则 $f(x_1,x_2,x_3)$ 在正交变换 $\boldsymbol{x}=\boldsymbol{Q}\boldsymbol{y}$ 下的标准形为(　　).

A. $2y_1^2-y_2^2+y_3^2$　　B. $2y_1^2+y_2^2-y_3^2$

C. $2y_1^2-y_2^2-y_3^2$　　D. $2y_1^2+y_2^2+y_3^2$

3.(2019年,数学一二)设 $\boldsymbol{A}$ 是3阶实对称矩阵,$\boldsymbol{E}$ 是三阶单位矩阵,若 $\boldsymbol{A}^2+\boldsymbol{A}=2\boldsymbol{E}$,且 $|\boldsymbol{A}|=4$,则二次型 $\boldsymbol{x}^{\mathrm{T}}\boldsymbol{A}\boldsymbol{x}$ 的规范为(　　).

A. $y_1^2+y_2^2+y_3^2$　　B. $y_1^2+y_2^2-y_3^2$

C. $y_1^2-y_2^2-y_3^2$　　D. $-y_1^2-y_2^2-y_3^2$

三、计算题

1.(2009年,数学一二三)设二次型 $f(x_1,x_2,x_3)=ax_1^2+ax_2^2+(a-1)x_3^2+2x_1x_3-2x_2x_3$.

(1) 求二次型 f 的矩阵的所有特征值;

(2) 若二次型的规范型为 $y_1^2+y_2^2$,求 a 的值.

2.(2017年,数学一二三)设二次型 $f(x_1,x_2,x_3)=2x_1^2-ax_2^2+ax_3^2+2x_1x_2-8x_1x_3+2x_2x_3$ 在正交变换 $\boldsymbol{x}=\boldsymbol{Q}\boldsymbol{y}$ 下的标准形为 $\lambda_1 y_1{}^2+\lambda_2 y_2{}^2$,求 a 的值及一个正交矩阵 $\boldsymbol{Q}$.

3.(2018年,数学一二三)设二次型 $f(x_1,x_2,x_3)=(x_1-x_2+x_3)^2+(x_2+x_3)^2+(x_1+ax_3)^2$,其中 a 是参数.

(1) 求 $f(x_1,x_2,x_3)=0$ 的解;

(2) 求 $f(x_1,x_2,x_3)$ 的规范形.

第6章　经济学中的线性代数模型

线性代数的思想已经渗透到数学的每一个分支，当我们研究多元函数及其微分时，向量和矩阵便成为非常有用的工具.计算机的广泛应用以及许多优秀的计算软件的开发，为线性代数的广泛应用创造了有利条件，使线性代数在经济学领域中也发挥了重要作用.

6.1　静态投入产出模型分析

投入产出法是20世纪30年代由美国经济学家沃西里·里昂惕夫(Wassily Leontief)首先提出的.目前，投入产出法在世界各国获得了普遍的应用和推广，沃西里·里昂惕夫也因这一杰出贡献而荣获1973年诺贝尔经济学奖.

投入产出法的主要内容是编制投入产出表及建立相应的数学模型.这一方法不但可以用于研究国民经济各部门间的技术经济关系，还可以推广到研究地区间及企业内部各部门间的经济关系，因此得到了广泛的重视.

6.1.1　投入产出表的结构

投入产出分析的基本工具是投入产出表，它从总体上反映国民经济各物资生产部门的产品，在生产和使用间的数量依存关系.投入产出表根据编表时所采用的计量单位的不同，可分为实物型表和价值型表.实物型表是以国民经济中各大类产品为单位，并采用不同的实物计量单位来编制的.价值型表是以国民经济中的经济部门为单位来进行编制的，它将各部门的生产成果用价值形式表现出来.价值型表可以将社会再生产的四个环节(生产、分配、交换、消费)有机地联系起来，反映社会生产各要素(产品、劳动力和生产资料)如何按比例分配并使用于再生产的各个阶段.因此，价值型表能够综合地反映国民经济中的各种主要比例关系，并作为进行国民经济综合平衡的重要工具，本书主要介绍价值型投入产出表，如表6.1.1所示.

表6.1.1中，n 表示部门或产品或产业个数；$x_{ij}(i,j=1,2,\cdots,n)$，从投入产出表行向来看，表示第 i 部门生产的产品或服务分配给第 j 部门用于生产消耗的数量，从列向来看，表示第 j 部门生产过程中，直接消耗第 i 部门的产品或服务的数量；$\sum\limits_{j=1}^{n} x_{ij}(i=1,2,\cdots,n)$ 表示第 i 部门的产品或服务的中间产出合计，或所有产品部门生产中对第 i 部门的产品或服务的中间使用合计；$y_{i1},y_{i2},y_{i3},y_{i4},y_i(i=1,2,\cdots,n)$ 分别表示第 i 部门固定资产更新改造、积累、消费、净出口和在本期生产中提供的最终使用额；$x_i(i=1,2,\cdots,n)$ 表示第 i 部门的总产出；$\sum\limits_{i=1}^{n} x_{ij}(j=1,2,$

$\cdots,n$)为第 j 部门中间投入合计,或第 j 部门在生产中对所有部门的中间消耗;$d_j(j=1,2,\cdots,n)$

表 6.1.1　价值型投入产出表

投入		产出										总产出
		中间产品或消耗部门					最终产品					
		1	2	…	n	小计	固定资产更新改造	积累	消费	净出口	小计	
中间投入或生产部门	1	x_{11}	x_{12}	…	x_{1n}	$\sum_{j=1}^{n} x_{1j}$	y_{11}	y_{12}	y_{13}	y_{14}	y_1	x_1
	2	x_{21}	x_{22}	…	x_{2n}	$\sum_{j=1}^{n} x_{2j}$	y_{21}	y_{22}	y_{23}	y_{24}	y_2	x_2
	⋮	⋮	⋮		⋮	⋮	⋮	⋮	⋮	⋮	⋮	⋮
	n	x_{n1}	x_{n2}	…	x_{nn}	$\sum_{j=1x_{nj}}^{n}$	y_{n1}	y_{n2}	y_{n3}	y_{n4}	y_n	x_n
新创造价值	固定资产折旧	d_1	d_2	…	d_n	$\sum_{j=1}^{n} d_j$						
	劳动报酬	w_1	w_2	…	w_n	$\sum_{j=1}^{n} w_j$						
	社会纯收入	m_1	m_2	…	m_n	$\sum_{j=1}^{n} m_j$						
	增加值合计	n_1	n_1	…	n_n	$\sum_{j=1}^{n} n_j$						
总投入		x_1	x_2	…	x_n	$\sum_{j=1}^{n} x_j$						

为第 j 部门所提取的固定资产折旧;$w_j(j=1,2,\cdots,n)$为第 j 部门生产劳动者的劳动报酬;$m_j(j=1,2,\cdots,n)$为第 j 部门为社会创造的社会纯收入;$n_j(j=1,2,\cdots,n)$为第 j 部门增加值合计,其中 $n_j=d_j+w_j+m_j(j=1,2,\cdots,n)$.

表 6.1.1 的水平方向表示各部门产品按经济用途分配给其他部门(包括本部门)使用的情况,各部门产品按经济用途分为中间产品和最终产品两部分,中间产品和最终产品产值之和等于总产品价值;垂直方向表示各个部门产品生产所消耗其他各部门(包括本部门)产品的情况,产品价值包括中间投入和新创造价值,中间投入与新创造价值之和等于总产品价值.用相互垂直的加粗线把整个表格分成左上、右上、左下、右下四个部分,分别称为Ⅰ、Ⅱ、Ⅲ、Ⅳ象限.

第Ⅰ象限是一个横行、竖列部门数目完全相同的表格.横行表示各部门的产品分配给其他各部门(包括本部门)产品的数量;竖列表示各部门产品生产所消耗其他各部门(包括本部门)产品的数量;同行与同列交叉处各格(主对角线上各格)表示各部门产品在本部门内部的消耗.该象限充分显示了国民经济各部门之间相互依存、相互制约的技术经济联系,反映了国民经济各部门之间相互依赖、相互提供劳动对象以供生产和消耗的过程,是投入产出表的核心.

第Ⅱ象限是第Ⅰ象限在水平方向上的延伸,行和第Ⅰ象限的部门分组相同;列表示固定资产更新改造、积累、消费、净出口等最终使用情况,反映各生产部门的产品用于最终使用的数量和构成.该象限描述了已退出或暂时退出本期生产产品的情况,体现了国内生产总值经过分配和再分配后的最终使用.

第Ⅰ象限和第Ⅱ象限组成的横表,反映国民经济各部门产品的使用去向,即各部门的中间使用数量和最终使用数量.

第Ⅲ象限是第Ⅰ象限在垂直方向上的延伸,行表示是固定资产折旧、劳动报酬、社会纯收入等各种最初收入;列表示的部门分组与第Ⅰ象限相同.该象限反映各部门的增加值的构成情况,体现了国内生产总值的初次分配.

第Ⅰ象限和第Ⅲ象限组成的竖表,反映国民经济各部门的生产经营活动中的各种投入来源及产品价值构成,即各部门总投入及其所包含的中间投入和增加值的数量.

第Ⅳ象限反映国民收入的再分配过程,因目前还没能从方法论上对其加以解决,常把第Ⅳ象限略去不论.

6.1.2　投入产出的相关数学模型

投入产出表三大部分相互连接,从总量和结构上全面、系统地反映国民经济各部门从生产到最终使用这一完整的实物运动过程中的相互联系.投入产出表有以下几个平衡关系.

1. 投入产出行平衡关系模型

根据投入产出表横向的行平衡关系,在分配方程组中,引进直接消耗系数等建立的数学模型,称为投入产出行平衡关系模型.

在投入产出表中,第Ⅰ、第Ⅱ象限组成一张矩形的产品分配流向表,表中的每一行都可建立一个线性方程,表示 i 部门对 j 部门的投入量、提供的最终产品与总产出之间的数量关系.

$$\sum_{j=1}^{n} x_{ij} + y_i = x_i \quad (i = 1, 2, \cdots, n) \tag{6.1.1}$$

n 个部门就构成分配方程组:

$$\begin{cases} x_{11} + x_{12} + \cdots + x_{1n} + y_1 = x_1 \\ x_{21} + x_{22} + \cdots + x_{2n} + y_2 = x_2 \\ \qquad\qquad \vdots \\ x_{n1} + x_{n2} + \cdots + x_{n3} + y_n = x_3 \end{cases} \tag{6.1.2}$$

a_{ij} 表示在生产过程中,第 j 部门单位总产出直接消耗第 i 部门产品或服务的数量,称为直接消耗系数,即

$$a_{ij} = \frac{x_{ij}}{x_j} \quad (i = 1, 2, \cdots, n; j = 1, 2, \cdots, n) \tag{6.1.3}$$

由式(6.1.3)可得：

$$x_{ij}=a_{ij}x_j \quad (i=1,2,\cdots,n;j=1,2,\cdots,n) \tag{6.1.4}$$

将式(6.1.4)代入式(6.1.1)，有

$$\sum_{j=1}^{n}a_{ij}x_j+y_i=x_i \quad (i=1,2,\cdots,n) \tag{6.1.5}$$

若将 n^2 个直接消耗系数用直接消耗系数矩阵 $\boldsymbol{A}$ 表示，n 个部门最终使用额和总产出分别用最终使用向量 $\boldsymbol{Y}$ 和总产出向量 $\boldsymbol{X}$ 表示，即有

$$\boldsymbol{A}=\begin{pmatrix} a_{11} & a_{12} & \cdots & a_{1n} \\ a_{21} & a_{22} & \cdots & a_{2n} \\ \vdots & \vdots & & \vdots \\ a_{n1} & a_{n2} & \cdots & a_{nn} \end{pmatrix},\boldsymbol{Y}=\begin{pmatrix} y_1 \\ y_2 \\ \vdots \\ y_n \end{pmatrix},\boldsymbol{X}=\begin{pmatrix} x_1 \\ x_2 \\ \vdots \\ x_n \end{pmatrix}$$

式(6.1.2)可表示为

$$\boldsymbol{A}\cdot\boldsymbol{X}+\boldsymbol{Y}=\boldsymbol{X} \tag{6.1.6}$$

对式(6.1.6)移项合并，得到

$$\boldsymbol{Y}=(\boldsymbol{E}-\boldsymbol{A})\cdot\boldsymbol{X} \tag{6.1.7}$$

式中，$\boldsymbol{E}-\boldsymbol{A}$ 称为里昂惕夫矩阵.由于 $\boldsymbol{A}$ 中所有元素均非负，即 $a_{ij}\geqslant 0(i,j=1,2,\cdots,n)$，且 $\boldsymbol{A}$ 中各列元素之和均小于1，即 $\sum\limits_{i=1}^{n}a_{ij}<1(j=1,2,\cdots,n)$.可以证明，$|\boldsymbol{E}-\boldsymbol{A}|\neq 0$，即里昂惕夫矩阵可逆.

式(6.1.7)左乘 $(\boldsymbol{E}-\boldsymbol{A})^{-1}$，可得

$$\boldsymbol{X}=(\boldsymbol{E}-\boldsymbol{A})^{-1}\cdot\boldsymbol{Y} \tag{6.1.8}$$

在整个国民经济各部门间，除了直接联系外，还有各种间接联系.j 部门在生产中除了要直接消耗 i 部门的产品外，还会通过其他部门的产品，形成对 i 部门产品的间接消耗.所有直接消耗与间接消耗之和，就构成 j 部门对 i 部门产品的完全消耗.完全消耗系数通常记为 $c_{ij}(i,j=1,2,\cdots,n)$，表示生产单位 j 部门单位最终产品需要完全消耗 i 部门产品的数量，即直接消耗与所有间接消耗之和.

$$c_{ij}=a_{ij}+\sum_{m=1}^{n}c_{im}a_{mj} \quad (i=1,2,\cdots,n;j=1,2,\cdots,n) \tag{6.1.9}$$

完全消耗系数矩阵记为 $\boldsymbol{C}$，设

$$\boldsymbol{C}=\begin{pmatrix} c_{11} & c_{12} & \cdots & c_{1n} \\ c_{21} & c_{22} & \cdots & c_{2n} \\ \vdots & \vdots & & \vdots \\ c_{n1} & c_{n2} & \cdots & c_{nn} \end{pmatrix}$$

则有

$$\boldsymbol{C}=\boldsymbol{A}+\boldsymbol{C}\boldsymbol{A} \tag{6.1.10}$$

由式(6.1.10)可得到

$$(\boldsymbol{E}-\boldsymbol{A})^{-1}=\boldsymbol{C}+\boldsymbol{E} \tag{6.1.11}$$

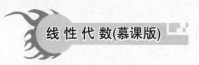

将式(6.1.11)代入式(6.1.8)可得

$$\boldsymbol{X}=\boldsymbol{C}\cdot\boldsymbol{Y}+\boldsymbol{Y} \tag{6.1.12}$$

若引进分配系数 b_{ij},它表示第 i 个部门单位总产出分配给第 j 个部门的数量,即有

$$b_{ij}=\frac{x_{ij}}{x_i}\quad(i=1,2,\cdots,n;j=1,2,\cdots,n) \tag{6.1.13}$$

由式(6.1.13)可得

$$x_{ij}=b_{ij}x_i\quad(i=1,2,\cdots,n;i=1,2,\cdots,n) \tag{6.1.14}$$

将式(6.1.14)代入式(6.1.1)可得

$$\sum_{j=1}^{n}b_{ij}x_i+y_i=x_i\quad(i=1,2,\cdots,n) \tag{6.1.15}$$

式(6.1.6)~式(6.1.8)、式(6.1.12)、式(6.1.15)均可称为投入产出行平衡关系模型.

2. 投入产出列平衡关系模型

根据投入产出表纵向的列平衡关系,在部门产品价值构成方程组中,引进直接消耗系数等建立的数学模型,称为投入产出列平衡关系模型.

投入产出表第Ⅰ象限、第Ⅲ象限组成一张矩形的产品价值形成表,此表中的每一列都可建立一个线性方程,反映 j 部门投入要素的构成或价值形成的过程.所谓价值形成,是指生产资料转移价值、增加值与总产值之间的平衡关系.故有如下价值构成方程:

$$\sum_{i=1}^{n}x_{ij}+n_j=x_j\quad(j=1,2,\cdots,n) \tag{6.1.16}$$

将 n 个方程列出,就得到如下的方程组:

$$\begin{cases}x_{11}+x_{21}+\cdots+x_{n1}+n_1=x_1\\x_{12}+x_{22}+\cdots+x_{n2}+n_2=x_2\\\qquad\qquad\vdots\\x_{1n}+x_{2n}+\cdots+x_{3n}+n_n=x_n\end{cases} \tag{6.1.17}$$

将式(6.1.4)代入式(6.1.16)可得

$$\sum_{i=1}^{n}a_{ij}x_j+n_j=x_j\quad(j=1,2,\cdots,n) \tag{6.1.18}$$

$\sum\limits_{i=1}^{n}a_{ij}(j=1,2,\cdots,n)$ 为直接消耗系数矩阵 $\boldsymbol{A}$ 中第 j 列元素之和,其含义是 j 部门生产单位产值对所有物资产品或服务的消耗量,称为直接物耗系数.

将式(6.1.18)写成矩阵形式:

$$\boldsymbol{A}_c\cdot\boldsymbol{X}+\boldsymbol{N}=\boldsymbol{X} \tag{6.1.19}$$

即也有

$$(\boldsymbol{E}-\boldsymbol{A}_c)\cdot\boldsymbol{X}=\boldsymbol{N} \tag{6.1.20}$$

式中

$$A_c=\begin{pmatrix}\sum_{i=1}^{n}a_{i1} & 0 & \cdots & 0\\ 0 & \sum_{i=1}^{n}a_{i2} & \cdots & 0\\ \vdots & \vdots & & \vdots\\ 0 & 0 & \cdots & \sum_{i=1}^{n}a_{in}\end{pmatrix},\ N=\begin{pmatrix}n_1\\ n_2\\ \vdots\\ n_n\end{pmatrix}$$

A_c 称为物耗系数对角矩阵;$E-A_c$ 称为增加值系数矩阵,其主对角线上的元素 $1-\sum_{i=1}^{n}a_{ij}$($j=1,2,\cdots,n$) 是第 j 部门单位产值中的增加值;N 为各部门增加值向量.

以$(E-A_c)^{-1}$ 左乘式(6.1.20) 可得

$$X=(I-A_c)^{-1}\cdot N \tag{6.1.21}$$

将式(6.1.14)代入式(6.1.18)可得

$$\sum_{i=1}^{n}b_{ij}x_i+n_j=x_j \quad (j=1,2,\cdots,n) \tag{6.1.22}$$

由式(6.1.22)可得

$$X^{\mathrm{T}}=N^{\mathrm{T}}(E-B)^{-1} \tag{6.1.23}$$

称式(6.1.18)～式(6.1.23)为投入产出列平衡关系模型.

6.1.3 投入产出模型的应用

投入产出模型在经济预测中有着广泛的应用,例如:

(1) 已知 Y,求 X:

$$X=(E-A)^{-1}Y=LY=CY+Y$$

(2) 已知 X,求 Y:

$$Y=X-AX$$

(3) 已知 N,求 X:

$$X=(E-A_c)^{-1}N$$

(4) 已知 X,求 N:

$$N=X-A_cX$$

例 6.1.1 设由 3 个部门组成的某经济系统上一报告期的价值型投入产出表如表 6.1.2 所示.

表 6.1.2 某经济系统的价值型投入产出表

投入		产出				
		中间产品			最终产品	总产出
		1	2	3		
生产部门	1	10	30	10	150	200
	2	20	15	8	257	300
	3	20	30	5	55	100
新创造价值		150	225	77		
总产值		200	300	100		

(1) 计算上一报告期的直接消耗系数和完全消耗系数.

(2) 若预计计划期的3个部门的最终产品分别为160,280,45,试利用直接消耗系数预测计划期的总产出.

解 由公式 $\boldsymbol{a}_{ij}=\dfrac{\boldsymbol{x}_{ij}}{\boldsymbol{x}_j}(i=1,2,\cdots,n;j=1,2,\cdots,n)$计算直接消耗系数矩阵:

$$\boldsymbol{A}=\begin{pmatrix}0.05 & 0.10 & 0.10\\ 0.10 & 0.05 & 0.08\\ 0.10 & 0.10 & 0.05\end{pmatrix}$$

进而得到

$$(\boldsymbol{E}-\boldsymbol{A})^{-1}=\begin{pmatrix}1.0790 & 0.1267 & 0.1242\\ 0.1242 & 1.0766 & 0.1037\\ 0.1267 & 0.1267 & 1.0766\end{pmatrix}$$

从而可得完全消耗系数矩阵

$$\boldsymbol{C}=(\boldsymbol{E}-\boldsymbol{A})^{-1}-\boldsymbol{E}=\begin{pmatrix}0.0790 & 0.1267 & 0.1242\\ 0.1242 & 0.0766 & 0.1037\\ 0.1267 & 0.1267 & 0.0766\end{pmatrix}$$

借助上一期的直接消耗系数矩阵,利用 $\boldsymbol{X}=(\boldsymbol{E}-\boldsymbol{A})^{-1}\boldsymbol{Y}$,得计划期的总产出为

$$\boldsymbol{X}=\begin{pmatrix}1.079 & 0.1267 & 0.1242\\ 0.1242 & 1.0766 & 0.1037\\ 0.1267 & 0.1267 & 1.0766\end{pmatrix}\begin{pmatrix}160\\ 280\\ 45\end{pmatrix}=\begin{pmatrix}53.7073\\ 46.0050\\ 59.1799\end{pmatrix}$$

即计划期3个部门的总产出分别为53.7073,46.0050,59.1799.

6.2 静态线性经济模型的均衡分析

在经济分析中,均衡是指这样一种状态:各个经济决策者所做出的决策正好相容,并且在外界条件不变的情况下,每个人都不愿意再调整自己的决策,从而不再改变其经济行为.例如对商

品市场模型而言,如果其达到均衡,则在当前的价格下,买方愿意购买的数量和卖方愿意卖出的数量恰好相等,并且买方和卖方都不会改变自己的决策.在外界条件改变之前,价格和数量便不再改变,达到均衡.

假设市场中存在 n 种相互关联的商品,其中第 i 种商品的价格记为 P_i,供给量记为 Q_{si},需求量记为 Q_{di},第 i 种商品的超额需求记为 $E_i=Q_{di}-Q_{si}(i=1,2,\cdots,n)$.在这样的市场模型中,均衡的条件为

$$E_i=Q_{di}-Q_{si}=0 \quad (i=1,2,\cdots,n)$$

6.2.1 两种商品的市场模型

我们先讨论包含两种商品的简单模型,并假设两种商品的需求函数和供给函数均为线性的.这样的模型可以写成

$$\begin{cases}Q_{d1}=a_{10}+a_{11}P_1+a_{12}P_2\\ Q_{s1}=b_{10}+b_{11}P_1+b_{12}P_2\\ Q_{d1}-Q_{s1}=0\\ Q_{d2}=a_{20}+a_{21}P_1+a_{22}P_2\\ Q_{s2}=b_{20}+b_{21}P_1+b_{22}P_2\\ Q_{d2}-Q_{s2}=0\end{cases} \tag{6.2.1}$$

其中 a_{ij} 和 $b_{ij}(i=1,2,j=0,1,2)$是常系数.

这里每种商品的需求与供给都是市场中两种商品价格的函数,也就是说,每一种商品的价格变化都会引起所有商品的供求的变化.

分别将方程组(6.2.1)中的第一、第二个方程代入第三个方程,第四、第五个方程代入第六个方程,得到如下两个方程:

$$\begin{cases}(a_{10}-b_{10})+(a_{11}-b_{11})P_1+(a_{12}-b_{12})P_2=0\\ (a_{20}-b_{20})+(a_{21}-b_{21})P_1+(a_{22}-b_{22})P_2=0\end{cases} \tag{6.2.2}$$

令 $c_{ij}=a_{ij}-b_{ij}(i=1,2,j=0,1,2)$则方程组(6.2.2)可以写成

$$\begin{cases}c_{11}P_1+c_{12}P_2=-c_{10}\\ c_{21}P_1+c_{22}P_2=-c_{20}\end{cases} \tag{6.2.3}$$

利用消元法可以解得均衡价格为

$$\begin{cases}\overline{P}_1=\dfrac{c_{12}c_{20}-c_{22}c_{10}}{c_{11}c_{22}-c_{12}c_{21}}\\ \overline{P}_2=\dfrac{c_{21}c_{10}-c_{11}c_{20}}{c_{11}c_{22}-c_{12}c_{21}}\end{cases} \tag{6.2.4}$$

再将所得到的均衡价格代入方程组(6.2.1)的第一个和第四个方程可得均衡数量$\overline{Q}_1$ 和$\overline{Q}_2$.

例 6.2.1 假设在两种商品市场模型中,两种商品的需求和供给函数分别为

$$\begin{cases}Q_{d1}=10-2P_1+P_2\\ Q_{s1}=-2+3P_1\\ Q_{d2}=15+P_1-P_2\\ Q_{s2}=-1+2P_2\end{cases}$$

求该模型的均衡解.

解　由均衡条件知

$$\begin{cases} Q_{d1}-Q_{s1}=0 \\ Q_{d2}-Q_{s2}=0 \end{cases}$$

即

$$\begin{cases} 12-5P_1+P_2=0 \\ 16+P_1-3P_2=0 \end{cases}$$

由此解得

$$\bar{P}_1=3\frac{5}{7},\bar{P}_2=6\frac{4}{7}$$

再将$\bar{P}_1$和$\bar{P}_2$代入原方程得到均衡数量为

$$\bar{Q}_1=9\frac{1}{7},\bar{Q}_2=12\frac{1}{7}$$

6.2.2　*n* 种商品的情况

如果一个市场模型包括一个经济系统的所有商品,则此模型便是瓦尔拉斯一般均衡模型.在此类模型中,每一种商品的超额需求被视为该经济中所有商品价格的函数.假设经济系统中有 n 种商品,第 i 种商品的需求函数和供给函数分别为

$$Q_{di}=a_{i0}+\sum_{j=1}^{n}a_{ij}P_j \text{ 和 } Q_{si}=b_{i0}+\sum_{j=1}^{n}b_{ij}P_j \quad (i=1,2,\cdots,n)$$

其中 P_i 为第 i 种商品的价格.记 $c_{ij}=a_{ij}-b_{ij}(i=1,2,\cdots,n,j=0,1,2,\cdots,n)$,当系统处于均衡状态时

$$Q_{di}-Q_{si}=c_{i0}+\sum_{j=1}^{n}c_{ij}P_j=0 \quad (i=1,2,\cdots,n) \tag{6.2.5}$$

这是一个含有 n 个方程和 n 个变量的线性方程组.令

$$\boldsymbol{C}=\begin{bmatrix} c_{11} & c_{12} & \cdots & c_{1n} \\ c_{21} & c_{22} & \cdots & c_{2n} \\ \vdots & \vdots & & \vdots \\ c_{n1} & c_{n2} & \cdots & c_{n3} \end{bmatrix},\boldsymbol{b}=\begin{bmatrix} -c_{10} \\ -c_{20} \\ \vdots \\ -c_{n0} \end{bmatrix},\boldsymbol{P}=\begin{bmatrix} P_1 \\ P_2 \\ \vdots \\ P_n \end{bmatrix}$$

则方程式(6.2.5)可写成 $\boldsymbol{CP}=\boldsymbol{b}$.

当 $R(\boldsymbol{C})=R(\boldsymbol{C},\boldsymbol{b})$时,方程组有解,这时方程组中的各个方程是相容的.当且仅当 $R(\boldsymbol{C})=n$ 时,方程组有唯一解.模型中没有多余的方程.可利用克拉默法则来解此方程组,得到均衡价格 $\bar{\boldsymbol{P}}=(\bar{P}_1,\bar{P}_2,\cdots,\bar{P}_n)^{\mathrm{T}}$.再由需求函数得到均衡数量 $\bar{\boldsymbol{Q}}=(\bar{Q}_1,\bar{Q}_2,\cdots,\bar{Q}_n)^{\mathrm{T}}$.

6.3　价格弹性矩阵

价格的变动会引起需求量的变动,但是不同的商品需求量对价格变动的反应是不同的.有

的商品价格变动幅度大，而需求量变动幅度小；有的商品价格变动幅度小，而需求量变动幅度大.弹性理论说明了价格的变动比率和需求量的变动比率之间的关系.需求价格弹性是指某商品的需求量(对企业来说是销售量)变动率与其价格变动率之比，反映了商品需求量对其价格变动反应的灵敏程度.需求量变动率与价格变动率的比值就是需求价格弹性的弹性系数，即

需求价格弹性的弹性系数＝需求量变动的比率/价格变动的比率

可得需求价格弹性的计算公式为

$$E_d=\frac{\Delta Q/Q}{\Delta P/P}$$

交叉价格弹性指某种商品的供需量对其他相关替代商品价格变动的反应灵敏程度，其弹性系数定义为供需量变动的百分比除以其他商品价格变动的百分比.交叉弹性系数可以大于0、等于0或小于0，表明两种商品之间分别呈替代、不相关或互补关系.可替代程度越高，交叉价格弹性越大.

根据定义，交叉价格弹性可分为需求交叉价格弹性和供给交叉价格弹性.

定义 6.3.1 需求交叉价格弹性表示一种商品的需求量变动对另一种商品价格变动的反应程度.

交叉弹性说明一种产品的需求量对另一种相关产品价格变化的反应程度，它可以用需求量的变化率与价格的变化率之比表示，反映需求量的变动对价格变动的敏感程度.

设有两个相关的产品 X 和 Y，则 Y 产品交叉弹性的计算公式为

$$E_{\mathrm{Y}}=\frac{\Delta Q_{\mathrm{Y}}}{\Delta P_{\mathrm{X}}}\cdot\frac{P_{\mathrm{X}}}{Q_{\mathrm{Y}}}$$

需求交叉价格弹性有两种计算方法：点弹性和弧弹性.

(1) 交叉弹性为正值，说明 X 产品价格的变动与 Y 产品需求量的变动方向一致，两种相关物品是替代品；

(2) 交叉弹性为负值，说明 X 产品价格的变动与 Y 产品需求量的变动方向相反，两种相关物品是互补品；

(3) 交叉弹性为零，说明 X 产品价格的变动对 Y 产品的需求量没有影响，两种物品互相独立，互不相关.

交叉弹性的绝对值大，说明产品之间的相关程度很大，交叉弹性很小，说明两种产品互不相关.交叉弹性应用举例如下.

例 6.3.1 某牛奶厂生产三种产品：牛奶、奶粉和奶油.2020 年市场消费量和价格如表 6.3.1 所示.

表 6.3.1 牛奶厂产品 2020 年市场消费量和价格

产品	牛奶	奶粉	奶油
消费量/吨	200	40	2
价格/(元/千克)	3	25	50

产品 i 的需求受产品 j 的价格的影响程度用 j 对 i 的交叉价格弹性来衡量，定义 $\boldsymbol{\varepsilon}_{ij}=$

$\dfrac{\Delta Q_i/Q_i}{\Delta P_j/P_j}$.已知这三种产品的价格弹性矩阵为

$$\boldsymbol{E}=\boldsymbol{\varepsilon}_{ij}=\begin{pmatrix}-1.2 & 0.1 & 0.1\\ 0.1 & -0.9 & 0.1\\ 0.4 & 0.2 & -3\end{pmatrix}$$

其中1代表牛奶,2代表奶粉,3代表奶油.牛奶厂要制订2021年的生产计划,使销售总收入为最大.假定政府规定的价格升降幅度不得超过10%,请为牛奶厂制订生产计划.用p_i,$q_i(i=1,2,3)$分别表示2020年3种产品的价格和产量(假定产品无积压,产量等于消费量).用x_i表示2021年各种产品价格增长的比例,则2021年3种产品的价格为$p_i(1+x_i)$,$i=1,2,3$.产品i的需求量由于产品j的价格的提高,将增长的比例为$\boldsymbol{\varepsilon}_{ij}x_j$,因此它的销量将是$q_i(1+\sum\limits_{j=1}^{3}\boldsymbol{\varepsilon}_{ij}x_i)$,所以2021年的销售收入将为

$$R(x_1,x_2,x_3)=\sum_{i=1}^{3}p_i(1+x_i)q_i(1+\sum_{j=1}^{3}\boldsymbol{\varepsilon}_{ij}x_i)$$

为使销售收入方程最大,应有$\dfrac{\partial R}{\partial x_k}=0(k=1,2,3)$,即

$$\sum_{i=1}^{3}p_iq_i(1+x_i)\boldsymbol{\varepsilon}_{ik}+p_kq_k(1+\sum_{j=1}^{3}\boldsymbol{\varepsilon}_{kj}x_j)=0$$

将题目中的数据代入方程,得如下方程组

$$\begin{cases}-1440x_1+160x_2+100x_3=-20\\ 160x_1-1800x_2+120x_3=-180\\ 100x_1+120x_2-600x_3=0\end{cases}$$

解得$x_1=0.022$,$x_2=0.099$,$x_3=-0.043$.即牛奶应涨价2.2%,奶粉应涨价9.9%,奶油应降价4.4%,这样总销售收入为最大.若求出的奶粉涨价的幅度超过政府的规定,可按奶粉涨价10%,再计算其他产品的价格。注意本例中R是负定二次型,因此所求出的必是最大值。

定义 6.3.2 供给交叉价格弹性是指某一商品供给量对另一商品价格变动做出增减反映的伸缩性.

供给交叉价格弹性的计算和应用与需求交叉价格弹性类似,本书不再赘述.

模拟试卷一

注：本试卷满分 100 分，考试时间 120 分钟.

一、填空题（每题 3 分，共 15 分）

1. 若 $D_n=|a_{ij}|=a$，则 $D=|-a_{ij}|=$________.

2. 设 $\boldsymbol{A}$ 为 n 阶方阵，$\boldsymbol{A}^*$ 为其伴随矩阵，若 $|\boldsymbol{A}|=\dfrac{1}{3}$，则 $\left|\left(\dfrac{1}{4}\boldsymbol{A}\right)^{-1}-15\boldsymbol{A}^*\right|=$________.

3. 若 n 元非齐次线性方程组 $\boldsymbol{Ax}=\boldsymbol{b}$，当________时，方程组无解.

4. 设 $\boldsymbol{\alpha}_1^{\mathrm{T}}=(2,-1,0,5)$，$\boldsymbol{\alpha}_2^{\mathrm{T}}=(-4,-2,3,0)$，$\boldsymbol{\alpha}_3^{\mathrm{T}}=(-1,0,1,k)$，$\boldsymbol{\alpha}_4^{\mathrm{T}}=(-1,0,2,1)$，则 k $=$________时，$\boldsymbol{\alpha}_1,\boldsymbol{\alpha}_2,\boldsymbol{\alpha}_3,\boldsymbol{\alpha}_4$ 线性相关.

5. 当 t 满足____时，实二次型 $f(x_1,x_2,x_3)=x_1^2+x_2^2+5x_3^2+2tx_1x_2-2x_1x_3+4x_2x_3$ 是正定的.

二、单项选择题（每题 3 分，共 15 分）

1. 排列 1469078253 的逆序数为（　　）.

A. 21　　B. 22　　C. 23　　D. 24

2. 下列矩阵的运算中，不满足矩阵乘法运算律的是（　　）.

A. $(\boldsymbol{AB})\boldsymbol{C}=\boldsymbol{A}(\boldsymbol{BC})$　　B. $\boldsymbol{A}(\boldsymbol{B}+\boldsymbol{C})=\boldsymbol{AB}+\boldsymbol{AC}$

C. $\boldsymbol{AB}=\boldsymbol{BA}$　　D. $(\boldsymbol{B}+\boldsymbol{C})\boldsymbol{A}=\boldsymbol{BA}+\boldsymbol{CA}$

3. 关于矩阵秩的性质，下列描述中正确的是（　　）.

① $0\leqslant R(\boldsymbol{A}_{m\times n})\leqslant\min\{m,n\}$　　② $R(\boldsymbol{A}^{\mathrm{T}})=R(\boldsymbol{A})$

③ 若 $\boldsymbol{A}\sim\boldsymbol{B}$，$R(\boldsymbol{A})=R(\boldsymbol{B})$　　④ $R(\boldsymbol{A}+\boldsymbol{B})\leqslant R(\boldsymbol{A})+R(\boldsymbol{B})$

A. ①　　B. ①②　　C. ①②③　　D. ①②③④

4. 设向量组 $\boldsymbol{a}_1,\boldsymbol{a}_2,\boldsymbol{a}_3$ 线性相关，向量组 $\boldsymbol{a}_2,\boldsymbol{a}_3,\boldsymbol{a}_4$ 线性无关，则下列结论错误的（　　）.

A. $\boldsymbol{a}_1$ 能由 $\boldsymbol{a}_2,\boldsymbol{a}_3$ 线性表示　　B. $\boldsymbol{a}_1,\boldsymbol{a}_2,\boldsymbol{a}_3,\boldsymbol{a}_4$ 线性相关

C. $\boldsymbol{a}_2,\boldsymbol{a}_3$ 线性无关　　D. $\boldsymbol{a}_4$ 能由 $\boldsymbol{a}_1,\boldsymbol{a}_2,\boldsymbol{a}_3$ 线性表示

5. 设 $\boldsymbol{A}=\begin{pmatrix}1&-1&1\\2&4&x\\-3&-3&5\end{pmatrix}$，$\boldsymbol{A}$ 有特征值 $\lambda_1=6$，$\lambda_2=2$（二重），且 $\boldsymbol{A}$ 有 3 个线性无关的特征向量，则 x 等于（　　）.

A. 2　　B. -2　　C. 4　　D. -4

三、计算题(每题 10 分,共 50 分)

1. 设 n 阶行列式 $D_n=\begin{vmatrix}1&2&3&\cdots&n\\1&2&0&\cdots&0\\1&0&3&\cdots&0\\\vdots&\vdots&\vdots&&\vdots\\1&0&0&\cdots&n\end{vmatrix}$,求第一行各元素的代数余子式之和 $A_{11}+A_{12}+\cdots+A_{1n}$.

2. 已知 $\boldsymbol{\alpha}=(2,1,4),\boldsymbol{\beta}=(3,1,-1),\boldsymbol{A}=\boldsymbol{\beta}^{\mathrm{T}}\boldsymbol{\alpha},\boldsymbol{B}=\boldsymbol{\alpha}\boldsymbol{\beta}^{\mathrm{T}}$,求 $\boldsymbol{A},\boldsymbol{B},\boldsymbol{A}^8$.

3. 已知 $\boldsymbol{XA}+\boldsymbol{E}=\boldsymbol{A}^2-\boldsymbol{X}$,其中 $\boldsymbol{A}=\begin{pmatrix}1&2&0\\3&4&0\\5&6&7\end{pmatrix}$,求 $\boldsymbol{X}$.

4. 设 $\boldsymbol{A}$ 是 $m\times3$ 矩阵,且 $R(\boldsymbol{A})=1$,如果非齐次线性方程组 $\boldsymbol{Ax}=\boldsymbol{b}$ 的三个解向量 $\boldsymbol{\eta}_1,\boldsymbol{\eta}_2,\boldsymbol{\eta}_3$ 满足

$$\boldsymbol{\eta}_1+\boldsymbol{\eta}_2=\begin{pmatrix}1\\2\\3\end{pmatrix},\boldsymbol{\eta}_2+\boldsymbol{\eta}_3=\begin{pmatrix}0\\-1\\1\end{pmatrix},\boldsymbol{\eta}_3+\boldsymbol{\eta}_1=\begin{pmatrix}1\\0\\-1\end{pmatrix}$$

求非齐次线性方程组 $\boldsymbol{Ax}=\boldsymbol{b}$ 的通解。

5. 求矩阵 $\boldsymbol{A}=\begin{pmatrix}-1&1&0\\-4&3&0\\1&0&2\end{pmatrix}$ 的特征值和特征向量。

四、证明题(每题 10 分,共 20 分)

1. 证明:$D_n=\begin{vmatrix}2\cos\theta&1&&&&\\1&2\cos\theta&1&&&\\&1&\ddots&\ddots&&\\&&\ddots&\ddots&1&\\&&&1&2\cos\theta&1\\&&&&1&2\cos\theta\end{vmatrix}=\dfrac{\sin(n+1)\theta}{\sin\theta}$.

2. 已知向量组 $\boldsymbol{A}:\boldsymbol{a}_1,\boldsymbol{a}_2,\cdots,\boldsymbol{a}_r$ 线性无关,设 $\boldsymbol{b}_1=\boldsymbol{a}_1,\boldsymbol{b}_2=\boldsymbol{a}_1+\boldsymbol{a}_2,\cdots,\boldsymbol{b}_r=\boldsymbol{a}_1+\boldsymbol{a}_2+\cdots+\boldsymbol{a}_r$,证明:向量组 $\boldsymbol{B}:\boldsymbol{b}_1,\boldsymbol{b}_2,\cdots,\boldsymbol{b}_r$ 线性无关.

模拟试卷二

注：本试卷满分 100 分，考试时间 120 分钟.

一、填空题(每题 2 分，共 20 分)

1. 五阶行列式中，$a_{13}a_{32}a_{55}a_{41}a_{24}$ 的符号为________.

2. 设 $\mathbf{A}$ 为 n 阶方阵，且 $|\mathbf{A}|=5$，则 $|3\mathbf{A}^{\mathrm{T}}|=$________.

3. 行列式 $\begin{vmatrix}1 & 2 & 5\\ 2 & 0 & 3\\ 3 & 2 & 9\end{vmatrix}$ 中，余子式 $M_{32}=$________.

4. 已知 $\mathbf{A}=\begin{pmatrix}3 & 1\\ -2 & 2\end{pmatrix}$，则 $\mathbf{A}^{-1}=$________.

5. 已知 $\mathbf{A}=\begin{pmatrix}-1 & 1 & 1\\ 1 & x & -1\\ 1 & 1 & 1\end{pmatrix}$，且 $R(\mathbf{A})=2$，则 $x=$________.

6. 线性方程组 $Ax=b$ 有解的充要条件为________.

7. 设 $\boldsymbol{\alpha}_1=(1,3,-1)^{\mathrm{T}}$，$\boldsymbol{\alpha}_2=(0,1,2)^{\mathrm{T}}$，…，$\boldsymbol{\alpha}_3=(1,4,t)^{\mathrm{T}}$. 当 $t=$________时，$\boldsymbol{\alpha}_1,\boldsymbol{\alpha}_2,\boldsymbol{\alpha}_3$ 线性相关.

8. 方程组 $x_1-x_2-2x_3=0$ 的基础解系是________.

9. 设矩阵 $\mathbf{A}=\begin{pmatrix}1 & 0 & 1\\ 0 & 2 & 0\\ 1 & 0 & a\end{pmatrix}$ 相似于对角阵 $\boldsymbol{\Lambda}=\begin{pmatrix}1 & & \\ & -2 & \\ & & 1\end{pmatrix}$，则 $a=$________.

10. 已知 $f=x_1{}^2+3x_2^2+x_3^2+2x_1x_2-2kx_2x_3$ 是正定二次型，则参数 k 应满足的条件是________.

二、单项选择题(每题 3 分，共 15 分)

1. 如果行列式的所有元素都变号，则(　　).

A. 行列式一定变号　　B. 偶数阶行列式变号

C. 行列式一定不变号　　D. 偶数阶行列式不变号

2. 设三阶方阵 $\mathbf{A}=\begin{pmatrix}a & b & c\\ b & c & a\\ c & a & b\end{pmatrix}$，则 $k\mathbf{A}=$(　　).

A. $\begin{pmatrix} ka & kb & kc \\ kb & kc & ka \\ kc & ka & kb \end{pmatrix}$　　B. $\begin{pmatrix} a & kb & c \\ b & kc & a \\ c & ka & b \end{pmatrix}$

C. $\begin{pmatrix} a & kb & kc \\ b & kc & ka \\ c & ka & kb \end{pmatrix}$　　D. $\begin{pmatrix} a & b & c \\ kb & kc & ka \\ c & a & b \end{pmatrix}$

3. 设 $\boldsymbol{A},\boldsymbol{B}$ 均为 n 阶非零矩阵,且 $\boldsymbol{AB}=0$,则 $\boldsymbol{A}$ 和 $\boldsymbol{B}$ 的秩(　　).

A. 都等于 n　　B. 都小于 n

C. 必有一个等于 0　　D. 一个小于 n,一个等于 n

4. 已知 $R(\boldsymbol{\alpha}_1,\boldsymbol{\alpha}_2,\boldsymbol{\alpha}_3)=3$,$R(\boldsymbol{\alpha}_1,\boldsymbol{\alpha}_2,\boldsymbol{\alpha}_3,\boldsymbol{\alpha}_4)=3$,则(　　).

A. $\boldsymbol{\alpha}_4$ 不能由 $\boldsymbol{\alpha}_1,\boldsymbol{\alpha}_2,\boldsymbol{\alpha}_3$ 线性表示

B. $\boldsymbol{\alpha}_4$ 可由 $\boldsymbol{\alpha}_1,\boldsymbol{\alpha}_2,\boldsymbol{\alpha}_3$ 线性表示,但表示方法不唯一

C. $\boldsymbol{\alpha}_4$ 可由 $\boldsymbol{\alpha}_1,\boldsymbol{\alpha}_2,\boldsymbol{\alpha}_3$ 线性表示,且表示方法唯一

D. $\boldsymbol{\alpha}_4$ 能否由 $\boldsymbol{\alpha}_1,\boldsymbol{\alpha}_2,\boldsymbol{\alpha}_3$ 线性表示不能确定

5. 设 $\boldsymbol{A}=\begin{pmatrix} 5 & 2 & 4 \\ 2 & x & 2 \\ 0 & 0 & y \end{pmatrix}$,且 $\boldsymbol{A}$ 的特征值为 1,3,6,则 x,y 可能的值为(　　).

A. $x=1,y=2$　　B. $x=2,y=3$

C. $x=1,y=3$　　D. $x=3,y=1$

三、计算题(每题 10 分,共 50 分)

1. 计算行列式 $D=\begin{vmatrix} x-1 & 1 & -1 & 1 \\ -1 & x+1 & -1 & 1 \\ -1 & 1 & x-1 & 1 \\ -1 & 1 & -1 & x+1 \end{vmatrix}$.

2. 设 $\boldsymbol{A}=\begin{pmatrix} 4 & 1 & -2 \\ 2 & 2 & 1 \\ 3 & 1 & -1 \end{pmatrix}$,$\boldsymbol{B}=\begin{pmatrix} 1 & -3 \\ 2 & 2 \\ 3 & -1 \end{pmatrix}$,求 $\boldsymbol{X}$,使 $\boldsymbol{AX}=\boldsymbol{B}$.

3. 求下列向量组的秩,并求一个极大无关组:$\boldsymbol{\alpha}_1=(2,-1,1,3)^{\mathrm{T}}$,$\boldsymbol{\alpha}_2=(1,2,-1,2)^{\mathrm{T}}$,$\boldsymbol{\alpha}_3=(3,-1,-2,4)^{\mathrm{T}}$,$\boldsymbol{\alpha}_4=(7,2,-3,11)^{\mathrm{T}}$.

4. 求矩阵 $\boldsymbol{A}=\begin{pmatrix} 3 & 2 & 4 \\ 2 & 0 & 2 \\ 4 & 2 & 3 \end{pmatrix}$ 的特征值和特征向量.

5. 设 $\boldsymbol{A}$ 为三阶矩阵,其特征值为 $1,2,-3$,求 $|\boldsymbol{A}^*+3\boldsymbol{A}+2\boldsymbol{E}|$.

四、解答题(共 8 分)

1. 求齐次线性方程组

$$\begin{cases}x_1+x_2+x_3+x_4=0\\2x_1+2x_2+x_3+3x_4=0\\x_1+x_2+2x_3=0\end{cases}$$

的基础解系与通解.

五、证明题(共 7 分)

已知向量组 $\boldsymbol{a}_1,\boldsymbol{a}_2,\boldsymbol{a}_3$ 线性无关,求证 $\boldsymbol{a}_1+2\boldsymbol{a}_2,2\boldsymbol{a}_2+3\boldsymbol{a}_3,3\boldsymbol{a}_3+\boldsymbol{a}_1$ 线性无关.

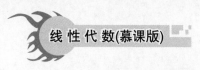

模拟试卷三

注：本试卷满分 100 分，考试时间 120 分钟.

一、填空题(每空 3 分，共 30 分)

1. 排列 43521 的逆序数是________.

2. 计算行列式 $\begin{vmatrix} 1 & 2 & 3 & 4 \\ 2 & 3 & 4 & 1 \\ 3 & 4 & 1 & 2 \\ 4 & 1 & 2 & 3 \end{vmatrix}=$________.

3. 设矩阵 $\boldsymbol{A}=\begin{pmatrix} 0 & 1 & 0 & 0 \\ 0 & 0 & 1 & 0 \\ 0 & 0 & 0 & 1 \\ 0 & 0 & 0 & 0 \end{pmatrix}$，则 $\boldsymbol{A}^3$ 的秩为________.

4. 设齐次线性方程组 $\begin{cases} x_1-x_2+3x_3-2x_4=0 \\ x_1-3x_2+2x_3-6x_4=0 \\ x_1+5x_2-x_3+10x_4=0 \\ 3x_1+x_2+4x_3+2x_4=0 \end{cases}$，则其基础解系中含有________个解向量.

5. 设方程组 $\begin{bmatrix} 1 & 2 & 3 & -1 \\ 1 & 1 & 2 & 3 \\ 3 & -1 & -1 & -2 \\ 2 & 3 & -1 & \lambda \end{bmatrix}\begin{bmatrix} x_1 \\ x_2 \\ x_3 \\ x_4 \end{bmatrix}=\begin{bmatrix} 1 \\ 1 \\ -1 \\ -6 \end{bmatrix}$ 有无穷多解，则 $\lambda=$________.

6. 设向量 $\boldsymbol{\alpha}_1=(-1,1,2)^{\mathrm{T}}$ 与 $\boldsymbol{\alpha}_2=(a,4,-3)^{\mathrm{T}}$ 正交，则 $a=$________.

7. 设矩阵 $\boldsymbol{A}=\begin{pmatrix} 4 & -3 & -3 \\ -2 & 3 & 1 \\ 2 & 1 & 3 \end{pmatrix}$，则 $\boldsymbol{\eta}=\begin{pmatrix} 1 \\ -1 \\ 1 \end{pmatrix}$ 是属于特征值 $\lambda=$________的特征向量.

8. 设矩阵 $\boldsymbol{A}=\begin{pmatrix} 4 & 1 & -2 \\ 1 & a & -1 \\ 3 & 1 & -1 \end{pmatrix}$ 的一个特征向量为 $\begin{pmatrix} 1 \\ 1 \\ 2 \end{pmatrix}$，则 $a=$________.

9. 二元二次型 $f(x_1,x_2)=x_1^2+5x_2^2+6x_1x_2$ 的秩 $R(f)=$________.

10. 二次型 $f(x_1,x_2,x_3)=x_1^2+x_2^2+4x_2x_3+x_3^2$ 的正惯性指数=________.

二、单项选择题（每题 2 分，共 10 分）

1. 已知 $D=\begin{vmatrix} 1 & 0 & 1 & 2 \\ -1 & 1 & 0 & 3 \\ 1 & 1 & 1 & 1 \\ -1 & 2 & 5 & 4 \end{vmatrix}$，则 $\boldsymbol{A}_{11}+\boldsymbol{A}_{12}+\boldsymbol{A}_{13}+\boldsymbol{A}_{14}$ 的值为（　　）.

A. 2　　B. -1　　C. 0　　D. 1

2. 设 $f(x)=x^2-x-2$，$\boldsymbol{A}=\begin{pmatrix} 1 & 1 \\ 1 & 2 \end{pmatrix}$，则 $f(\boldsymbol{A})=$（　　）.

A. $\begin{pmatrix} 1 & 2 \\ 2 & -1 \end{pmatrix}$　　B. $\begin{pmatrix} -1 & 2 \\ 2 & 1 \end{pmatrix}$

C. $\begin{pmatrix} 2 & 1 \\ -1 & 2 \end{pmatrix}$　　D. $\begin{pmatrix} 2 & -1 \\ 1 & 2 \end{pmatrix}$

3. 设 n 阶方阵 $\boldsymbol{A}$ 与 $\boldsymbol{B}$ 等价，则必有（　　）.

A. $|\boldsymbol{A}|=|\boldsymbol{B}|$　　B. $|\boldsymbol{A}|\neq|\boldsymbol{B}|$

C. 若 $|\boldsymbol{A}|\neq 0$，则 $|\boldsymbol{B}|\neq 0$　　D. $|\boldsymbol{A}|=-|\boldsymbol{B}|$

4. 设 $\boldsymbol{A},\boldsymbol{B}$ 均为可逆方阵，则必有（　　）.

A. $(\boldsymbol{A}+\boldsymbol{B})^{-1}=\boldsymbol{B}^{-1}+\boldsymbol{A}^{-1}$　　B. $|\boldsymbol{A}+\boldsymbol{B}|=|\boldsymbol{A}|+|\boldsymbol{B}|$

C. $|\boldsymbol{AB}|=|\boldsymbol{BA}|$　　D. $\boldsymbol{AB}=\boldsymbol{BA}$

5. n 阶方阵 $\boldsymbol{A}$ 可逆的充分必要条件是（　　）.

A. $r(\boldsymbol{A})=r<n$　　B. $\boldsymbol{A}$ 的列秩为 n

C. $\boldsymbol{A}$ 的每一个行向量都是非零向量　　D. $\boldsymbol{A}$ 的伴随矩阵存在

三、计算题（每题 8 分，共 32 分）

1. 计算行列式 $\begin{vmatrix} 1 & 1 & 1 & 0 \\ 1 & 1 & 0 & 1 \\ 1 & 0 & 1 & 1 \\ 0 & 1 & 1 & 1 \end{vmatrix}$.

2. 设 $\boldsymbol{A}=\begin{pmatrix} 1 & 0 & 0 \\ 2 & 2 & 0 \\ 3 & 4 & 5 \end{pmatrix}$，$\boldsymbol{A}^*$ 为 $\boldsymbol{A}$ 的伴随矩阵，求 $(\boldsymbol{A}^*)^{-1}$.

3. 已知向量组 $\boldsymbol{\alpha}_1=(2,1,4,3)^{\mathrm{T}}\boldsymbol{\alpha}_2=(-1,1,-6,6)^{\mathrm{T}}$，$\boldsymbol{\alpha}_3=(-1,-2,2,-9)^{\mathrm{T}}$，$\boldsymbol{\alpha}_4=(1,1,-2,7)^{\mathrm{T}}$，$\boldsymbol{\alpha}_5=(2,4,4,9)^{\mathrm{T}}$，求向量组的一个极大无关组.

4. 已知三阶矩阵 $\boldsymbol{A}$ 的特征值为 $1,2,-3$，求 $|\boldsymbol{A}^*+3\boldsymbol{A}+2\boldsymbol{E}|$.

四、解答题（每题 7 分，共 14 分）

1. 求齐次线性方程组

$$\begin{cases} x_1+x_2-x_3-x_4=0 \\ 2x_1-5x_2+3x_3+2x_4=0 \\ 7x_1-7x_2+3x_3+x_4=0 \end{cases}$$

的基础解系与通解.

2. 求矩阵 $\boldsymbol{A}=\begin{pmatrix}1 & 2 & 3\\2 & 1 & 3\\3 & 3 & 6\end{pmatrix}$ 的特征值和特征向量.

五、证明题(每题 7 分,共计 14 分)

1. 设方阵 $\boldsymbol{A}$ 满足 $\boldsymbol{A}^2+2\boldsymbol{A}-3\boldsymbol{E}=\boldsymbol{0}$,证明 $\boldsymbol{A}$ 及 $\boldsymbol{A}+4\boldsymbol{E}$ 都可逆,并求 $\boldsymbol{A}^{-1}$ 及 $(\boldsymbol{A}+4\boldsymbol{E})^{-1}$.

2. 设向量组 $\boldsymbol{\alpha}_1,\boldsymbol{\alpha}_2,\cdots,\boldsymbol{\alpha}_m$ 线性相关,且 $\boldsymbol{\alpha}_1\neq\boldsymbol{0}$,证明存在某个向量 $\boldsymbol{\alpha}_k\,(2\leqslant k\leqslant m)$,使得 $\boldsymbol{\alpha}_k$ 能由 $\boldsymbol{\alpha}_1,\boldsymbol{\alpha}_2,\cdots,\boldsymbol{\alpha}_{k-1}$ 线性表示.

参考文献

[1] 同济大学数学系. 工程数学线性代数[M]. 5 版. 北京:高等教育出版社,2007.

[2] 卢刚. 线性代数[M]. 北京:高等教育出版社,2004.

[3] 肖马成,曲文萍,蔡德祺,等. 线性代数[M]. 北京:高等教育出版社,2009.

[4] 陈怀琛,龚杰民. 线性代数实践及 MATLAB 入门[M]. 北京:电子工业出版社,2006.

[5] 李永乐. 线性代数辅导讲义[M]. 西安:西安交通大学出版社,2015.

[6] 张天德，王玮.线性代数[M]. 北京:人民邮电出版社,2020.